Damascynclito Medeiros

ELETROMAGNETISMO

(Magnetismo & Ondas Eletromagnéticas)

Volume 2

EDITORA CIÊNCIA MODERNA

Eletromagnetismo – Volume 2 – Magnetismo e Ondas Eletromagnéticas

Editor: Paulo André P. Marques
Produção Editorial: Dilene Sandes Pessanha
Capa: Daniel Jara
Diagramação: Daniel Jara
Copidesque: Equipe Ciência Moderna

FICHA CATALOGRÁFICA

MENEZES, Damascynclito Medeiros Moureira de.

Eletromagnetismo – Volume 2 – Magnetismo e Ondas Eletromagnéticas

Rio de Janeiro: Editora Ciência Moderna Ltda., 2021.

1. Física
I — Título

ISBN: 978-85-399- 0856-1 CDD 530

Editora Ciência Moderna Ltda.
R. Alice Figueiredo, 46 – Riachuelo
Rio de Janeiro, RJ – Brasil CEP: 20.950-150
Tel: (21) 2201-6662/ Fax: (21) 2201-6896
E-MAIL: LCM@LCM.COM.BR
WWW.LCM.COM.BR **06/21**

Prefácio

Este é um curso básico de Eletromagnetismo destinado a alunos de cursos de graduação das áreas de ciências naturais (Física, Química, Astronomia, etc.), tecnológica (Engenharia Química, Biomédica, etc.) e afins.

Os seus fundamentos estão expostos em linguagem clara e concisa com capítulos elaborados à guisa de aulas com o intuito de proporcionar ao leitor o autoaprendizado.

No curso da obra, de um modo mais extenso, procurou-se enfatizar os pontos mais significativos da história da Eletricidade e do Magnetismo, que se desenvolveram separadamente e depois se unificaram sob o título Eletromagnetismo, possibilitando ao leitor uma visão no tempo, desse importante legado científico.

O Autor

À minha filha Helen

Sumário

MAGNETISMO

ONDAS ELETROMAGNÉTICAS

MAGNETISMO

Capítulo 21
Magnetismo

21.1. Magnetismo Natural

Data do século VII aC, os primeiros registros sobre a existência de uma pedra "mágica", de cor preta e de brilho metálico, conhecida como magnetita e que tem o poder de atrair pequenos fragmentos de ferro e de outros metais. O nome magnetita decorreu do fato dela ter sido encontrada nos arredores da cidade de Magnésia, parte do então mundo grego da Ásia Menor. Um pedaço de magnetita é um ímã natural, com predominância de ferro na sua composição química, que é Fe_3O_4, portanto um óxido de ferro. Sabe-se que Tales também a estudou, verificando que o poder de atração ou repulsão entre dois pedaços de magnetitas é bem mais forte que o constatado nas ações similares do fenômeno eletrostático do âmbar atritado com a pele de cabra, sem contudo perceber o nexo existente entre os dois fenômenos similares.

Cerca de mil anos se passaram, até alcançar-se o século VII da nossa era, para se ter notícias sobre a existência do magnetismo, desta feita, no mundo chinês, como um brinquedo curioso, constituído de uma pequena agulha magnética (fixada a um suporte de cortiça pelo seu baricentro e posta a flutuar na água, ou suspensa por um fio) que apontava invariavelmente na direção norte-sul geográfica. Tal brinquedo foi levado à Europa, onde sofreu o aperfeiçoamento necessário vindo a se constituir na bússola, que se tornou um instrumento indispensável à navegação marítima.

Coube a Gilbert o pioneirismo de publicar em 1600 um tratado completo sobre ímãs que incluía o estudo do magnetismo da Terra, sob o título de - De Magnete. O conhecimento sobre magnetos ou ímãs até Gilbert já pode ser resumido nas seguintes bases qualitativas:

1º) Um ímã possui duas regiões bem distintas e opostas onde mais intensamente estão presentes as ações magnéticas. Essas regiões são chamadas de polos do ímã, e convencionou-se designá-las respectivamente de polo norte (N) e polo sul (S), devido a evidência com que a agulha da bússola se alinha sempre na direção norte-sul. No ímã também se constata uma região mediana, neutra, onde quase nenhuma atividade magnética é detectada. A fig.21.1(a) e (b) ilustram as regiões polares e os espectros das linhas de força magnética.

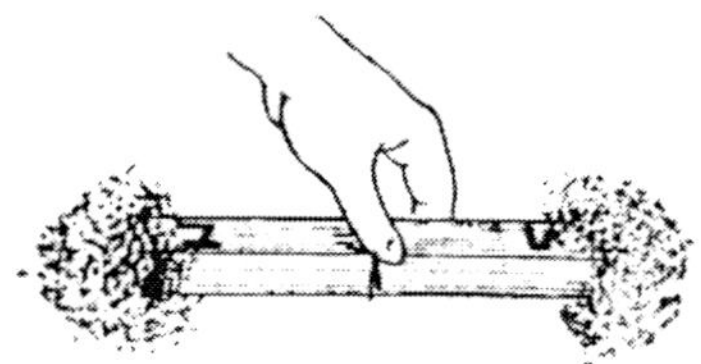

Fig.21.1(a)

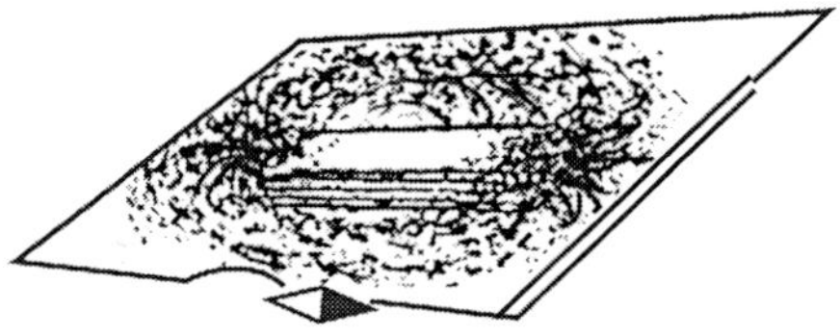

Fig.21.1(b)

2º) Dois ímãs interagem entre si, evidenciando que polos opostos se atraem e polos iguais se repelem. Não havendo um terceiro tipo de interação. As interações típicas estão mostradas na fig. 21.2(a) e (b) .

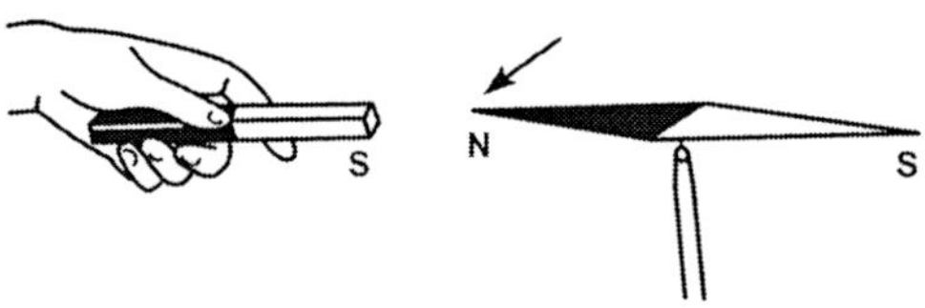

Fig.21.2(a)

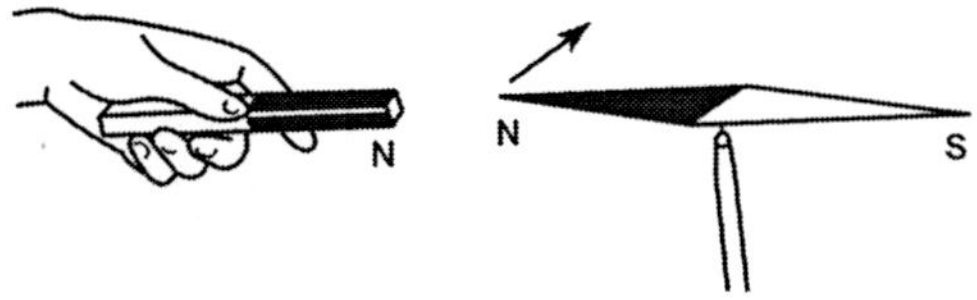

Fig.2l.2(b)

3º) Num ímã os polos não podem ser separados. A inseparabilidade dos polos é mostrada na fig.21.3, indicando que, por mais que o ímã seja dividido os fragmentos obtidos continuam ímãs; também significando que não é possível isolar um polo magnético de um ímã ou de se obter um monopolo, à semelhança da carga elétrica.

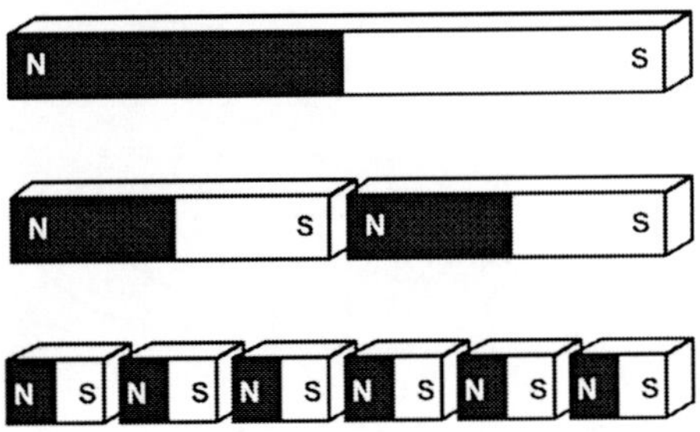

Fig.21.3

4º) As ações magnéticas dos polos dum ímã não afetam cargas elétricas estáticas, nem estas perturbam o ímã .

5º) Um ímã é capaz de magnetizar ou imantar por influência outros corpos metálicos.

Com o advento de técnicas metalúrgicas, ímãs artificiais são produzidos mediante processos de magnetização, usando-se metais com o ferro, o aço doce e as ligas metálicas, como o alnico. Os ímãs são manufaturados sob diversas formas, sendo as mais usuais a forma em barra e a de ferradura.

21.2. Magnetismo Terrestre

Gilbert concebeu que a Terra se comporta magneticamente como se um imenso ímã reto estivesse centrado no interior do globo, onde o polo norte corresponde ao sul geográfico, e o polo sul , coincide com o norte geográfico, de modo que as linhas de força magnética nascem no polo sul geográfico e entram no polo norte geográfico, fig.21.4. É sabido que o fluxo magnético do nosso planeta é da ordem de 10^{-5} Wb/m^2 e que não é uniforme como chegou-se a presumir, mas bastante complexo, como será visto no item 25.4. Na Lua, por exemplo, não se constata tal fenômeno.

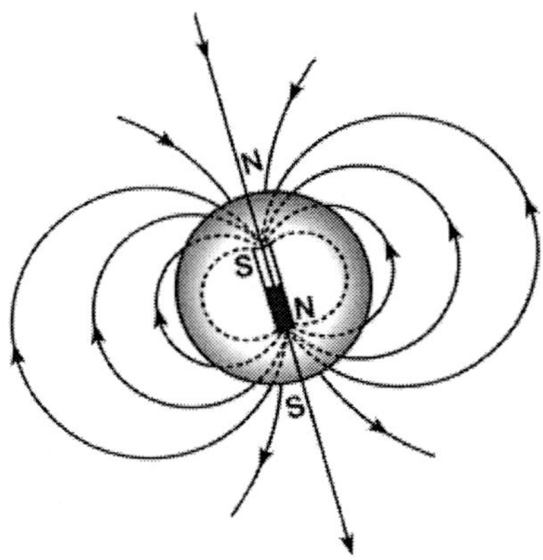

Fig.21.4

21.3. Lei de Coulomb para Ímãs

Desde muito cedo, percebeu-se que entre o fenômeno eletrostático e o fenômeno magnético, existe uma forte analogia, devidamente aproveitada para o desenvolvimento da magnetostática, que toma como paradigma o esquema dedutivo daquele. E a analogia começa por adotar o conceito de intensidade polo magnético, proposto por John Michell (1724-1793), geólogo inglês, conhecido como o pai da sismologia, que simbolizaremos por $+ Q_N$ o polo norte, e por $-Q_S$ o polo sul , e o módulo de ambos por Q_m.

Coube novamente a Coulomb a primazia de ter formulado a lei fundamental que rege a interação ímã-ímã. Usando a balança de torção adequada ao novo experimento, fig.21.5, Coulomb estabeleceu que a força magnética que age entre dois ímãs, situados no vácuo, é proporcional ao produto das intensidade dos polos magnéticos e inversamente proporcional ao quadrado da distância que os separa.

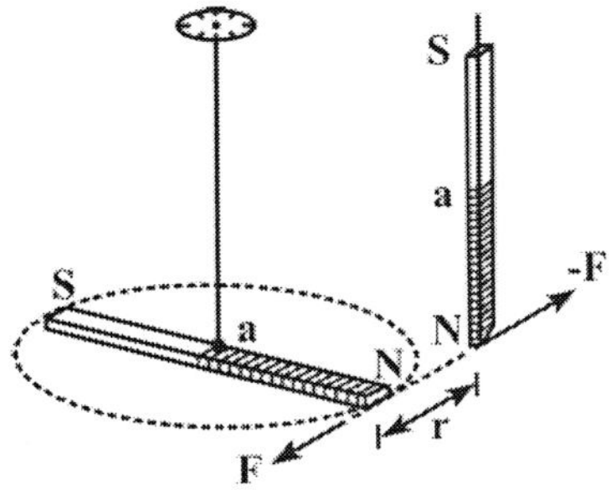

Fig.21.5

Designando as intensidade dos dois polos magnéticos por Q_m e Q'_m, e a distância que os separa por *r*, a força magnética, $\mathbf{F}_m$, que um polo magnético exerce sobre o outro é dada por,

$$\mathbf{F}_m = K_m \frac{Q_m Q_m'}{r^2} \hat{\mathbf{e}}_r \qquad (21.1a)$$

sendo K_m a constante magnética cujo valor depende do sistema de unidades escolhido. No SI , $K_m = 1/4\pi\mu_o$, e μ_o é a permeabilidade magnética do vazio, com valor exato, $\mu_o = 4\pi\ 10^{-7}$ Henry/metro (H/m), e portanto, $K_m = 10^7/16\pi^2$ $N{\cdot}m^2/Wb^2 \cong 6{,}332\ 573\ 978 x 10^4 N{\cdot}m^2/Wb^2$; para as demais g randezas de (21.1a), temos as unidades: intensidade de polo magnético, Weber [em homenagem a Wilhein Edward Weber (1804-1891), físico alemão], mais adiante comprovar-se-á a equivalência, 1 Wb = 1H/A = 1 V s ; à força magnética, Newton (N) e à distância entre polos, metros (m). Então, a equação supra assume a forma,

$$\mathbf{F}_m = \frac{1}{4\pi\mu_o} \frac{Q_m Q_m'}{r^2} \hat{\mathbf{e}}_r \qquad (21.1b)$$

ou também,

$$\mathbf{F}_m \cong 6{,}33\text{x}10^4(\text{N}\cdot\text{m}^2/\text{Wb}^2)\frac{Q_m\, Q_m'}{r^2}\,\hat{\mathbf{e}}_r \qquad (21.1c)$$

Prosseguindo-se com a analogia, igualmente, definiu-se vetor intensidade de campo magnético, **H**, como a relação entre a força magnética, $\mathbf{F}_m$, pela intensidade de polo magnético de prova, Q'_m, ou seja,

$$\mathbf{H} = \frac{\mathbf{F}_m}{Q'_m} \qquad (21.2a)$$

A unidade SI de **H** é o Newton/Weber (N/Wb). No decorrer deste estudo iremos comprovar que o N/Wb equivale ao Ampère/metro (A/m).

Introduzindo (21.1b) na equação acima e considerando o seu módulo, virá,

$$H = \frac{1}{4\pi\mu_o}\,\frac{Q_m}{r^2} \qquad (21.2b)$$

Da definição do vetor intensidade de campo magnético ou simplesmente campo magnético, que será usada sem ambiguidade, podemos concluir que,

$$\mathbf{F}_m = Q'_m\,\mathbf{H} \qquad (21.1c)$$

onde $\mathbf{F}_m$ e **H** têm a mesma direção, porém sentidos dependentes da natureza dos polos magnéticos, fig.21.6.

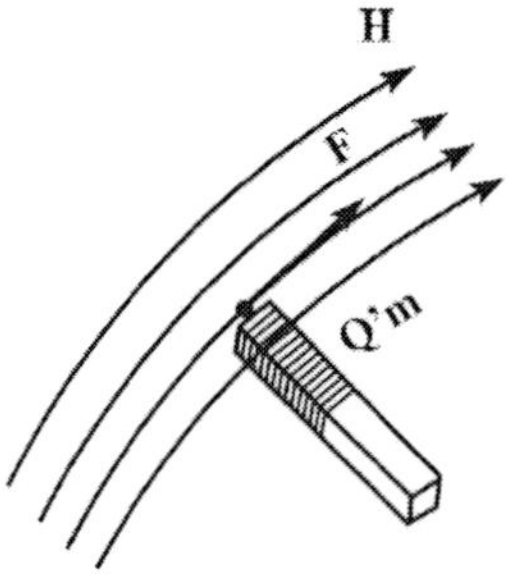

Fig.21.6

Num imã o campo magnético é visualizado mediante o concurso de linhas de força magnética, LFM , a ele associadas, as quais, externamente saem do polo norte e entram pelo polo sul do mesmo, e internamente vão do polo sul para o polo norte, fig. 21.7; os polos são portanto as fontes de **H** ,e os sumidouros, de correntes de condução, como será visto no item 27.4; no caso eletrostático as linhas de força nascem numa carga elétrica positiva e morrem noutra carga elétrica negativa. Também, em cada ponto de uma LFM, o vetor **H** tem a direção e o sentido dados pela tangente geométrica no referido ponto.

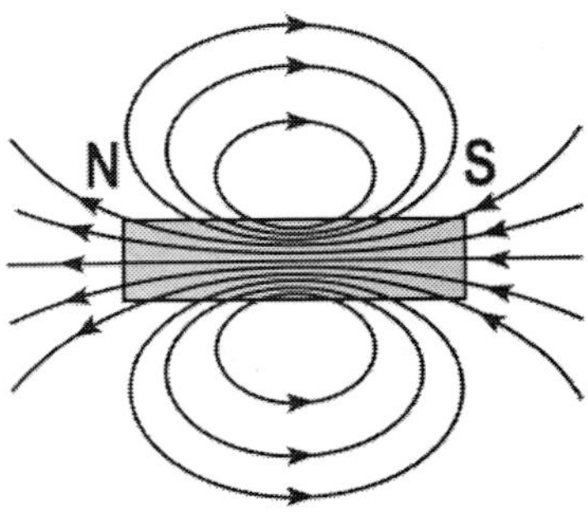

Fig.21.7

Continuando a analogia com o caso eletrostático, define-se o trabalho magnético elementar, dW_m, que o campo magnético **H** realiza sobre um polo magnético Q'_m, ao deslocá-lo da distância, d**s**, como,

$$dW_m = Q'_m \mathbf{H}\cdot d\mathbf{s} \qquad (21.3a)$$

e o trabalho magnético total, entre os pontos A e B,

$$W_m = Q'_m \int_A^B \mathbf{H}\cdot d\mathbf{s} \qquad (21.3b)$$

Por outro lado, a integral acima pode ser identificada como uma ddp magnética, dada por $V_{mA} - V_{mB}$, de modo que,

$$W_m = Q'_m (V_{mA} - V_{mB}) \qquad (21.3c)$$

E se quisermos o potencial magnético no ponto A, tomamos $V_{mB} = 0$, e teremos,

$$V_{mA} = \frac{W_m}{Q'_m} \qquad (21.4a)$$

E tendo em conta (21.1a) , também temos, em geral,

$$V_m = \frac{1}{4\pi\mu_o} \frac{Q_m}{r} \qquad (21.4b)$$

21.4. Estrutura Microscópica do Ímã

O fato da inseparabilidade dos polos magnéticos de um ímã levou a uma primeira concepção de que ele era constituído por uma infinidade de diminutos ímãs elementares idênticos, naturalmente ordenados, conforme sugerido na fig.21.8(a). Se cada um desses ímãs elementares tem intensidade de polo magnético, $|Q_N| = |Q_S| = Q_m$, e se eles estão separados pela distância ☒, então, podemos definir o momento magnético elementar, **m**, de cada um deles por,

$$\mathbf{m} = Q_m ☒ \qquad (21.5a)$$

onde ☒ é o vetor orientado do polo sul para o polo norte, de módulo ☒. A unidade de momento magnético é o Weber·metro (Wb·m). Dimensão: $[m] = L^3 M I^{-1} T^{-2}$. Mais adiante veremos que ele equivale ao ampère.metro^2, $A.m^2$.

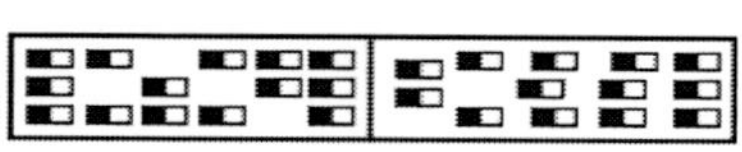

Fig.21.8 (a)

Se uma substância não é um ímã natural, os seus diminutos imãs elementares existem nela de forma desordenada, fig.21.8(b), os quais podem ser postos em ordenação mediante processo de indução magnética.

Fig.21.8 (b)

O grau de ordenação dos ímãs elementares de uma amostra é mensurado pelo vetor imantação ou polarização magnética, $\mathbf{P}_m$, também definido de forma análoga à polarização elétrica: se num volume elementar Δv, estão coletados os momentos magnéticos, $\Sigma\, \mathbf{m}_j = \Delta\mathbf{m}$, então,

$$\mathbf{P}_m = \lim_{\Delta v \to o} \frac{\Delta m}{\Delta v} = \frac{dm}{dv} \qquad (21.5b)$$

O vetor polarização magnética exprime o efeito coletivo de um grande número de diminutos ímãs elementares tomados num ponto da matéria magnetizada. A unidade SI de polarização magnética é o Weber.metro/metro^3 = Weber/metro^2 (Wb/m^2). Dimensão: $[P_m] = M\, T^{-2}\, I^{-1}$.

A adoção do ímã elementar, contudo não esgota a questão da inseparabilidade dos polos magnéticos, e a pergunta que se faz é se esse pequeno ímã elementar, natural, continuar sendo fracionado, até que limite se manterá ímã. A resposta a esta questão é a de que o limite alcança a estrutura última da matéria, na qual o magnetismo tem sede nas partículas fundamentais do átomo e onde, surpreendentemente, não há ímãs, nem monopolos, mas dipolos magnéticos, como estrutura básica do fenômeno magnético.

Ampère, indo além do seu tempo, propôs em 1836 que o magnetismo era causado por diminutos laços de correntes elétricas, que perpetuamente estão em circuitação no seio da matéria. Esses laços de correntes passaram a ser chamados de correntes ampèrianas e será mostrado mais adiante que eles são perfeitamente equivalentes aos imãs elementares com idênticos dipolos magnéticos.

O aprofundamento do assunto requer conhecimento específico de física moderna, fugindo ao escopo desta abordagem. Contudo, adiantamos que a causa do magnetismo é explicada, em última análise, pelo movimento do elétron no átomo: a seu movimento orbital está associado um momento de dipolo magnético orbital, μ_L; e o movimento de rotação do elétron sobre si mesmo, quantizado pelo momento angular intrínseco, que recebe o nome especial de spin (o próton também o possui, mas pode ser negligenciado por ora), μ_S, cuja interação conjugada de ambos os momentos produz o magnetismo à nível subatômico, fig.21.9, e subsequentemente, ao nível atômico e molecular. Dependendo de como estão orientados esses momentos de dipolos magnéticos no átomo, tem lugar a polarização magnética que passa do nível microscópico ao macroscópico, onde o efeito coletivo dar conta do fenômeno magnético perceptível. Por conseguinte, o magnetismo é a manifestação de uma propriedade geral da matéria, que nela pode se apresentar como permanente, como no caso do imã natural, ou ser posta em evidência, mediante um processo de indução magnética, a ser visto em tópico apropriado, mais adiante.

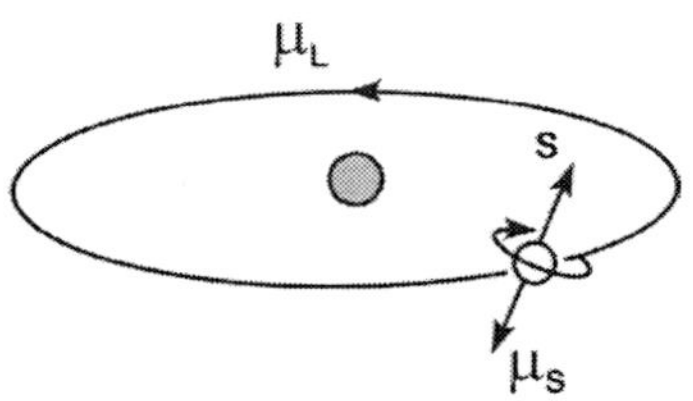

Fig.21.9

Capítulo 22
Primeiro Fenômeno Eletromagnético

22.1. A Experiência de Oerested

Oerested

Historicamente o eletromagnetismo se inicia no ano de 1819, com a descoberta casual feita por Hans Christian Oerested (1777-1851), físico dinamarquês, quando ocupado com uma demonstração didática sobre a corrente elétrica num fio condutor, notou que este perturbava a agulha magnética de uma bússola deixada nas suas proximidades. Dando a devida atenção ao fato observado, Oerested repetiu a experiência colocando a bússola alinhada com o fio condutor, e pôde observar que a agulha magnética se posicionava em ângulo reto com a direção do eixo do condutor, conforme mostrado na fig. 22.1; mudando o sentido da corrente elétrica, a agulha magnética também mudava de orientação. Oerested acabara assim de descobrir a procurada conexão entre a eletricidade e o magnetismo, e este achado teve inusitada repercussão no mundo científico da época, mesmo antes da sua publicação oficial na primavera de 1820.

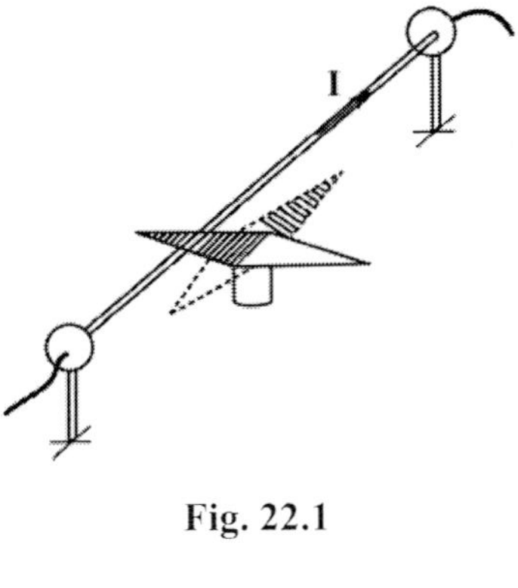

Fig. 22.1

22.2. Campo Magnético devido a Corrente Elétrica. Lei de Biot-Savart.

Com Oerestd veio a pauta o 1º fenômeno eletromagnético: a corrente elétrica gera um campo magnético. O passo seguinte seria quantizá-lo ou estabelecer a lei que rege dito fenômeno, ou seja, como a intensidade de campo magnético está relacionada com a corrente elétrica em pontos na vizinhança de um fio condutor. A 1º resposta frutífera a esta questão foi encontrada, poucas semanas após a divulgação de Oersted, pela dupla de físicos franceses, Jean Baptiste Biot (1774-1826) e Felix Savart (1791-1841), os quais anunciaram que a intensidade de campo magnético gerado pela passagem de uma corrente elétrica é proporcional a intensidade da corrente elétrica e inversamente proporcional ao quadrado da distância do ponto onde age o campo magnético ao eixo do fio condutor. Este resultado ficou conhecido como a lei de Biot-Savart e convém expressá-la analiticamente.

Seja um condutor filiforme conduzindo uma corrente elétrica I e sobre ele delineamos um elemento de corrente, $I d\mathbf{L}$, num ponto P' (este elemento diferencial é suposto suficientemente pequeno para ser tomado como reto no eixo do condutor), com posição dada pelo vetor posição $\mathbf{r}'$; e seja um ponto P localizado pelo vetor posição $\mathbf{r}$ onde se quer calcular a intensidade de campo magnético elementar, $d\mathbf{H}$, onde P e $d\mathbf{L}$ determinam um plano sobre o qual se tem $P'P = |\mathbf{r} - \mathbf{r}'|$, como indicado na fig.22.2. Nesta situação, $d\mathbf{H}$ é perpendicular ao plano referendado e tem sentido saindo da página, assinalado pelo símbolo ⊙ (e entrando na pagina, usar-se-á o símbolo ⊗). Isto posto, a lei de Biot-Savart fica expressa sob a forma vetorial seguinte:

$$d\mathbf{H} = K_m \frac{I d\mathbf{L} \times \hat{\mathbf{e}}_{r'r}}{|\mathbf{r} - \mathbf{r}'|^2} \qquad (22.1a)$$

onde K_m é a constante magnética que vale $1/4\pi$, no SI; e $\hat{\mathbf{e}}_{r'r} = \mathbf{r} - \mathbf{r}'/\,|\mathrm{r} - \mathrm{r}'|$ é o vetor unitário com sentido P'P.

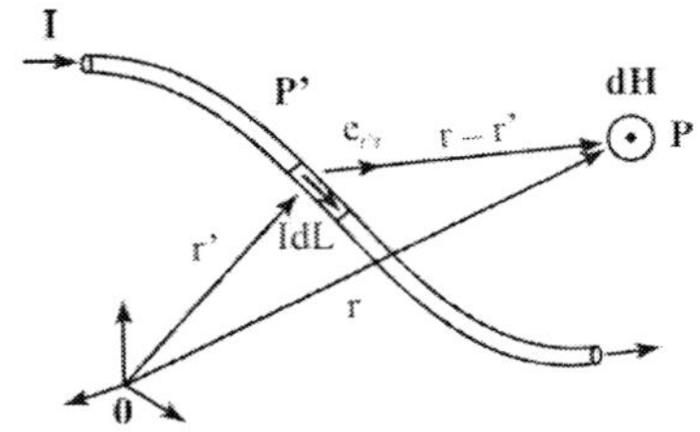

Fig. 22.2

Obviamente, um elemento de corrente é uma idealização e para conferir significado físico à lei de Biot-Svart, cumpre somarmos todos os elementos de corrente que compõem o fio condutor, os quais contribuem, conjuntamente, para a totalização do campo magnético no ponto P, ou seja, $\mathbf{H} = \int d\mathbf{H}$, e portanto,

$$\mathbf{H} = \frac{1}{4\pi} \int_L \frac{I d\mathbf{L} \times \hat{\mathbf{e}}_{r'r}}{|\mathbf{r} - \mathbf{r}'|^2} \qquad (22.1b)$$

O sentido de **H** está implícito no produto vetorial $d\mathbf{L} \times \hat{\mathbf{e}}_{r'r}$. Contudo é prático fazermos uso da regra da mão direita, fig.22.3, que estabelece o seguinte: envolvendo o condutor com a mão direita, o dedo polegar aponta o sentido da corrente elétrica, os demais dedos indicam o sentido do campo magnético.

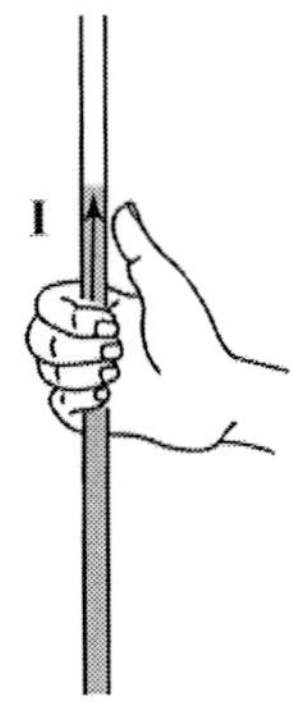

Fig. 22.3

A unidade SI de intensidade de campo magnético é o Ampère/metro, abrevia-se, A/m, ficando assim justificada a unidade N/Wb decorrente da equação (21.2a). Dimensão: $|H| = I\,L^{-1}$.

É importante ficar entendido que no fenômeno eletromagnético em causa o campo magnético coexiste com o campo elétrico em todos os pontos do fio condutor, no entanto, externamente, a influência deste pode ser negligenciada, por agora.

Exemplo 22.1.

Dado um condutor filiforme, reto e longo, percorrido por uma corrente elétrica I. Calcular a intensidade de campo magnético para pontos próximos do condutor. Achar também o valor de **H**, quando se tem I = 10 A num ponto distante 10 cm do condutor.

Seja o condutor filiforme dado na fig.22.4., onde delineamos o elemento de corrente Id**L**, no ponto P', e tomamos P, distante a do eixo do mesmo. Usando coordenadas cilíndricas para o caso, temos,

$$I d\mathbf{L} = I dz\hat{\mathbf{e}}_z; \ \mathbf{r}' = z\hat{\mathbf{e}}_z, \ \mathbf{r} = a\hat{\mathbf{e}}_r; \text{ e } \ \hat{\mathbf{e}}_{r'r} = (a\hat{\mathbf{e}}_r - z\hat{\mathbf{e}}_z)/\sqrt{a^2 + z^2}$$

Então, a lei de Biot-Savart fica dada por,

$$d\mathbf{H} = \frac{1}{4\pi} \frac{I dz\hat{\mathbf{e}}_z \times (a\hat{\mathbf{e}}_r - z\hat{\mathbf{e}}_z)}{(a^2 + z^2)^{3/2}}$$

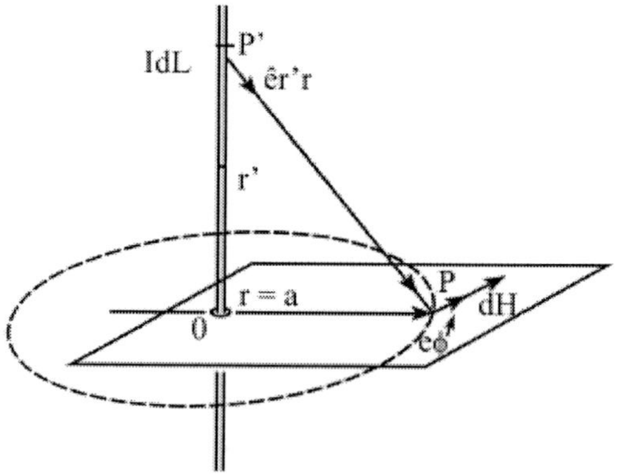

Fig. 22.4

Efetuando os produtos vetoriais dos unitários, vemos que $\hat{e}_z \times \hat{e}_r = \hat{e}_\phi$ e $\hat{e}_z \times e_z = 0$; e a expressão anterior se converte para,

$$d\mathbf{H} = \frac{1}{4\pi} \frac{Idz\, a}{(a^2 + z^2)^{3/2}} \hat{e}_\phi$$

Tomando a integração desta expressão, ao longo do eixo z, virá,

$$\mathbf{H} = \frac{Ia}{4\pi} \left[\int_{-\infty}^{\infty} \frac{dz}{(a^2 + z^2)^{3/2}} \right] \hat{e}_\phi$$

A integral oferece o valor $2/a^2$, de sorte que obtemos o resultado final,

$$\mathbf{H} = \frac{I}{2\pi a} \hat{e}_\phi \qquad (22.1c)$$

Este resultado está de acordo com a experiência e confirma o sentido de **H**.

Por exemplo, explorando o espaço circundante do fio condutor conduzindo uma corrente elétrica, com uma pequena bússola, a guisa de sonda, fig.22.5(a), podemos detectar a direção e o sentido do campo magnético, que confirma a regra da mão direita, como ilustrada na fig.22.3. Ademais, tomando o módulo de **H** de (22.1c), podemos verificar que, $a = I/2\pi H = cte$, o que permite que seja traçada a circunferência correspondente a LFM de **H**; as demais LFM são circunferências concêntricas ao eixo do condutor, onde as mais próximas evidenciam maior intensidade de campo magnético e as mais afastadas, menor intensidade de **H**. A fig.22.5(b) é a reprodução em foto que comprova o experimento da fig.22.5(a), em cujo plano de vidro, perpendicular ao fio condutor, foram espalhadas limalhas de ferro que ficaram magnetizadas, como diminutos ímãs, revelando, assim o espectro que tem as LF do campo magnético em causa.

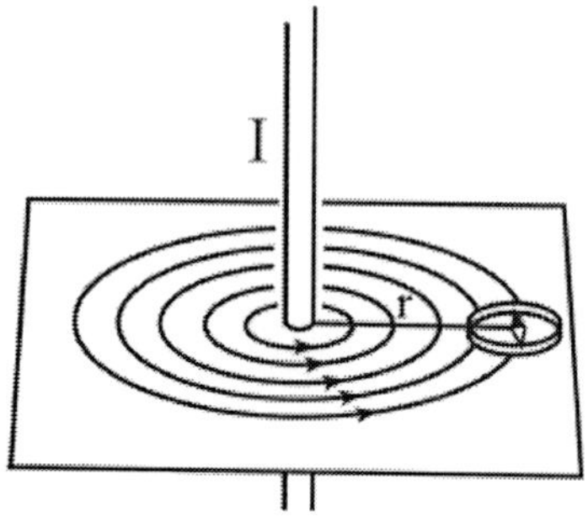

Fig. 22.5 (a)

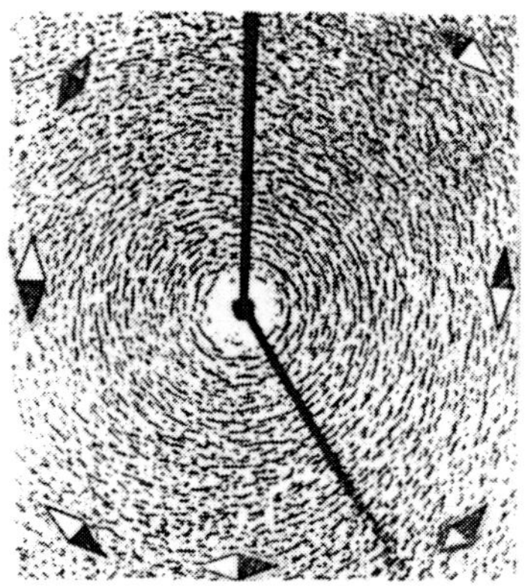

Fig. 22.5 (b)

Para a aplicação numérica, conforme dados, temos:

$$H = \frac{10\ \text{A}}{2\pi\ (10\text{x}10^{-2}\ \text{m})} = 15{,}92\ \text{A/m}$$

Exemplo 22.2.

Dado um condutor fino na forma de uma espira circular de raio a, conduzindo corrente elétrica I , achar a intensidade de campo magnético no eixo que passa pelo centro da espira. Fazer a aplicação numérica para I = 20 A e a = 5 cm, no centro da espira.

Inicialmente devemos ter em conta que, na realidade, a espira deve ficar interrompida num ponto, para a conexão dos fios que a alimenta, como na fig.22.6. , onde estão indicados os elementos requeridos à equação (22.1a) e que são a seguir identificados:

$$I d\mathbf{L} = I(a d\phi)\hat{\mathbf{e}}_\phi;\quad \mathbf{r}' = a\,\hat{\mathbf{e}}_{r'};\quad \mathbf{r} = z\hat{\mathbf{e}}_z;\ \text{e}\ \hat{\mathbf{e}}_{r'r} = z\hat{\mathbf{e}}_z - a\hat{\mathbf{e}}_{r'}/\sqrt{z^2+a^2}$$

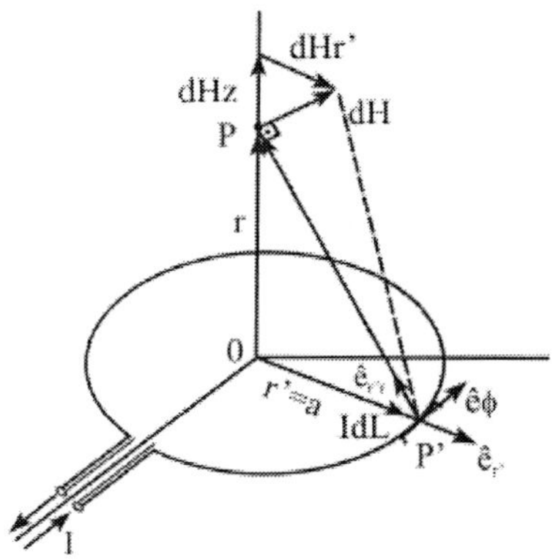

Fig. 22.6

Efetuando as substituições, teremos,

$$d\mathbf{H} = \frac{1}{4\pi}\,\frac{(I a d\phi)\hat{\mathbf{e}}_\phi \mathbf{x}\,(z\hat{\mathbf{e}}_z - a\hat{\mathbf{e}}_{r'})}{(z^2+a^2)^{3/2}}$$

Como $\hat{\mathbf{e}}_\phi\ \mathbf{x}\ \hat{\mathbf{e}}_z = \hat{\mathbf{e}}_{r'}$ e $\hat{\mathbf{e}}_\phi\ \mathbf{x}(-\hat{\mathbf{e}}_{r'}) = \hat{\mathbf{e}}_z$, podemos concluir que,

$$d\mathbf{H} = \frac{1}{4\pi}\,\frac{(I\,az\,d\phi)}{(z^2+a^2)^{3/2}}\,\hat{\mathbf{e}}_{r'} + \frac{1}{4\pi}\,\frac{(I\,a^2\,d\phi)}{(z^2+a^2)^{3/2}}\,\hat{\mathbf{e}}_z$$

ou seja, $d\mathbf{H} = d\mathbf{H}_{r'} + d\mathbf{H}_z$, e é perpendicular a direção de $\hat{\mathbf{e}}_{r'r}$. Como para cada elemento de corrente Id**L**', tomado num ponto P'', diametralmente oposto a P', tem-se a componente $d\mathbf{H}_{r''}$ igual e de sentido contrário a $d\mathbf{H}_{r'}$, as componentes radiais cancelar-se-ão mutuamente, ficando o campo magnético no ponto P dado pelas contribuições de $d\mathbf{H}_z$, ou seja,

$$\mathbf{dH} = \frac{1}{4\pi}\,\frac{a^2 I d\phi}{(z^2+a^2)^{3/2}}\,\hat{e}_z$$

E, integrando em ϕ, virá finalmente,

$$\mathbf{H} = \frac{a^2 I}{2(z^2+a^2)^{3/2}}\,\hat{e}_z \qquad (22.2a)$$

Este resultado possibilita estabelecermos duas situações particulares:

(1) no centro da espira onde $z = 0$, o campo magnético, vale,

$$\mathbf{H}_1 = \frac{I}{2a}\,\hat{e}_z \qquad (22.2b)$$

(2) para pontos distantes do eixo da espira, em que $z^2 >> a^2$, despreza-se a^2 e o campo magnético vale,

$$\mathbf{H}_2 = \frac{a^2 I}{2z^3}\,\hat{e}_z \qquad (22.2c)$$

Com a espira em corte, fig.22.7, mostramos como se comportam as LFM decorrentes. Para a aplicação numérica, usando o módulo de (22.2b), virá,

$$H = \frac{20\ A}{2\ (5x10^{-2}m)} = 200\ A/m$$

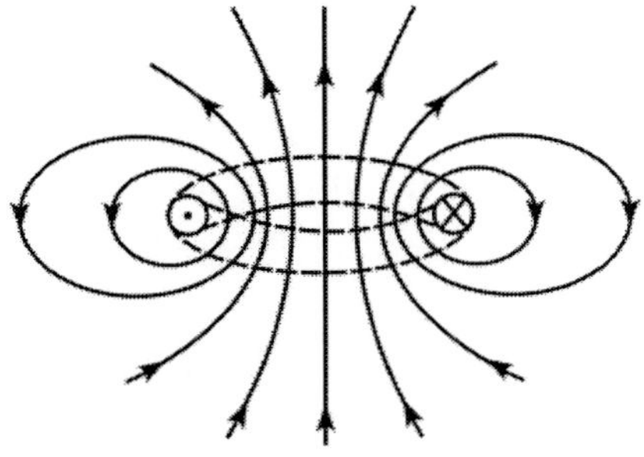

Fig. 22.7

Exemplo 22.3 - SOLENOIDE

Enrolando-se um fio condutor de seção uniforme em voltas sucessivas, formando uma helicoidal, tem-se um solenoide, fig.22.8(a); cada volta pode ser considerada como uma espira e o solenoide fica entendido também como um conjunto de espiras iguais justapostas.

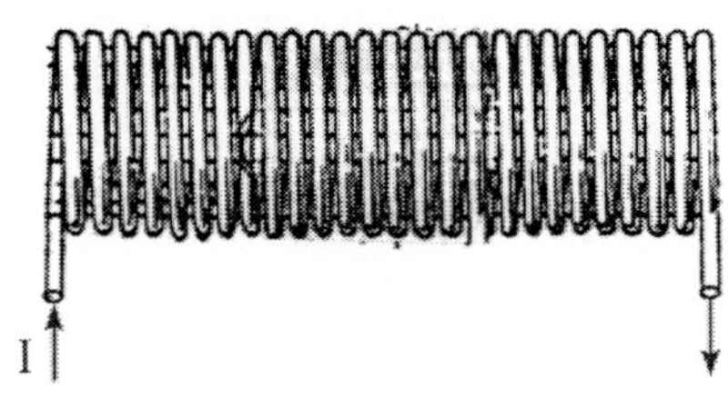

Fig. 22.8 (a)

Calcular o campo magnético de um solenoide constituído de N espiras circulares de raio a e comprimento ℓ, corte na fig.22.8(b), pelo qual circula a corrente elétrica I .

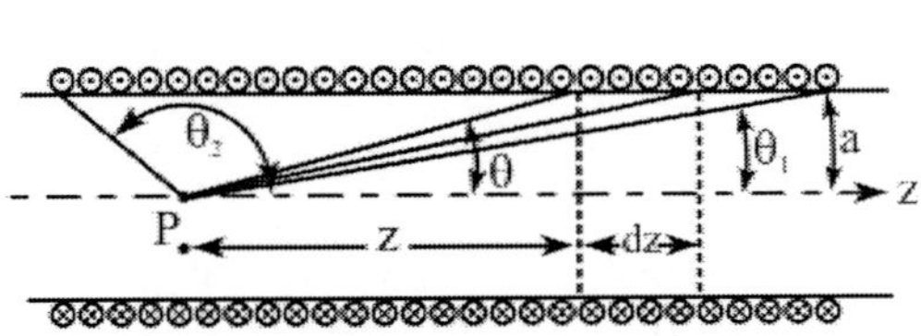

Fig. 22.8 (b)

Designando por z o eixo do solenoide, então, no trecho de comprimento dz , devemos ter $(N/\ell)dz$ espiras. O campo magnético num ponto P do mesmo, produzido pela corrente elétrica I, numa espira, é dado (22.2a), e o campo magnético devido as espiras do trecho, virá dada por,

$$d\mathbf{H} = \frac{a^2\, I}{2(a^2+z^2)^{3/2}} \left(\frac{N}{\ell}\, dz\right) \hat{\mathbf{e}}_z$$

Convindo mudar de variável, da fig.22.8(b), tiramos, $z = a\,\mathrm{ctg}\theta$; donde se segue que $dz = -\,a\,\mathrm{cosec}^2\theta\, d\theta$, e por consequência, $a^2 + z^2 = a^2(1 + \mathrm{ctg}^2\theta) = a^2\,\mathrm{cosec}^2\theta$. Substituindo estes valores na expressão acima, após as simplificações devidas, obtemos,

$$d\mathbf{H} = -\frac{NI}{2\ell}\,\mathrm{sen}\theta\, d\theta\, \hat{\mathbf{e}}_z$$

onde o resultado não mais depende de z. Integrando-o entre θ_2 e θ_1, encontramos,

$$\mathbf{H} = \frac{NI}{2\ell}\,(\cos\theta_1 - \cos\theta_2)\, \hat{\mathbf{e}}_z \qquad (22.3a)$$

Analisemos este resultado para duas situações especiais:

(1) para o campo magnético em pontos sobre o eixo do solenoide, fazemos $\theta_1 \to 0$ e $\theta_2 \to \pi$, que dá o resultado,

$$\mathbf{H} = \frac{NI}{\ell}\, \hat{\mathbf{e}}_z \qquad (22.3b)$$

(2) para o campo magnético nas extremidades do solenoide: por exemplo, à esquerda, implica fazermos $\theta_1 \to 0$ e $\theta_2 \to \pi/2$, que oferece o resultado,

$$\mathbf{H} = \frac{NI}{2\ell}\,\hat{\mathbf{e}}_z \qquad (22.3c)$$

portanto, nas extremidades, o campo magnético fica reduzido à metade.

É interessante observar que o solenoide se comporta como um ímã e internamente o campo magnético é sensivelmente uniforme. A fig.22.9 mostra essa propriedade do solenoide mediante o traçado de algumas linhas de força magnética.

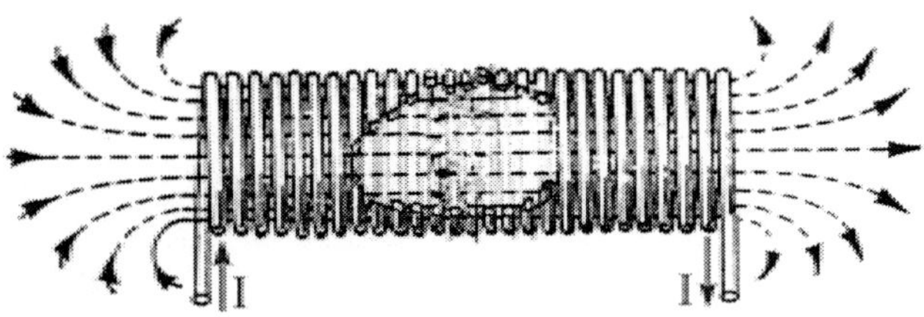

Fig. 22.9

Exemplo 22.4.

Um solenoide formado por 240 espiras circulares tem 60 cm de comprimento e é percorrido por uma corrente elétrica de 20 A. Achar o campo magnético no eixo do solenoide.

Usando diretamente (22.3b), temos em módulo,

$$H = \frac{(240 \text{ esp})\,(20\,\text{A})}{(0{,}60 \text{ m})} = 8.000 \text{ A-esp/m}$$

22.3. Lei Circuital de Ampère

Ampère estabeleceu que uma trajetória fechada qualquer , L, que enlace uma corrente elétrica de um circuito elétrico, como o da fig.22.10, a integral curvilínea do vetor intensidade de campo magnético, **H** , sobre ela, é diretamente proporcional a referida corrente elétrica, ou seja,

$$\oint_L \mathbf{H} \cdot d\mathbf{L} = I \qquad (22.4a)$$

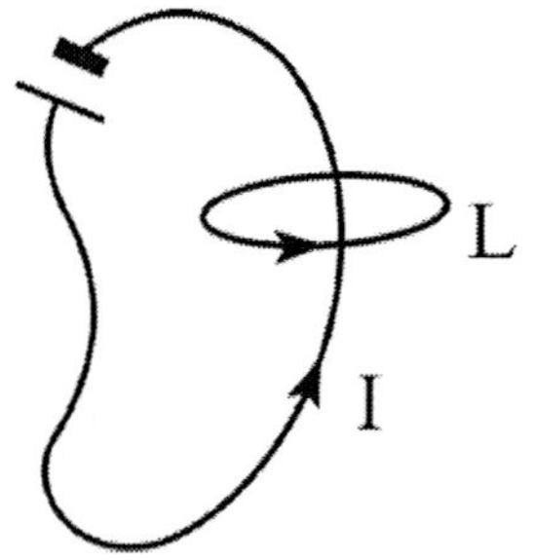

Fig. 22.10

Esta equação recebeu o nome de lei circuital de Ampère e o trajeto fechado é denominado de curva amperiana, símile da gaussiana. É importante ressalvar que, se a amperiana abarcar várias correntes elétricas, como na fig.22.11, I de (22.4a) deve ser tomada como a corrente elétrica total. No presente caso, $I = I_2 - I_3 + I_4$, e onde as correntes elétricas I_1 e I_5 não são computadas por ficarem fora da amperiana.

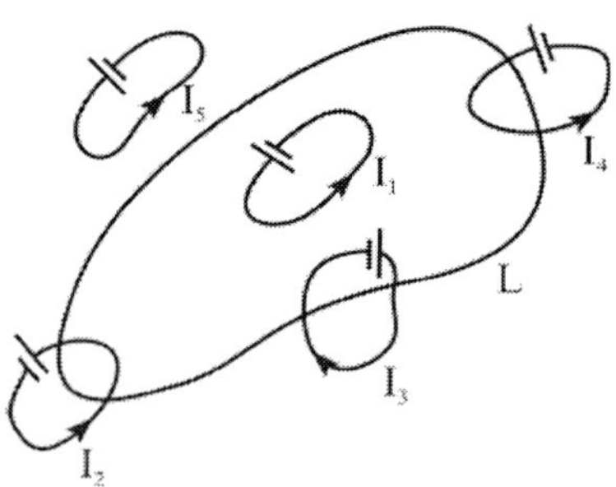

Fig. 22.11

Como, por sua vez, $I = \int_S \mathbf{J} \cdot d\mathbf{S}$, onde S é a área da superfície que limita **J**, a lei circuital de Ampère também assume à forma,

$$\oint_L \mathbf{H} \cdot d\mathbf{L} = \int_S \mathbf{J} \cdot d\mathbf{S} \tag{22.4b}$$

No caso particular da amperiana envolver um solenoide com N espiras, a equação (22.4a) depende do caminho e fica corrigida para,

$$\oint_L \mathbf{H} \cdot d\mathbf{L} = NI \tag{22.4c}$$

A propósito, vale salientar que a lei circuital de Ampère guarda semelhança com a equação (16.1a), que define fem; optou-se, com efeito, por chamar o 1º membro de (22.4a) de força magneto-motriz, abrevia-se por, fmm, e simboliza-se por $\Im$, e fica definida por,

$$\Im = \oint_L \mathbf{H} \cdot d\mathbf{L} \tag{22.5a}$$

Uma distinção, contudo, deve ser lembrada: enquanto a fem se situa no interior do gerador, a fmm se situa no espaço exterior do fio condutor, já que representa a energia que se armazena no espaço que envolve a corrente elétrica. A unidade SI de fmm é o Ampère-espira, abrevia-se, A-esp, e portanto, tem dimensão de corrente elétrica.

Numa situação peculiar em que na região delineada pela amperiana há um campo magnético mas não há corrente elétrica, a equação (22.5a) se torna,

$$\oint_L \mathbf{H} \cdot d\mathbf{L} = 0 \tag{22.5b}$$

Esta situação permite interpretarmos **H** como derivado de um potencial escalar magnético, V_m, tal que $\mathbf{H} = -\mathbf{grad}\ V_m$. Uma vez admitida a existência de V_m, por analogia, podemos estabelecer a ddp magnético, entre dois pontos, digamos, 1 e 2 sobre uma amperiana, de modo a termos,

$$V_{m1} - V_{m2} = \int_1^2 -\mathbf{grad}\ V_m \cdot d\mathbf{L} \tag{22.5c}$$

Cabe aqui fazermos um destaque importante: em coordenadas cartesianas, anotamos, $\mathbf{H} = -\nabla V_m$; e se tomarmos a divergência do 2º membro, tendo em conta que $\mathbf{J} = 0$, virá $\nabla(-\nabla V_m) = 0$, resultando daí que, $\nabla^2 = 0$, que é a análoga equação de Laplace para o caso magnetostático.

O Potencial escalar magnético, contudo, tem uma diferença essencial do análogo eletrostático. Enquanto que o potencial eletrostático deriva de um campo conservativo, àquele deriva de um campo não conservativo. A consequência crucial é a de que o potencial magnético não é uma função unívoca, enquanto função de posição, mas o é para certos percursos especiais. Não obstante o potencial escalar magnético ser pouco usado na análise do fenômeno magnético, ele é aplicável a materiais magnéticos homogêneos, que inclui o ímã e tem a mesma dimensão da fmm.

Exemplo 22.5.

> Usar a lei circuital de Ampère para calcular o campo magnético de um condutor filiforme e longo, conduzindo a corrente elétrica I. Analisar o potencial escalar magnético associado a **H** .

Como neste caso **H** tem módulo constante e a integral curvilínea se reduz ao cálculo da amperiana, que tomamos como a circunferência de raio r, em torno do filamento, resultando,

$$H(2\pi\, r) = I$$

E, portanto,

$$\mathbf{H} = \frac{I}{2\pi\, r}\,\hat{\mathbf{e}}_\phi$$

conforme obtido em (22.1c). Para **H** = **- grad** V_m, em coordenadas cilíndricas, o cálculo de V_m se reduz ao termo em ϕ que é,

$$-\frac{1}{r}\frac{\partial V_m}{\partial \phi} = \frac{I}{2\pi\, r}$$

Donde se segue que,

$$dV_m = -\frac{I\,d\phi}{2\pi}$$

Realizando a integração nos dois membros e igualando a zero cada constante de integração, obtemos,

$$V_m = -\frac{I}{2\pi}\phi$$

Se fizermos a circuitação com $\phi = 2\pi$, virá $V_m = -I$; por outro lado, para $\phi = 0$, implica que $V_m = 0$, e em ambos os caso estaremos calculando o potencial escalar magnético no mesmo ponto, ficando, com efeito, prejudicada a unicidade do referido potencial. Contudo, inscrevendo ϕ num intervalo como, $-\pi < \phi < +\pi$, teremos o potencial escalar magnético num ponto especifico.

Exemplo 22.6.

Dado um condutor cilíndrico maciço, de raio a, e longo, que transporta a corrente elétrica I, uniformemente distribuída, fig.22.12, achar o campo magnético, fora e dentro do mesmo.

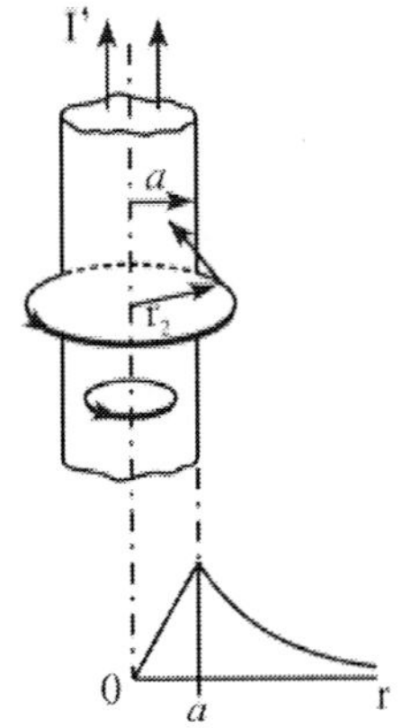

Fig. 22.12

Obviamente, para pontos fora do cilindro, em que $r_e > a$, o valor de **H** coincidirá com o valor encontrado, (22.1c), ora repetido,

$$\mathbf{H} = \frac{I}{2\pi\, r_e}\, \hat{e}_\phi$$

Para pontos internos do cilindro, para $r_i < a$, a amperiana é a circunferência de raio interno, r_i, que abarca a porção de corrente elétrica, I', tal que,

$$I' = \left(\frac{\pi\, r_i^2}{\pi\, a^2}\right) I = \left(\frac{r_i^2}{a^2}\right) I$$

Introduzindo na lei circuital de Ampère, virá,

$$H\,(2\pi\, r_i) = \left(\frac{r_i^2}{a^2}\right) I$$

Donde o campo magnético dentro do cilindro maciço:

$$\mathbf{H} = \frac{I\, r_i}{2\pi a^2}\, \hat{e}_\phi \qquad (22.6a)$$

Notemos, em particular que, no limite da superfície cilíndrica, quando $r_i = a$, o resultado simplifica-se para:

$$\mathbf{H} = \frac{I}{2\pi\, a}\, \hat{e}_\phi \qquad (22.6b)$$

Na fig.22.12 também indicamos a variação de **H** dentro e fora do cilindro maciço.

Exemplo 22.7

Um condutor cilíndrico oco, de raio a, longo e de superfície lateral fina, conduz uma corrente elétrica total I, fig.22.13. Determinar o campo magnético para pontos internos e externos do mesmo.

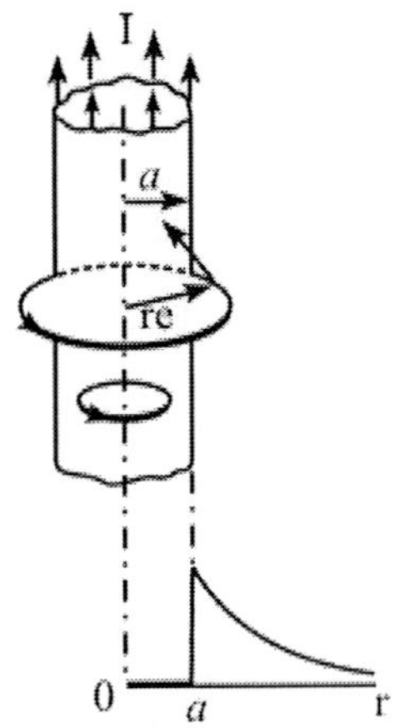

Fig. 22.13

Para pontos internos, em que $r_i < a$, obviamente $\mathbf{H} = 0$, já que a amperiana traçada internamente não enlaça nenhuma corrente elétrica.

Para pontos externos com $r_e \geq a$, a lei circuital de Ampère oferece o resultado já conhecido,

$$\mathbf{H} = \frac{I}{2\pi\, r_e}\, \hat{e}_f \qquad (22.6c)$$

como nos casos do condutor cilíndrico maciço e do condutor filiforme.

Exemplo 22.8

Usar a lei circuital de Ampère para calcular o campo magnético sobre o eixo do solenoide de N espiras e comprimento L conduzindo a corrente elétrica I, fig.22.14.

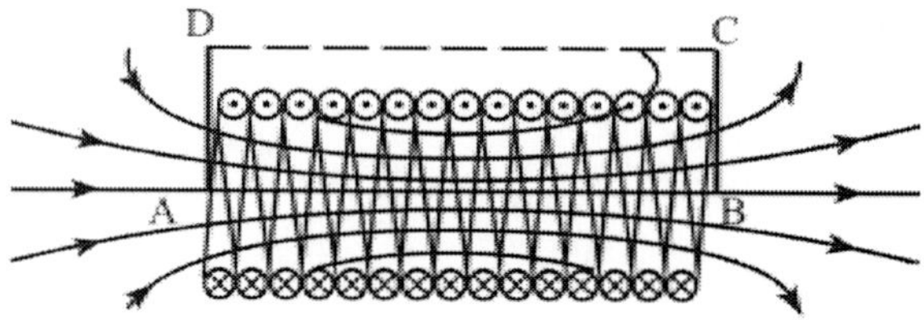

Fig. 22.14

Traçando a amperiana ABCDA na fig.22.14, a integral do 1º membro de (22.4a), desdobra-se em:

$$\oint_L \mathbf{H}\cdot d\mathbf{L} = \int_A^B \mathbf{H}\cdot d\mathbf{L} + \int_B^C \mathbf{H}\cdot d\mathbf{L} + \int_C^D \mathbf{H}\cdot d\mathbf{L} \int_D^A \mathbf{H}\cdot d\mathbf{L}$$

onde podemos observar que resultam nulas as integrais dos percursos BC e DA, porque eles são perpendiculares a **H**; também é zero a integral sobre CD, porque fora do solenoide, onde **H** = 0. Restando, com efeito, apenas a integral sobre AB = **ΔL**, que nos dá,

$$\oint_L \mathbf{H}\cdot d\mathbf{L} = \mathbf{H}\cdot \Delta\mathbf{L}$$

Sendo a corrente elétrica do trecho em referência, I' = I (N/L) ΔL, segue-se que,

$$H\cdot \Delta L = I\left(\frac{N}{L}\right)\Delta L$$

E, portanto,

$$\mathbf{H} = \frac{NI}{L}\,\hat{e}_z$$

como era de se esperar em face de (22.3b).

Exemplo 22.9

Um solenoide toroidal é um solenoide cujas extremidades são unidas, formando um anel, como na fig.22.15, com raios interno, externo e médio respectivamente dados por a, b e R. Supor, ademais, que o toroidal tem N espiras, corrente elétrica total NI e comprimento, $\ell = 2\pi R$. Achar a expressão do campo magnético dentro do toróide. Fazer aplicação numérica para os dados: a = 30 cm, b = 40 cm e N = 600 espiras.

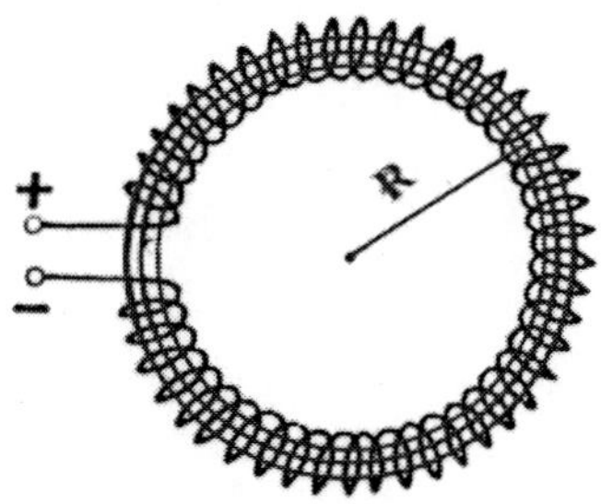

Fig. 22.15

No interior do toroidal o campo magnético é constante, por ser constante no interior do solenoide. Tomando como amperiana a circunferência de raio médio R, a lei circuital de Ampère requer que:

$$H\,\ell = H(2\pi R) = NI$$

Donde,

$$H = \frac{NI}{2\pi R}\,\hat{e}_\phi \qquad (22.7a)$$

que perfeitamente compatível com (22.3b).

O anel central do toróide tem comprimento,

$$\ell = 2\pi \frac{(0{,}40 + 0{,}30)\ \text{m}}{2} \cong 2{,}2\ \text{m}$$

E o campo magnético, no interior, tem intensidade:

$$H = \frac{(600\ \text{esp})\ (10\ \text{A})}{2{,}2\ \text{m}} \cong 2.727\ \text{A-esp/m}$$

Exemplo 22.10

Um cabo coaxial de raios respectivos a e b, conduz a corrente elétrica I, fig.22.16. Calcular o campo magnético no mesmo.

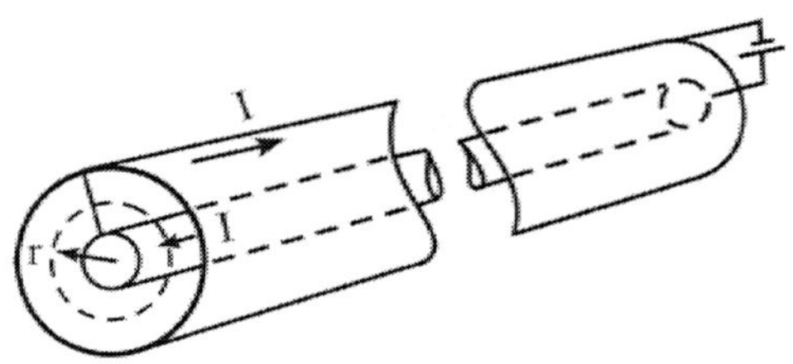

Fig. 22.16

Traçando como amperiana a circunferência de raio $a < r < b$, temos,

$$H\ (2\pi\ r) = I$$

donde,

$$\mathbf{H} = \frac{I}{2\pi r}\ \hat{e}_\phi \tag{22.7b}$$

que é o campo magnético entre os condutores, e equivale ao campo de um condutor filiforme, (22.1c). Observemos que H = 0 para r > b, já que, no condutor externo, a corrente elétrica retorna, e portanto, tem-se I − I = 0.

22.4. Forma diferencial da Lei de Ampère

O fato das linhas de força magnética se fecharem sobre si mesmas, confere ao campo magnético a propriedade de ser não divergente, e anota-se por, div**H** = 0, significando, ao contrário do campo eletrostático, que o campo magnético não tem fonte ou sumidouro. Outra diferença específica entre os dois campos é que, enquanto o campo elétrico é irrotacional, o campo magnético é rotacional, significando dizer que **rot** H ≠ 0, conforme será visto a seguir.

O rotacional de uma função vetorial pontual, revela-se adequado para expressar a lei circuital de Ampère, alternativamente, na forma diferencial. Com efeito, um condutor que transporta a corrente elétrica, $I = \int_S \mathbf{J} \cdot d\mathbf{S}$, a circuitação do campo magnético é dada conforme (22.4b):

$$\oint_L \mathbf{H} \cdot d\mathbf{L} = \int_S \mathbf{J} \cdot d\mathbf{S} \qquad (22.8a)$$

O 1º membro desta equação pode ser transformado numa integral de superfície, mediante o teorema de Stokes, que estabelece que,

$$\oint_L \mathbf{H} \cdot d\mathbf{L} = \int_S \mathbf{rot\ H} \cdot d\mathbf{S} \qquad (22.8b)$$

E portanto,

$$\int_S \mathbf{rot\ H} \cdot d\mathbf{S} = \int_S \mathbf{J} \cdot d\mathbf{S}$$

Por ser S uma área comum a ser integrada, vale concluirmos que,

$$\int_S (\mathbf{rot\ H} - \mathbf{J}) \cdot d\mathbf{S} = 0$$

sendo d**S** ≠ 0, impõe-se que **rot H** – **J** = 0, e portanto,

$$\mathbf{rot\ H} = \mathbf{J} \qquad (22.8c)$$

que é a forma diferencial da lei circuital de Ampère, que relaciona **H** com **J**, num ponto qualquer de uma região, que faculta interpretar a densidade de corrente elétrica como a fonte geradora de **H**.

[1] Interpretação do Rotacional de H

Consideremos um ponto $P(x_o, y_o, 0)$, que contém $\mathbf{H} = \mathbf{H}(x, y, z)$, e em torno do qual inscrevemos um perímetro infinitesimal, no plano XY, fig.22.17, em cujos lados supomos que **H** se comporta de forma constante. Com efeito, pelo método exposto no item 6.4[2], usando o desenvolvimento de Taylor, desprezadas as ordens superiores, e supondo realizado o limite do perímetro em P, podemos concluir que,

$$\oint_L \mathbf{H} \cdot d\mathbf{L} = [H_x - (\partial H_x/\partial y)dy/2]dx + [H_y + (\partial H_y/\partial x)dx/2]dx]\ dy$$
$$- [H_x + \partial H_x/\partial y)dy/2]dx - [H_y - (\partial H_y/\partial x)dx/2]dy$$

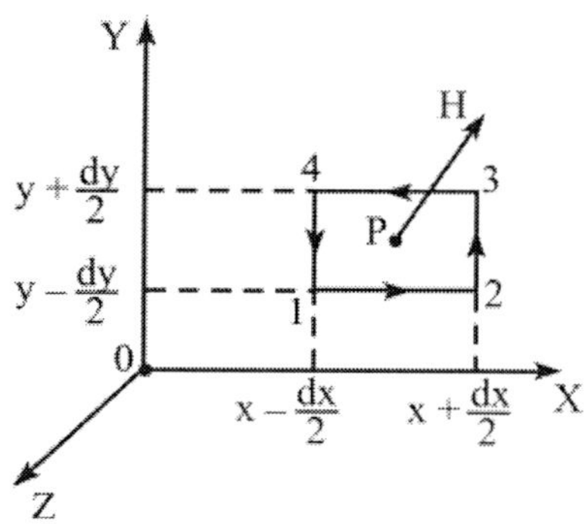

Fig. 22.17

Então, para o percurso total, podemos concluir que:

$$\oint \mathbf{H} \cdot d\mathbf{L} = \left(\frac{\partial H_y}{\partial x} - \frac{\partial H_x}{\partial y}\right) dxdy \qquad (22.9a)$$

Pondo dxdy = dS, a equação supra pode ser escrita sob a forma,

$$\oint \mathbf{H} \cdot d\mathbf{L}/dS = \left(\frac{\partial H_y}{\partial x} - \frac{\partial H_x}{\partial y}\right) \qquad (22.9b)$$

cujo 2º membro é o módulo da componente Z ou | $(\mathbf{rot\ H})_z$|, e podemos concluir que,

$$(\mathbf{rot\ H})_z = \left(\frac{\partial H_y}{\partial x} - \frac{\partial H_x}{\partial y}\right) \qquad (22.10a)$$

Usando análogo procedimento com perímetros tomados nos planos respectivos XZ e YZ, obtemos as componentes y e x dos rotacionais correspondentes,

$$(\mathbf{rot\ H})_y = \left(\frac{\partial H_x}{\partial z} - \frac{\partial H_z}{\partial x}\right) \qquad (22.10b)$$

$$(\mathbf{rot\ H})_x = \left(\frac{\partial H_z}{\partial y} - \frac{\partial H_y}{\partial z}\right) \qquad (22.10c)$$

E a composição dos três resultados acima dá o **rot H** = $\oint$ **H**·d**L**/dS, e como os resultados obtidos estão expressos em coordenadas cartesianas, a notação geral. **rot H** é substituída preferencialmente pelo produto vetorial ∇ **x H**. Aqui também o **rot H** é uma propriedade pontual. Assim sendo, temos então:

[2] Em coordenadas cartesianas

Sendo $\mathbf{H} = H_x\,\hat{\mathbf{e}}_x + H_y\,\hat{\mathbf{e}}_y + H_z\,\hat{\mathbf{e}}_z$ e $\mathbf{J} = J_x\,\hat{\mathbf{e}}_x + J_y\,\hat{\mathbf{e}}_y + J_z\,\hat{\mathbf{e}}_z$, $\nabla \times \mathbf{H}$, é definido por:

$$\nabla \times \mathbf{H} = \left(\frac{\partial H_z}{\partial y} - \frac{\partial H_y}{\partial z}\right)\hat{\mathbf{e}}_x + \left(\frac{\partial H_x}{\partial E_z} - \frac{\partial H_z}{\partial E_x}\right)\hat{\mathbf{e}}_y + \left(\frac{\partial H_y}{\partial E_x} - \frac{\partial H_x}{\partial E_y}\right)\hat{\mathbf{e}}_z \qquad (22.10d)$$

E em vista de (22.8c), também temos:

$$\nabla \times \mathbf{H} = \mathbf{J} \qquad (22.10e)$$

A expressão (22.10d) pode ser convenientemente colocada sob a forma de determinante:

$$\nabla \times H = \begin{vmatrix} \hat{e}_x & \hat{e}_y & \hat{e}_z \\ \dfrac{\partial}{\partial x} & \dfrac{\partial}{\partial y} & \dfrac{\partial}{\partial z} \\ H_x & H_y & H_z \end{vmatrix} = J \qquad (22.10f)$$

cujo desenvolvimento faculta o cálculo das componentes:

$$\frac{\partial H_z}{\partial y} - \frac{\partial H_y}{\partial_Z} = J_x; \quad \frac{\partial H_x}{\partial z} - \frac{\partial H_z}{\partial x} = J_y \text{ e } \frac{\partial H_y}{\partial x} - \frac{\partial H_x}{\partial y} = J_z$$

[3] Em coordenadas cilíndricas: com H = H (r, ϕ, z):

$$\nabla \times H)_{cil} = \begin{vmatrix} 1/r\,\hat{e}_r & \hat{e}_\phi & 1/r\,\hat{e}_z \\ \dfrac{\partial}{\partial x} & \dfrac{\partial}{\partial \phi} & \dfrac{\partial}{\partial z} \\ H_r & rH_\phi & H_z \end{vmatrix} = J \qquad (22.10g)$$

[4] Em coordenadas esféricas: com H = H (R, θ, ϕ):

$$\nabla \times H)_{esf} = \begin{vmatrix} \dfrac{\hat{e}_R}{R^2 sen\theta} & \dfrac{\hat{e}_\theta}{R^2 sen\theta} & \dfrac{\hat{e}_\theta}{R} \\ \dfrac{\partial}{\partial R} & \dfrac{\partial}{\partial \theta} & \dfrac{\partial}{\partial \phi} \\ H_R & RH_\theta & R sen\theta H_\phi \end{vmatrix} = J \qquad (22.10h)$$

Exemplo 22.11.

Calcular a densidade de corrente dentro do condutor cilíndrico do exemplo 22.6.

Neste caso, usamos coordenadas cilíndricas e o **rot H** se reduz ao termo em ϕ que é,

$$\frac{\partial}{\partial r}(r\, H_\phi)\,\frac{1}{r}\,\hat{e}_z = \mathbf{J}$$

Como

$$H_\phi = \frac{I\, r}{2\pi a^2}\,\hat{e}_\phi,$$

virá,

$$\frac{1}{r}\left[\frac{\partial}{\partial r}\left(r\,\frac{I\, r}{2\pi a^2}\right)\right]\hat{e}_z = \mathbf{J}$$

Operando, encontramos,

$$\mathbf{J} = \frac{I}{\pi\, a^2}\,\hat{e}_z$$

como era de se esperar; obviamente o **rot H** fora do cilindro é zero.

Em 1876 Henry Augustus Rowland (1848-1901), físico norte-americano, verificou que uma película de estanho, eletrizada, presa num disco de vidro e posto a girar mecanicamente, produz igualmente um campo magnético, já que ela se comporta como uma corrente elétrica. Este fenômeno ficou conhecido como efeito Rowland. Apesar dele não ter tido aplicação técnica, admite-se que campo magnético da Terra é gerado através de efeito Rowland, como será visto no item 25.4.

Capítulo 23
Segundo Fenômeno Eletromagnético

23.1. Força Magnética sobre Corrente Elétrica

Conforme vimos, a corrente elétrica é capaz de perturbar um ímã (como o da agulha de uma bússola) colocada nas suas proximidades, e pelo princípio da ação e reação, é de se esperar que um ímã, por sua parte, afete a corrente elétrica. Este é o 2º fenômeno eletromagnético a ser examinado e que trata da força magnética sobre a corrente elétrica ou sobre cargas elétricas em movimento, devido a presença de um campo magnético externo.

23.2. Vetor Indução Magnética

No 1º fenômeno eletromagnético, o vetor campo magnético, **H**, foi definido independentemente do meio magnético e aplicado a situações de simetrias simples, com correntes elétricas. Para uma maior abrangência do fenômeno eletromagnético, que inclua do meio magnético, necessário se torna que o campo magnético sofra a influênciado referido meio no qual penetra. E isto é feito com a adoção de um novo vetor denominado de campo de indução magnética ou apenas indução magnética, representa-se por, **B**, é definido por,

$$\mathbf{B} = \mu\mathbf{H} \qquad (23.1a)$$

onde μ é um parâmetro chamado de permeabilidade magnética e diz respeito a certa capacidade que tem a substância de ser mais ou menos permeável à penetração do campo magnético, no seu seio. Para meios magnéticos isotrópicos e homogêneos, **B** é função de **H** , e portanto, tem módulo proporcional a este. Se em particular o meio magnético, por extensão, é o espaço livre (casos vistos), a permeabilidade magnética é dito do espaço livre ou vácuo, simboliza-se por, μ_o, e a indução magnética fica dada por,

$$\mathbf{B} = \mu_o \mathbf{H} \tag{23.1b}$$

Quando o fenômeno magnético envolver, além do espaço livre, um meio magnético caracterizado pela polarização magnética, $\mathbf{P}_m$, a equação acima fica ampliada para,

$$\mathbf{B} = \mu_o \mathbf{H} + \mathbf{P}_m \tag{23.1c}$$

Simbolicamente, na fig.23.1, temos uma amperiana envolvendo os dois meios referendados.

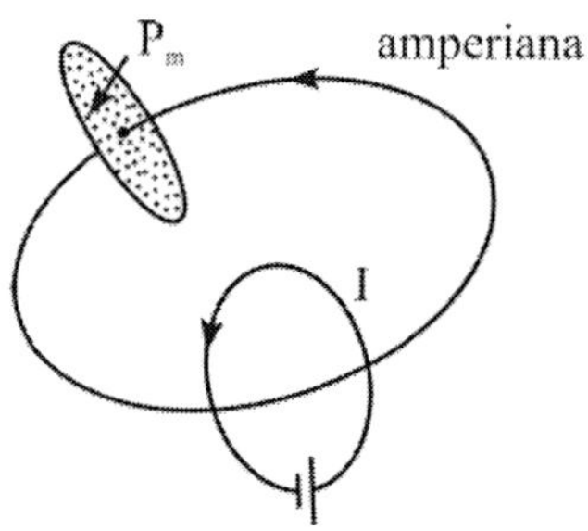

Fig.23.1

É instrutivo sabermos desde logo, como as linhas de força de campo magnético se dispõem dentro e fora do meio magnético (cuja justificação será dada no item 26.4). Considerando um ímã reto, temos: (1) na fig.23.2(a) as LFM de **B**, externamente, vão do polo norte para o polo sul, e internamente, segue do polo sul para o polo norte; (2) na fig.23.2(b) as LFM de **H**, externamente, têm o mesmo sentido que as de **B**, porém, internamente, vão do polo norte para o polo sul; e (3) na fig.23.2(c) as LFM de $\mathbf{P}_m$ só existem dentro dos limites do material magnético e estão orientadas do polo sul para o polo norte.

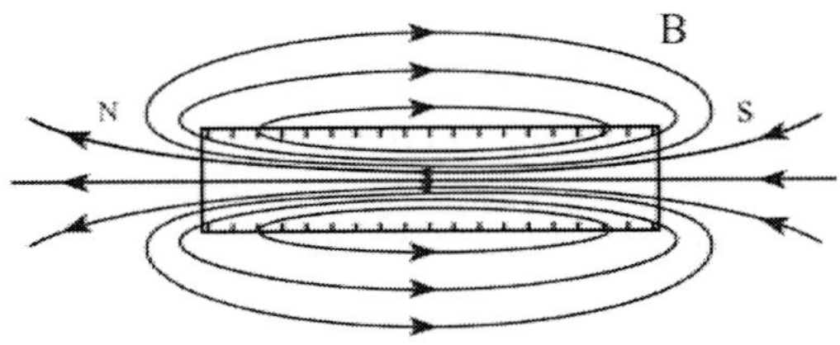

Fig.23.2(a

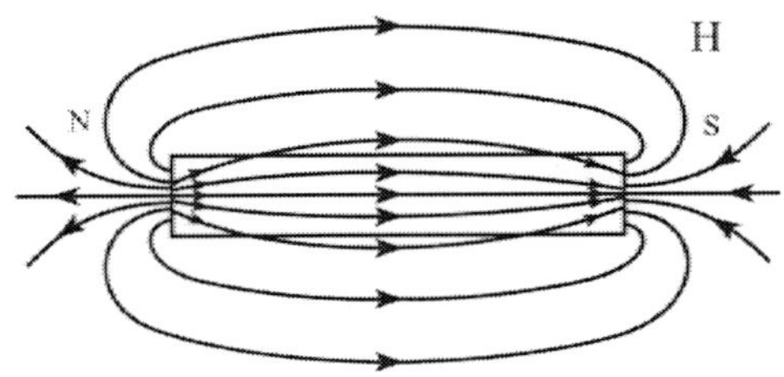

Fig.23.2(b)

Fig.23.2(c)

A unidade SI do vetor indução magnética é o Tesla = Newton/Ampère·metro, símbolo, T, e equivale ao Wb/m^2, por razão histórica, como veremos. O Tesla é uma unidade significativamente grande e convém compará-la com a unidade do sistema CGSm que é o Gauss, símbolo G, onde $1\ T = 10^4\ G$. Dimensão: $|B| = M\ I^{-1}\ T^{-2}$ e $[\mu_o] = M\ L\ I^{-2}T^{-2}$.

A unidade Tesla foi dado em homenagem a Nicola Tesla (1856-1943), engenheiro eletricista croata, naturalizado norte-americano; enquanto que o Gauss, foi dado em homenagem a Karl Friedrich Gauss (1777-1855), matemático e físico alemão. A permeabilidade magnética do vazio ou do espaço livre, μ_o, é também dito absoluta, sendo obtida a partir da equação de concatenação, $\mu_o\ \varepsilon_o\ c^2 = 1$, onde ε_o e c são obtidos por vias experimentais pertinentes, enquanto que μ_o resultou num valor exato, como já mencionamos, $\mu_o = 4\pi \times 10^{-7}$ Henry/metro (H/m). De (23.1b) podemos ver que $B/H = \mu_o$; e se tomarmos, $B = 1\ T$, resulta para $H = 1/\mu_o = 795.774{,}715\ 5\ A/m \cong 800.000\ A/m$.

Resulta prático introduzir-se o conceito de permeabilidade magnética relativa, denota-se por μ_r e define-se por, $\mu_r = \mu/\mu_o$, indicando que μ_r é um número adimensional, e portanto, independente do meio, sendo, obviamente, $\mu_r = 1$ para o vazio ou espaço livre. Para substâncias diamagnéticas (água, bismuto, chumbo, cobre e prata) e paramagnéticas (ar, alumínio, paládio, etc.) $\mu_r \cong 1$; e para as substâncias ferromagnéticas (aço, ferro e suas ligas) $\mu_r >> 1$, para as quais tem-se B = f (H), assim classificadas conforme o item 26.4.

As leis de Biot-Savart e circuital de Ampère podem ser, agora, apresentadas, alternativamente, em função do vetor indução magnética ou simplesmente indução magnética:

$$\mathbf{B} = \frac{\mu_o}{4\pi} \int_L \frac{I d\mathbf{L} \times \hat{\mathbf{e}}_r}{r^2} \qquad (23.2a)$$

$$\oint_L \mathbf{B} \cdot d\mathbf{L} = \mu_o I \qquad (23.2b)$$

E também,

$$\textbf{rot B} = \mu_o \mathbf{J} \qquad (23.2c)$$

Exemplo 23.1

Deduzir a equação (23.1c) usando a lei circuital de Ampère generalizada para um circuito elétrico com a corrente de condução, $I_C = \oint_L \mathbf{H} \cdot d\mathbf{L}$ e um meio magnético, com corrente de magnetização, $I_M = 1/m_o \oint_L \mathbf{P}_m \cdot d\mathbf{L}$, concernentes a fig.23.1.

Para a amperiana assinalada na fig.23.1, a corrente elétrica total é $I = I_C + I_M$, de modo que a lei circuital de Ampère virá dada por,

$$\oint_L \mathbf{B} \cdot d\mathbf{L} = \mu_o(I_C + I_M) \qquad (23.2d)$$

Substituindo as correntes elétricas pelas suas expressões, teremos,

$$\oint_L \mathbf{B} \cdot d\mathbf{L} = \mu_o \oint_L \mathbf{H} \cdot d\mathbf{L} + \oint_L \mathbf{P}_m \cdot d\mathbf{L}$$

Donde,

$$\oint_L (\mathbf{B} - \mu_o \mathbf{H} - \mathbf{P}_m) \cdot d\mathbf{L} = 0$$

Por ser o caminho de integração arbitrário e $d\mathbf{L}$ não nulo, impõe-se que

$$\mathbf{B} - \mu_o \mathbf{H} - \mathbf{P}_m = 0,$$

e portanto,

$$\mathbf{B} = \mu_o \mathbf{H} + \mathbf{P}_m; \qquad (23.2e)$$

Se inclui material magnético, de magnetização **M**, (23.2e) toma a forma mais geral, $\mathbf{B} = \mu_o \mathbf{H} + \mathbf{P}_m + \mu_o \mathbf{M}$, item 26.4, adiante.

Exercício 23.1

Mostrar que $\mathbf{J} \times \mathbf{B} = -\nabla\left(\frac{B^2}{2\mu_o}\right) + \frac{1}{\mu_o} (\mathbf{B} \cdot \nabla) \mathbf{B}$,

onde, $B^2/2\mu_o$, é identificada como pressão magnética. Sugestão: usar a identidade: $1/2\ \nabla(\mathbf{B} \cdot \mathbf{B}) = (\mathbf{B} \cdot \nabla) \mathbf{B} + \mathbf{B} \times (\nabla \times \mathbf{B})$; e também, $\nabla \times \mathbf{B} = \nabla \times (\mu_o \mathbf{H} + \mathbf{P}_m + \mathbf{M}) = \mu_o \mathbf{J} + \mathbf{J}_D + \mathbf{J}_M$.

23.3. Força Magnética sobre um Elemento de Corrente

Como vimos no 1º fenômeno eletromagnético, traduzido pela lei de Biot-Savart, um elemento de corrente elétrica, $Id\mathbf{L}$, produz num ponto P, distante r dele, um o campo magnético elementar, $d\mathbf{H}'$, de módulo,

$$dH' = \frac{IdL \operatorname{sen}\theta}{4\pi\, r^2}$$

(Note-se que fora do elemento de corrente não há campo elétrico nem força elétrica porque não há cargas elétricas na superfície do mesmo). Colocando no ponto P um ímã de intensidade de polo magnético, Q_m , ele experimentará a força magnética elementar, d**F**', causada pelo elemento de corrente elétrica, de módulo,

$$dF' = Q_m\, dH'$$

Pelo princípio da ação e reação, o polo magnético reage sobre o elemento de corrente com a intensidade de campo magnético, $H = Q_m/4\pi\mu_o r^2$, conforme (21.2b), que produz a força magnética elementar d**F** = – d**F**'= – Q_m d**H**', representativa do 2° fenômeno eletromagnético, fig.23.3(a); essa força magnética elementar tem módulo,

$$dF = Q_m \left[\frac{IdL \operatorname{sen}\theta}{4\pi\, r^2}\right]$$

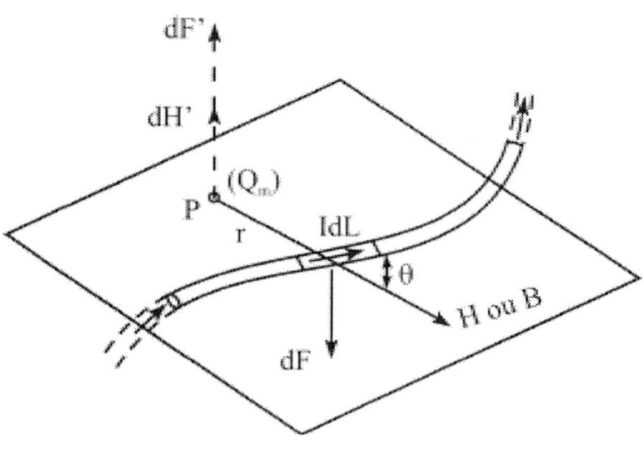

Fig.23.3 (a)

Rearrumando o 2º membro acima, de modo conveniente, teremos,

$$dF = [\frac{Q_m}{4\pi\mu_o r^2}]\ \mu_o\ (IdL\ sen\theta)$$

Donde,

$$dF = (\mu_o\ H)\ (IdL\ sen\theta)$$

E, por ser $B = \mu_o H$, temos finalmente,

$$dF = IdL\ (B\ sen\theta) \qquad (23.3a)$$

O termo Bsenθ é interpretado como a componente de **B** perpendicular ao elemento de corrente, Id**L**, de modo que a força magnética passa a ser expressa na forma vetorial, como,

$$d\mathbf{F} = Id\mathbf{L} \times \mathbf{B} \qquad (23.3b)$$

onde fica evidenciado que d**F** é perpendicular ao plano determinado por d**L** e **B** , e tem sentido dado pelo avanço do parafuso dextro. Este resultado pode ser estendido para um trecho do circuito ou para todo ele, desde que se proceda a integração sobre todos os elemento de corrente que são afetados pelo vetor indução magnética, de modo a termos a força magnética total,

$$\mathbf{F} = \int_L Id\mathbf{L} \times \mathbf{B} \qquad (23.3c)$$

Se **B** é uniforme, a integral recai sobre d**L**; e se o trecho em causa ou o condutor tem comprimento total L, a força magnética agente é,

$$\mathbf{F} = I\mathbf{L} \times \mathbf{B} \qquad (23.3d)$$

No caso especial do condutor reto com I**L** e **B** perpendiculares entre si, fig.23.3(b) (nota-se que à esquerda do condutor há um reforço de **B**), a força magnética **F** é normal a ambos e tem módulo,

$$F = ILB \qquad (23.4a)$$

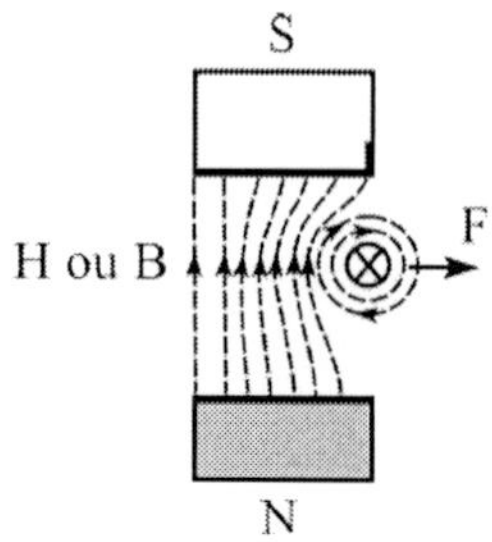

Fig.23.3 (b)

Como já mencionamos o sentido de **F** é dado pelo produto vetorial do 2º membro de (23.3 b, c, d); contudo, é prático usar-se a regra da mão esquerda, devido a John Ambrose Fleming (1849-1945), engenheiro eletricista inglês, inventor do retificador a quem deu o nome de válvula (em 1929 recebeu o título de nobreza). Com a mão esquerda formando um triedro tri-retângulo, fig.23.4, temos: o dedo indicador aponta o sentido de **B**, o dado médio indica o sentido de I ou Id**L**, e o dedo polegar dar o sentido da força magnética **F**.

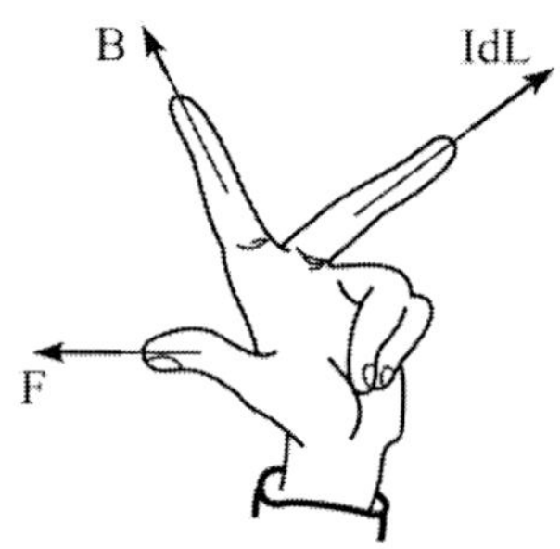

Fig.23.4

Da equação (23.4a) tiramos,

$$B = \frac{F}{IL} \qquad (23.4b)$$

que fica ora justificada a unidade SI de **B**, o Tesla = N/A·m.

23.4. Força Magnética sobre uma Carga Elétrica Móvel

Consideremos o campo de indução magnética **B** uniforme, em que a corrente elétrica I do elemento dL seja produzida por uma única carga elétrica Q que se desloca com a velocidade constante v (desprezado o seu campo magnético próprio); no lapso de tempo dt ela percorre dL = v dt e produz a corrente elétrica, I = Q/dt = Qv/dL, donde se segue que Id**L** = Q **v**, significando que o elemento de corrente, Id**L**, equivale a Q**v**. Em virtude de (23.3b) segue-se que a força magnética **F** sobre a carga elétrica Q, será dada por,

$$\mathbf{F} = Q\mathbf{v} \times \mathbf{B} \qquad (23.5a)$$

E tem sentido dado pela regra da mão esquerda, como ilustrado na fig.23.5. onde θ é o ângulo entre **v** e **B** . Em módulo, temos,

$$F = Q\, v\, B\, \text{sen}\theta \qquad (23.5b)$$

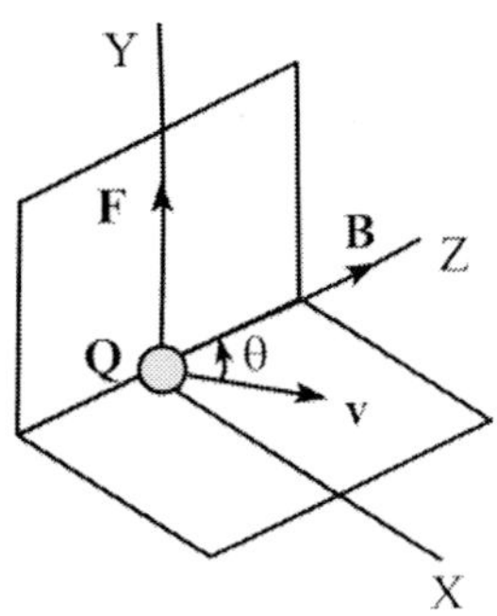

Fig.23.5

Em especial, quando **v** e **B** são perpendiculares entre si, a força magnética é máxima e tem módulo,

$$F = Q\, v\, B \qquad (23.5c)$$

Desta conclusão, tiramos,

$$B = \frac{F}{Qv} \tag{23.4b}$$

Segue-se deste resultado que a unidade SI de indução magnética é o Newton/ (Coulomb·metro/segundo) = N/(C·m/s) que equivale ao N/A·m = T. Também é interessante notar que, o aspecto particular da equação (23.4b), se tomada como definição de **B**, torna-se perfeitamente análoga a definição de campo eletrostático.

23.5. Força Magnética entre duas Correntes Elétricas

Sejam dois circuitos elétricos, designados por 1 e 2, constituídos por condutores filiformes e percorridos pelas correntes elétricas estacionárias, I_1 e I_2. Sobre eles, individualizemos, respectivamente os elementos de correntes $I_1 d\mathbf{L}_1$ e $I_2 d\mathbf{L}_2$, com posições dadas pelos vetores $\mathbf{r}_1$ e $\mathbf{r}_2$, conforme a fig.23.6. Em decorrência da interação mútua dos campos de indução magnética de ambas as correntes elétricas, têm efeito as forças magnéticas sobre os elementos de correntes, que passaremos a examinar.

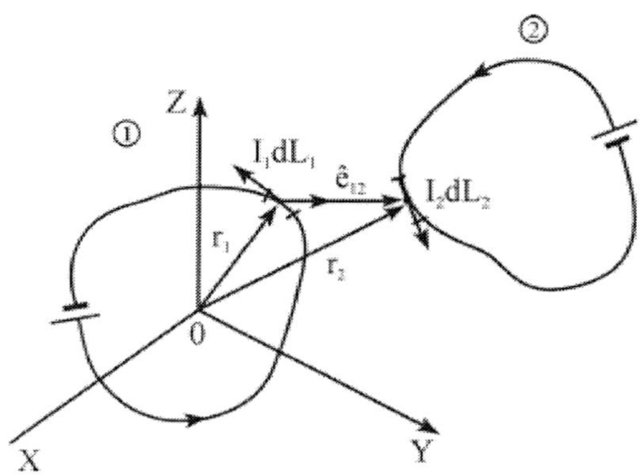

Fig. 23.6

Denotando por $d\mathbf{F}_2$ a força magnética elementar sobre o elementos de correntes $I_2 d\mathbf{L}_2$, devido a $\mathbf{B}_1$ gerado pelo elementos de correntes $I_1 d\mathbf{L}_1$, consoante (23.3b) devemos ter,

$$d\mathbf{F}_2 = (I_2 d\mathbf{L}_2) \times \mathbf{B}_1 \qquad (23.6a)$$

E a força magnética total sobre o circuito 2, causada pela corrente elétrica do circuito 1 é,

$$\mathbf{F}_2 = (I_2 \oint d\mathbf{L}_2) \times \mathbf{B}_1 \qquad (23.6b)$$

E, substituindo $\mathbf{B}_1$ como em (23.a), obtemos:

$$\mathbf{F}_2 = \frac{\mu_o}{4\pi} I_1 I_2 \oint_{L1} \oint_{L2} \frac{d\mathbf{L}_2 \times (d\mathbf{L}_1 \times \hat{\mathbf{e}}_{12})}{|\mathbf{r}_2 - \mathbf{r}_1|^2} \qquad (23.6c)$$

Esta é a lei de interação entre duas correntes elétricas, formulada pela 1ª vez por Ampère, em 1825; não obstante, as integrações indicadas nem sempre podem ser realizadas.

Pelo princípio da ação e reação, devemos esperar que $\mathbf{F}_1 = -\mathbf{F}_2$; e para deixar claro esse ponto devemos desenvolver o tríplice produto vetorial indicado, como se segue:

$$d\mathbf{L}_2 \times (d\mathbf{L}_1 \times \hat{\mathbf{e}}_{12}) = d\mathbf{L}_1(d\mathbf{L}_2 \cdot \hat{\mathbf{e}}_{12}) - (d\mathbf{L}_1 \cdot d\mathbf{L}_2)\,\hat{\mathbf{e}}_{12}$$

que substituído em (23.6c), virá,

$$\mathbf{F}_2 = \frac{\mu_o}{4\pi} I_1 I_2 \oint_{L1} \oint_{L2} \left[\frac{d\mathbf{L}_1(d\mathbf{L}_2 \cdot \hat{\mathbf{e}}_{12}) - (d\mathbf{L}_1 \cdot d\mathbf{L}_2)\,\hat{\mathbf{e}}_{12}}{|\mathbf{r}_2 - \mathbf{r}_1|^2} \right] \qquad (23.7a)$$

A 1ª integral do 2º membro é nula, porque equivale a integral dr/r^2 sobre o circuito 2; então, resultará,

$$\mathbf{F}_2 = -\frac{\mu_o}{4\pi} I_1 I_2 \oint_{L2} \frac{d\mathbf{L}_1 \cdot d\mathbf{L}_2}{|\mathbf{r}_2 - \mathbf{r}_1|^2} \hat{\mathbf{e}}_{12} \tag{23.7b}$$

Esta formulação põe de manifesto a simetria prevista pela 3ª lei de Newton e o sinal (–) indica apenas que $\mathbf{F}_2$ é igual e posta a $\mathbf{F}_1$, ou seja, $\mathbf{F}_1 = -\mathbf{F}_2$, já que o sinal efetivo de cada uma delas (atratividade ou repulsividade) será dado pelo produto $I_1 I_2$.

Retomando a equação (23.6b) e supondo que $\mathbf{B}_1$, criado pelo elemento de corrente $I_1 d\mathbf{L}_1$, é uniforme, e que $\oint d\mathbf{L}_2 = \mathbf{L}_2$, virá finalmente,

$$\mathbf{F}_2 = I_2\, \mathbf{L}_2 \times \mathbf{B}_1 \tag{23.7c}$$

Como este resultado é válido para qualquer ponto arbitrário tomado sobre o condutor 2, podemos prescindir dos índices e escrever simplesmente,

$$\mathbf{F} = I\, \mathbf{L} \times \mathbf{B} \tag{23.7d}$$

conforme estabelecido em (23.3d).

Exemplo 23.2.

Dados dois condutores filiformes retilíneos, 1 e 2, longos e paralelos, que transportam as correntes elétricas I_1 e I_2, respectivamente, e separados pela distância r, fig.23.7, calcular a força magnética entre eles.

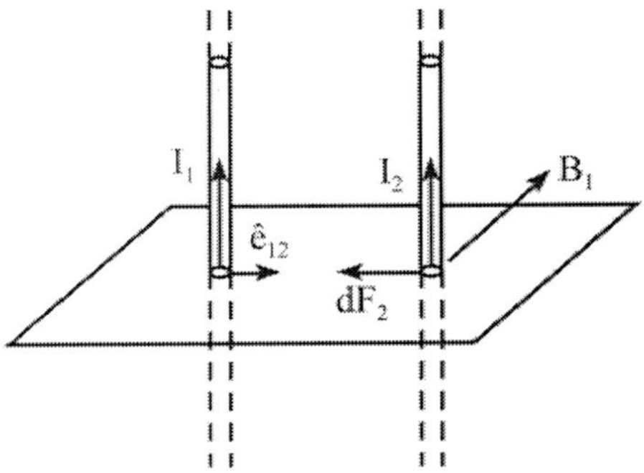

Fig. 23.7

A força magnética $d\mathbf{F}_2$ sobre o elemento de corrente $I_2\, dL_2\, \hat{\mathbf{e}}_2$, devido a indução magnética $\mathbf{B}_1$, é dada por:

$$d\mathbf{F}_2 = I_2\, dL_2\, \hat{\mathbf{e}}_2 \times \mathbf{B}_1 \qquad (1)$$

onde $\mathbf{B}_1$, produzido elemento de corrente $I_1 dL_1\, \hat{\mathbf{e}}_1$, que é dado pela lei de Biot-Savart:

$$\mathbf{B}_1 = \frac{\mu_o I_1}{2\pi r}\, \hat{\mathbf{e}}_1 \times \hat{\mathbf{e}}_{12} \qquad (2)$$

visto que, $\hat{\mathbf{e}}_\phi = \hat{\mathbf{e}}_1 \times \hat{\mathbf{e}}_{12}$, onde $\hat{\mathbf{e}}_{12}$ aponta do condutor 1 para o condutor 2.

Levando (2) em (1) e tomando a força magnética por unidade de comprimento, $d\mathbf{F}_2/dL_2 = \mathbf{f}_2$, obtemos,

$$\mathbf{f}_2 = \frac{\mu_o}{2\pi r} I_1\, I_2\, [\, \hat{\mathbf{e}}_2 \times (\hat{\mathbf{e}}_1 \times \hat{\mathbf{e}}_{12})] \qquad (3)$$

Desenvolvendo o tríplice produto vetorial dos unitários acima indicado, encontramos $(-\,\hat{e}_1 \cdot \hat{e}_2)\,\hat{e}_{12}$, que levado acima permite-nos concluir que,

$$\mathbf{f}_2 = -\frac{\mu_o}{2\pi r} I_1 I_2 (\hat{e}_1 \cdot \hat{e}_2)\,\hat{e}_{12} \qquad (23.8a)$$

O produto escalar $\hat{e}_1 \cdot \hat{e}_2$, oferece duas possibilidades, a seguir analisadas.

1º caso: $\hat{e}_1 \cdot \hat{e}_2 = 1$, as duas correntes elétricas têm o mesmo sentido, e portanto,

$$\mathbf{f}_2 = -\frac{\mu_o I_1 I_2}{2\pi r}\,\hat{e}_{12} \qquad (23.8b)$$

onde o sinal (–) indica que a força magnética é de atração.

2º caso: $\hat{e}_1 \cdot \hat{e}_2 = -1$, as duas correntes elétricas têm sentidos opostos, e a força magnética será de repulsão,

$$\mathbf{f}_2 = +\frac{\mu_o I_1 I_2}{2\pi r}\,\hat{e}_{12} \qquad (23.8c)$$

Em particular, se as duas correntes elétricas são iguais, $I_1 = I_2 = I$, a força magnética por unidade de comprimento, que inclui os dois casos será,

$$\mathbf{f} = \pm\frac{\mu_o I^2}{2\pi r}\,\hat{e}_{12} \qquad (23.8d)$$

E, explicitando o valor de $\mu_o = 4\pi \times 10^{-7}$ H/m, obtemos, também,

$$\mathbf{f} = \pm\, 2 \times 10^{-7}(\mathrm{H/m})\,\frac{I^2}{r}\,\hat{e}_{12} \qquad (23.8e)$$

23.6. Definição do Ampère

O resultado (23.8e) é a base da definição da unidade SI de corrente elétrica, o Ampère, onde fazendo: I = 1 A e r = 1 m, resulta para o módulo da força magnética por unidade de comprimento,

$$f = 2 \times 10^{-7} \text{ (Newton/metro)}$$

Isto posto, temos a definição do Ampère: 1 ampère é a corrente elétrica invariável que, mantida entre dois condutores paralelos, retilíneos, de comprimento longo, de seção circular desprezível e colocados a distância de 1 m um do outro, no vácuo, produz entre eles uma força igual a 2×10^{-7} Newton por metro de comprimento (de acordo com a 9ª CGPM-1948/Resolução 7).

23.7. Potencial Vetor Magnético

Conforme ficou estabelecido, a corrente elétrica ou a densidade de corrente elétrica pode ser tomada como a fonte geradora da indução magnética. Como no caso elétrico, resulta conveniente definirmos para ela um potencial magnético gerado por **J**, ora chamado de potencial vetor magnético, denotado por **A**, que, por sua vez, produza a indução magnética, **B**, mediante o rotacional, ou seja,

$$\mathbf{rot\ A} = \mathbf{B} \tag{23.9a}$$

com a condição dele ser não divergente, isto é,

$$\text{div } \mathbf{A} = 0 \tag{23.9b}$$

Aplicando o **rot** em (23.9a), virá,

$$\mathbf{rot\ (rot\ A)} = \mathbf{rot\ B} \tag{23.9c}$$

mas o 1º membro pode ser desdobrado como se segue,

$$\mathbf{rot\ (rot\ A)} = \mathbf{grad}\ (\text{div } \mathbf{A}) - \text{div } (\mathbf{grad\ A})$$

e em face de (23.9b), o 1º termo do 2º membro acima é nulo, enquanto que o 2º termo é identificado como o Laplaciano de **A**; ademais, tendo em conta (23.2c), podemos concluir que,

$$\text{Laplaciano } \mathbf{A} = -\mu_o \mathbf{J} \tag{23.10a}$$

onde considera-se que **J** é a fonte de **A** através do operador Laplaciano.

Em coordenadas cartesianas o Laplaciano é anotado por ∇^2, e temos:

$$\nabla^2 \mathbf{A} = -\mu_o \mathbf{J} \tag{23.10b}$$

que é a equação de Poisson para o caso magnético.

Deve-se notar que, num elemento de corrente, fig. 23.8(a), o potencial vetor magnético, para pontos nas suas proximidades, tem direção e sentido paralelo a Id**L**; e para uma carga elétrica em movimento, fig.23.8(b), **A**, é paralelo e de mesmo sentido que a velocidade, **v**, indicada.

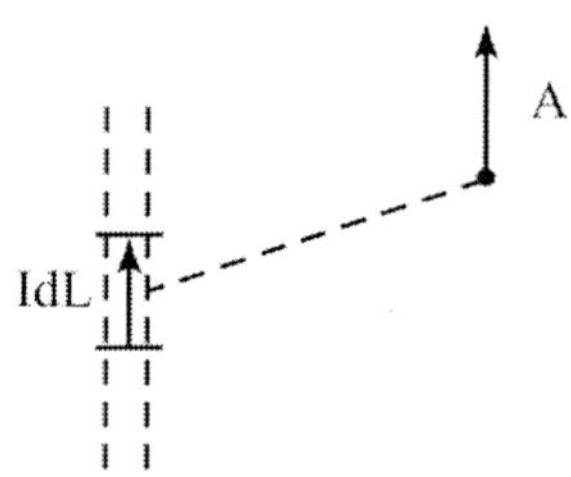

Fig. 23.8 (a)

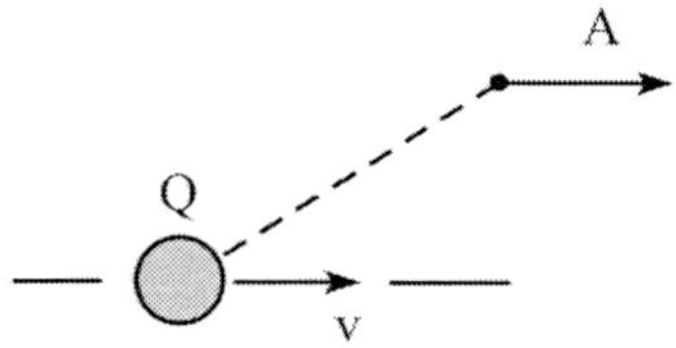

Fig. 23.8 (b)

A unidade SI do potencial vetor magnético é o Tesla·metro (T·m), e equivale ao Wb/m. Dimensão: | **A** | = M L I^{-1} T^{-2}.

Cabe observar, contudo, que o potencial vetor magnético não é uma função unívoca, já que admite o acréscimo de uma função escalar, por exemplo, V_m, através do gradiente, sem que altere o valor de **B**; ou seja, tomando **A** = **A'**+ **grad** V_m, e aplicando o rotacional, virá,

$$\mathbf{rot\,A} = \mathbf{rot\,A'} + \mathbf{rot}\,(\mathbf{grad}\ V_m)$$

como **grad** V_m = 0, resulta que **rot A** = **rot A'**.

A função V_m, em geral, é escolhida como uma função harmônica para melhor contornar a indeterminação aludida, de modo que o valor de **B** não mude quando se introduz uma calibração de **A** .

[1] Do rotacional de A

O **rot A** , em coordenadas cartesianas, é indicada por, ∇ **x A**, e a equação (23.9a), passa a ser anotada por,

$$\mathbf{B} = \nabla \times \mathbf{A} \tag{23.11a}$$

onde o 2º membro pode ser calculado por determinante de 3ª ordem, como visto em (22.10f), adequado a **A** = **A** (x,y,z).

Em coordenadas cilíndricas, **A** = **A**(r, ϕ, z), e temos, $\nabla \times \mathbf{A})_{cil}$, e a equação (23.9a), torna-se,

$$\mathbf{B} = \nabla \times \mathbf{A})_{cil} \tag{23.11b}$$

Para o cálculo do 2º membro adequa-se o determinante de (22.10g).

Em coordenadas esféricas, com **A** = **A**(R, θ, ϕ), de igual modo, teremos,

$$\mathbf{B} = \nabla \times \mathbf{A})_{esf} \tag{23.11c}$$

E o cálculo do 2º membro deve ser adequação ao determinante de (22.10h).

[2] Do Laplaciano de A:

(a) Em coordenadas cartesianas:

$$\nabla^2 \mathbf{A} = \frac{\partial^2 A}{\partial x^2} + \frac{\partial^2 A}{\partial y^2} + \frac{\partial^2 A}{\partial z^2} \qquad (23.12a)$$

(b) Em coordenadas cilíndricas:

$$\nabla^2 \mathbf{A})_{cil} = \frac{1}{r}\frac{\partial A}{\partial r} + \frac{\partial^2 A}{\partial r^2} + \frac{1}{r}\frac{\partial^2 A}{\partial \phi^2} + \frac{\partial^2 A}{\partial z^2} \qquad (23.12b)$$

(c) Em coordenadas esféricas:

$$\nabla^2 \mathbf{A})_{esf} = \frac{2}{R}\frac{\partial A}{\partial R} + \frac{\partial^2 A}{\partial R^2} + \frac{\text{ctg}\theta}{R^2} + \frac{\partial A}{\partial \theta^2} + \frac{1}{R^2 \text{sen}^2\,\theta} + \frac{\partial^2 A}{\partial \phi^2} \qquad (23.12c)$$

Exemplo 23.3.

Dado $\mathbf{J} = J_x\,\hat{e}_x + J_y\,\hat{e}_y + J_z\,\hat{e}_z$, calcular **A**. Após, determinar **B**.

Sendo $\mathbf{A} = A_x\,\hat{e}_x + A_y\,\hat{e}_y + A_z\,\hat{e}_z$, o uso da equação de Poisson para o calculo de **J**, convém fazê-lo por componentes, de modo análogo ao potencial eletrostático.

Assim sendo, para a componente A_x, temos,

$$\frac{d^2 A_x}{dx^2} = -\mu_o\, J_x$$

cuja solução é dada por,

$$A_x = \frac{\mu_o}{4\pi} \int_v J_x \frac{dv'}{|\mathbf{x} - \mathbf{x}'|} \qquad (23.13a)$$

E, similarmente, temos para as demais componentes,

$$A_y = \frac{\mu_o}{4\pi} \int_v J_y \frac{dv'}{|\mathbf{y} - \mathbf{y}'|} \qquad (23.13b)$$

$$A_y = \frac{\mu_o}{4\pi} \int_v J_z \frac{dv'}{|\mathbf{z} - \mathbf{z}'|} \qquad (23.13c)$$

Reunindo os resultados, compomos a solução completa, escrevendo,

$$\mathbf{A} = \frac{\mu_o}{4\pi} \int_v \frac{\mathbf{J}}{|\mathbf{r} - \mathbf{r}'|} dv' \qquad (23.13d)$$

Observemos que, no caso de termos um condutor filiforme conduzindo a corrente elétrica I, vale substituirmos **J** dv' por Id**L,** e o resultado acima fica convertido para,

$$\mathbf{A} = \frac{\mu_o}{4\pi} \int_L \frac{I\, d\mathbf{L}}{|\mathbf{r} - \mathbf{r}'|} \qquad (23.13e)$$

Cálculo de **B**:

$$\mathbf{B} = \mathbf{rot\ A} = \frac{\mu_o}{4\pi} \int_v \frac{\mathbf{J} \times \hat{\mathbf{e}}_{r'r}}{|\mathbf{r} - \mathbf{r}'|^2} dv' \qquad (23.14a)$$

que é o reencontro da lei de Biot-Savart, via potencial vetor magnético. Para um condutor filiforme, temos:

$$\mathbf{B} = \frac{\mu_o}{4\pi} \int_L \frac{I\, d\mathbf{L} \times \hat{\mathbf{e}}_{r'r}}{|\mathbf{r} - \mathbf{r}'|^2} \qquad (23.14b)$$

Exemplo 23.4.

Dado o condutor filiforme reto e longo, conduzindo a corrente elétrica I, fig.23.9, determinar **A** e após calcular **B**.

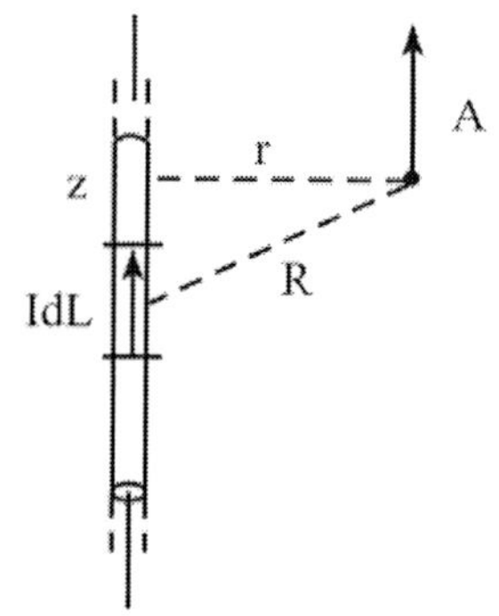

Fig.23.9

Delineando o elemento de corrente, I$d\mathbf{z}$, que produz $d\mathbf{A}$, no ponto P, na referida figura, temos como base em (23.13e):

$$\mathbf{A} = \frac{\mu_o}{4\pi} \int_L \frac{I\, dL}{R}\, \hat{\mathbf{e}}_z$$

Como $\mathbf{A} = A\hat{\mathbf{e}}_z$ e $R = \sqrt{z^2 + r^2}$, podemos fazer a integração ao longo do condutor, nos limites – L e + L, ou seja,

$$A_z = \frac{\mu_o I}{4\pi} \int_{-L}^{L} \frac{dz}{\sqrt{z^2 + r^2}}$$

Realizando a integração, encontramos,

$$A_z = \frac{\mu_o I}{4\pi} \ln (z + \sqrt{z^2 + r^2}) \Big|_o^L$$

Donde,

$$A_z = \frac{\mu_o I}{4\pi} \ln [L (1 + \sqrt{1 + r^2/L^2})]$$

Por ser $r^2 << L^2$, o termo r^2/L^2 pode ser desprezado e vale a aproximação,

$$A_z = \frac{\mu_o I}{4\pi} \ln (\frac{2L}{r})$$

A determinação de **B** é feita com base em (23.10g), tendo em conta que A_z não depende de ϕ, donde o determinante:

$$B = \begin{vmatrix} 1/r\, \hat{e}_r & \hat{e}_\phi & 1/r\, \hat{e}_z \\ \frac{\partial}{\partial r} & \frac{\partial}{\partial \phi} & \frac{\partial}{\partial z} \\ 0 & 0 & A_z \end{vmatrix}$$

Como $\frac{\partial A_z}{\partial \phi} = 0$, teremos, $B_r = 0$, $B_z = 0$ e $B_\phi = -\frac{\partial A_z}{\partial r}$;

Substituindo o valor de A_z na última igualdade, virá,

$$B_\phi = -\frac{\partial}{\partial r} (\frac{\mu_o I}{2\pi} \ln \frac{2L}{r})$$

Efetuando a derivação indicada, virá finalmente,

$$\mathbf{B} = \frac{\mu_o I}{2\pi r}\,\hat{\mathbf{e}}_\phi \qquad (23.14c)$$

resultado este concorde com o estabelecido em (22.1c).

Exemplo 23.5.

Dada uma espira circular de raio a conduzindo a corrente elétrica I, fig.23.10, achar o potencial vetor magnético para pontos distantes. Após, calcular a indução magnética.

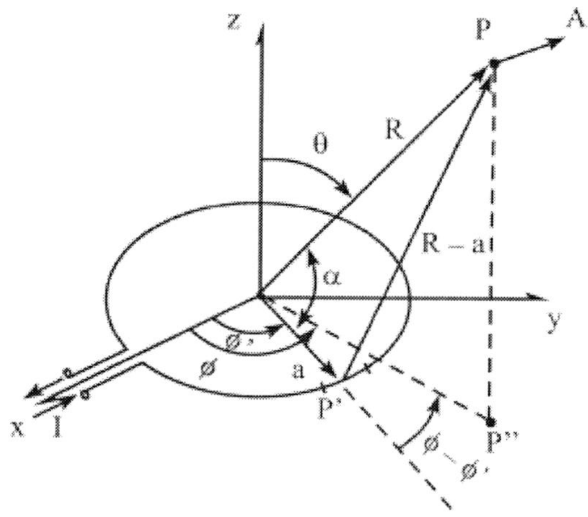

Fig.23.10

Seja em P' o elemento de corrente, $d\mathbf{L} = a d\phi' \,\hat{\mathbf{e}}_{\phi'}$, e em $P(R, \theta, \phi)$ o ponto onde desejamos calcular **A**, fig.23.10. Então, o potencial vetor magnético em P, é dado por (23.13e), ou seja,

$$\mathbf{A} = \frac{\mu_o}{4\pi} \int_L \frac{I\, d\mathbf{L}}{|\mathbf{R} - \mathbf{a}|} \qquad (23.15a)$$

E temos, P'P = | **R** – **a** | = $(R^2 + a^2 - 2aR\cos\alpha)^{1/2}$, donde,

$$|\mathbf{R} - \mathbf{a}|^{-1} = \frac{1}{R}\left(1 + \frac{a^2}{R^2} - \frac{2aR}{R^2}\cos\alpha\right)^{-1/2}$$

Por ser $R^2 >> a^2$, podemos desprezar o termo a^2/R^2 diante de 1 e considerar a aproximação,

$$|\mathbf{R} - \mathbf{a}|^{-1} \cong \frac{1}{R}\left(1 + \frac{a}{R^2} R\cos\alpha\right)$$

Como pode-se observar na fig.23.10, a projeção de R sobre o plano XY, é R senθ, e em seguida sobre a direção de **a** é R senθ cos(ϕ – ϕ') = R cosα; levando este resultado em (23.15a), temos,

$$\mathbf{A} = \frac{\mu_o I a}{4\pi R} \int_o^{2\pi} [1 + \frac{a}{R} \,\mathrm{sen}\theta \cos(\phi - \phi')] d\phi' \,\hat{\mathbf{e}}_\phi$$

Convindo tomar $\hat{\mathbf{e}}_\phi = \cos(\phi - \phi')\hat{\mathbf{e}} + \mathrm{sen}(\phi - \phi')\hat{\mathbf{e}}_a$ e substituindo acima, resultam quatro integrais, das quais, apenas uma contribui para o potencial vetor magnético:

$$\mathbf{A} = \frac{\mu_o I a^2}{4\pi R^2} \,\mathrm{sen}\theta \int_o^{2\pi} \cos^2(\phi - \phi')] d\phi' \,\hat{\mathbf{e}}_\phi$$

Realizando a integração indicada, obtemos,

$$\mathbf{A} = \frac{\mu_o I\pi a^2}{4\pi R^2} \,\mathrm{sen}\theta \,\hat{\mathbf{e}}_\phi \qquad (23.15b)$$

mais adiante, item 26.1, $I\pi a^2 = m$, será chamado de momento magnético.

O cálculo de **B** pode ser feito com o concurso do determinante dado em (22.10h), adequado ao caso: $A_R = 0$, $A_\theta = 0$ e $A_\phi \neq 0$, ou seja,

$$\mathbf{B} = \begin{vmatrix} \dfrac{\hat{\mathbf{e}}_R}{R^2 \operatorname{sen}\theta} & \dfrac{\hat{\mathbf{e}}_\theta}{R \operatorname{sen}\theta} & \dfrac{\hat{\mathbf{e}}_\phi}{R} \\ \dfrac{\partial}{\partial R} & \dfrac{\partial}{\partial \theta} & \dfrac{\partial}{\partial \phi} \\ 0 & 0 & R \operatorname{sen}\theta\, A_\phi \end{vmatrix}$$

Desenvolvendo este determinante, encontramos,

$$\mathbf{B} = \frac{1}{R^2 \operatorname{sen}\theta}\left[\frac{\partial}{\partial \theta}(R \operatorname{sen}\theta\ A_\phi)\right]\hat{\mathbf{e}}_R - \frac{1}{R \operatorname{sen}\theta}\left[\frac{\partial}{\partial R}(R \operatorname{sen}\theta\ A_\phi)\right]\hat{\mathbf{e}}_\theta + 0\hat{\mathbf{e}}_\phi$$

Substituindo A_ϕ dado por (22.15b) e realizando as derivações indicadas, obtemos após as simplificações devidas:

$$\mathbf{B} = \frac{\mu_o I a^2}{2 R^3} \cos\theta\, \hat{\mathbf{e}}_R + \frac{\mu_o I a^2}{4 R^2} \operatorname{sen}\theta\, \hat{\mathbf{e}}_\theta + 0\hat{\mathbf{e}}_\phi \qquad (23.16a)$$

ou separando em componentes:

$$B_R = \frac{\mu_o I a^2}{2R^2} \cos\theta \qquad (23.16b)$$

$$B_\theta = \frac{\mu_o I a^2}{4R^3} \operatorname{sen}\theta \qquad (23.16c)$$

$$B_\phi = 0 \qquad (23.16d)$$

Como observação final vale salientar que, para pontos distantes, a indução magnética varia com o inverso do cubo da distância, como aliás, já firmado em (22.2c).

Capítulo 24
Campo Eletromagnético

24.1. Campo Eletromagnético de uma Carga Elétrica Móvel

O fato de uma corrente elétrica (que são cargas elétricas em movimento) gerar um campo de indução magnética a seu redor, por extensão, é de se esperar que uma carga elétrica em movimento, igualmente gere um campo de indução magnética em torno de si, o qual coexistira com o campo elétrico que lhe é próprio. Este aspecto singular da carga elétrica móvel é mostrado na fig.24.1, onde Q, suposta positiva, está se deslocando em linha reta com a velocidade constante, **v** , e leva consigo os campos **E** e **B**, que na verdade estão intimamente relacionados, como será visto no Capítulo 28.

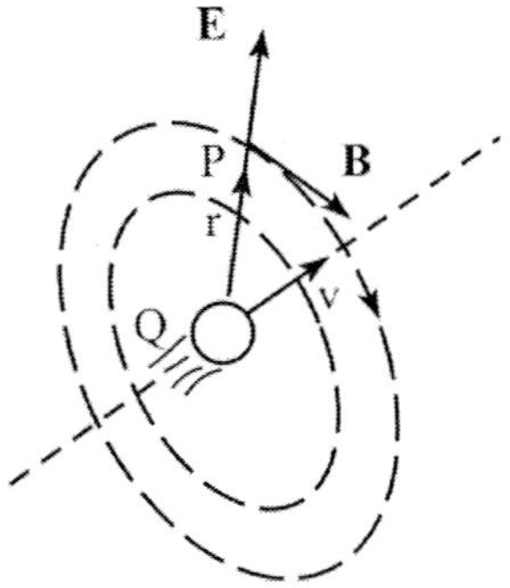

Fig.24.1

Relativamente a fig.24.1, seja o ponto P, distante r da carga elétrica Q em movimento retilíneo, cujo o campo elétrico assinalado vale,

$$\mathrm{E} = \frac{Q}{4\pi\varepsilon_o r^2}\,\hat{\mathbf{e}}_r \qquad (24.1a)$$

E no mesmo ponto, a indução magnética, dada com base em (23.2a), onde IdL é substituído por Q**v,** será,

$$\mathbf{B} = \frac{\mu_o}{4\pi}\,\frac{Q\mathbf{v}\times\hat{\mathbf{e}}_r}{r^2} \qquad (24.1b)$$

De (24.1a), tiramos, $Q\,\hat{\mathbf{e}}_r = 4\pi\varepsilon_o r^2\,\mathbf{E}$; e introduzido em (24.1b), após simplificação devida, obtemos,

$$\mathbf{B} = \mu_o\varepsilon_o\,\mathbf{v}\times\mathbf{E} \qquad (24.1c)$$

Mas, por ser $\mu_o\varepsilon_o = {}^1/\,c^2$, virá finalmente,

$$\mathbf{B} = \frac{1}{c^2}\,\mathbf{v}\times\mathbf{E} \qquad (24.1d)$$

indicando que os dois campos da carga elétrica móvel, estão intimamente correlacionados, por isso chamado de campo eletromagnético.

24.2. Força Eletromagnética sobre uma Carga Elétrica Móvel

Se no ponto P da questão precedente, considerarmos uma carga de prova, +q, deslocando-se paralelamente a +Q, com a mesma velocidade, **v**, fig.24.2, ela experimentará a força elétrica q**E**, juntamente com a força magnética, q**v** x **B**, com as quais compomos a força resultante **F**:

$$\mathrm{F} = q(\mathrm{E} + \mathbf{v}\times\mathrm{B}) \qquad (24.2a)$$

que é uma força eletromagnética, frequentemente chamada força de Lorentz, em homenagem a Hendrick Antoon Lorentz (1853-1928), físico holandês, que a concebeu teoricamente.

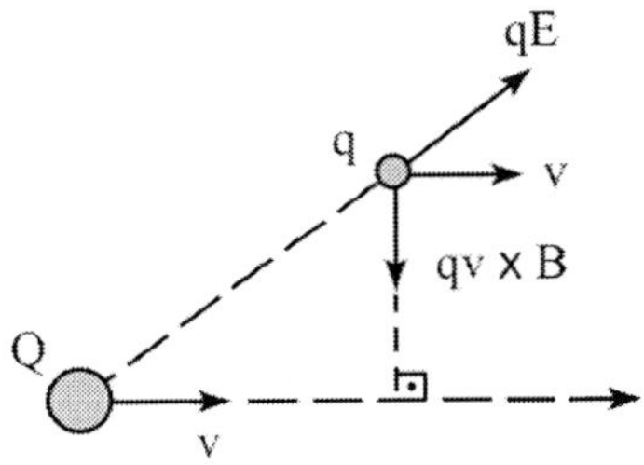

Fig.24.2

É interessante calcularmos o trabalho realizado pela força de Lorentz para deslocar uma partícula elétrica entre duas posições, isto é,

$$W_{12} = q \int_1^2 (\mathbf{E} + \mathbf{v} \times \mathbf{B}) \cdot d\mathbf{L} \qquad (24.2b)$$

E como d**L** e **v** têm a mesma direção, $(\mathbf{v} \times \mathbf{B}) \cdot d\mathbf{L} = d\mathbf{L} \cdot \mathbf{v} \times \mathbf{B} = d\mathbf{L} \times \mathbf{v} \cdot \mathbf{B} = 0$, resulta que o trabalho é realizado tão somente pelo campo elétrico,

$$W = q \int_1^2 \mathbf{E} \cdot d\mathbf{L} \qquad (24.2c)$$

Neste caso, diz-se que o efeito magnético é desprezível ante o elétrico.

Exemplo 24.1.

Na interação entre as duas cargas elétricas vista, comparar as magnitudes das forças elétrica e magnética, agentes na carga de prova q.

Sendo, $F_q = q\,E$ e $F_m = qvB$, respectivamente, os módulos das forças elétrica e magnética sobre a carga de prova, por divisão ordenada, temos:

$$\frac{F_q}{F_m} = \frac{E}{vB}$$

E tendo em conta o módulo de (24.1d), virá,

$$\frac{F_q}{F_m} = \frac{c^2}{v^2}$$

Por exemplo, para v = 0,10c, podemos verificar que $F_q = 100\ F_m$; já para para o caso de v = 0,01c, a força elétrica é 10.000 vezes a força magnética e, neste caso, ela pode ser negligenciada diante da força elétrica.

24.3. Carga Elétrica Móvel num Campo de Indução Magnética

Seja uma partícula de carga elétrica q e massa m com velocidade, **v**, constante, colocada num campo de indução magnética **B**. A partícula será acelerada pela a força magnética, **F** = q**v** x **B**, segundo a equação dinâmica,

$$q\mathbf{v} \times \mathbf{B} = m\,\mathbf{a} \qquad (24.2a)$$

para a qual **a** é perpendicular a **v** e a **B**, ou seja, cumprir-se-ão as condições:

$$\mathbf{v} \cdot \mathbf{a} = 0 \quad (1) \quad \text{e} \quad \mathbf{a} \cdot \mathbf{B} = 0 \quad (2)$$

De (1) pondo, $\mathbf{v}\cdot d\mathbf{v}/dt = 1/2\ d(v^2)/dt = 0$ e de (2) pondo, $d\mathbf{v}/dt\cdot\mathbf{B} = 0$, podemos concluir, respectivamente que,

$$v^2 = \text{cte} \quad (3) \quad \text{e} \quad \mathbf{v} \cdot \mathbf{B} = \text{cte} \quad (4)$$

Designando por θ o ângulo entre **v** e **B**, temos dois casos a considerar:

[1] A velocidade v é perpendicular a B:

Caso em que temos, $\theta = \pi/2$ e $\mathbf{v}\,.\mathbf{B} = 0$. E sendo, $d\mathbf{r}/dt\ .\mathbf{B} = 0$, podemos concluir que,

$$\mathbf{r} \cdot \mathbf{B} = \text{cte} \quad (5)$$

por conseguinte, **r** pertence a plano normal a **B**. Outro aspecto é que a força magnética que age sobre a carga elétrica móvel q é centrípeta (faz mudar constantemente a direção da velocidade, mas não o módulo), e como tal impõe a mesma a aceleração centrípeta, de módulo, $a = v^2/r$, e portanto,

$$qv\,B = \frac{mv^2}{r} \tag{24.2b}$$

onde r é o raio de curvatura, cujo valor tira-se da equação supra:

$$r = \frac{mv}{qB} \tag{24.2c}$$

Como os parâmetros do 2º membro da equação acima são constantes, podemos concluir que o raio de curvatura também é constante, significando que a carga elétrica móvel descreverá uma circunferência de raio r, como indicado na fig.24.3(a).

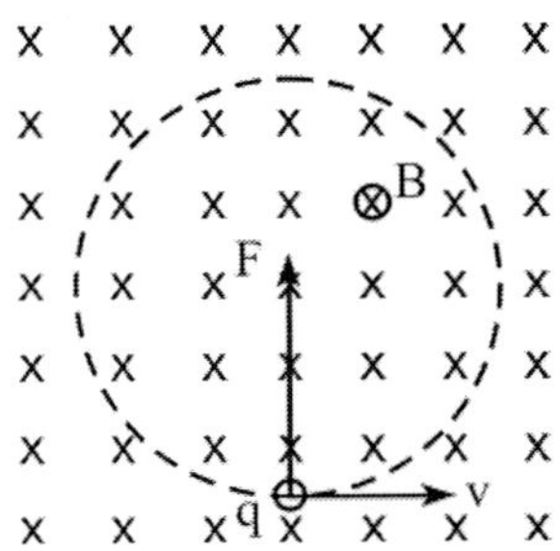

Fig.24.3 (a)

Por sua parte, sendo a aceleração $\mathbf{a} = d\mathbf{v}/dt = \omega \times \mathbf{v}$, é fácil concluirmos que ω é paralelo a **B** e perpendicular **v**, de modo que a carga elétrica móvel girará com a velocidade angular, que é preferencialmente chamada de frequência ciclotrónica, e em virtude de (24.2c), é dada por,

$$\omega = -\frac{q}{m}\mathbf{B} \tag{24.3a}$$

onde se introduz o sinal (–) para indicar que os sentidos de ω e **B** são dados pelo sinal de q: para + q, ω e **B** têm sentidos opostos, fig.24.3(b); e para –q , ω e **B** têm os mesmos sentidos fig.24.3(c).

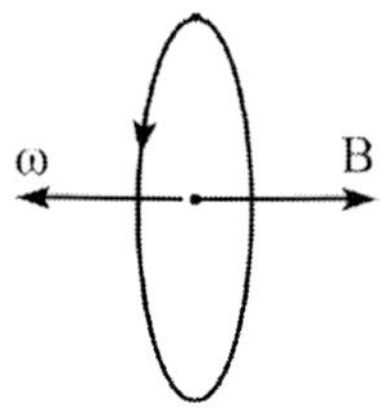

Fig.24.3 (b)

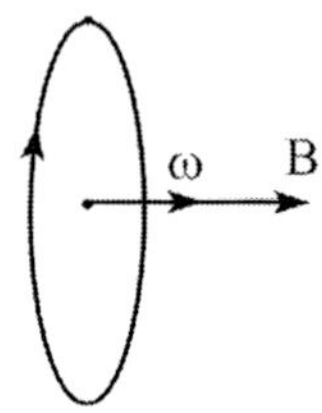

Fig.24.3 (c)

E sendo o movimento periódico, de período T = 2π/ω, teremos,

$$T = 2\pi\left(\frac{m}{qB}\right) \qquad (24.3b)$$

[2] A velocidade v não é perpendicular a B:

Neste caso temos, $\theta \neq \pi/2$ e $\mathbf{v} \cdot \mathbf{B} \neq 0$, e podemos decompor a velocidade **v** em duas componentes constantes, $\mathbf{v}_\perp$ perpendicular a **B** e $\mathbf{v}_{//}$ paralelo a **B**; por simplicidade, vamos considerá-las, $\mathbf{v}_\perp = v_x = v\cos\theta$ e $\mathbf{v}_{//} = v_y = v\,\text{sen}\theta$, fig.24.4(a). A carga elétrica q será forçada a descrever um movimento composto, circular devido a v_y, e retilíneo e uniforme devido a v_x, resultando na trajetória helicoidal inscrita num cilindro circular de raio r, dado por (24.3c) e raio R de curvatura da hélice, que a seguir será determinado.

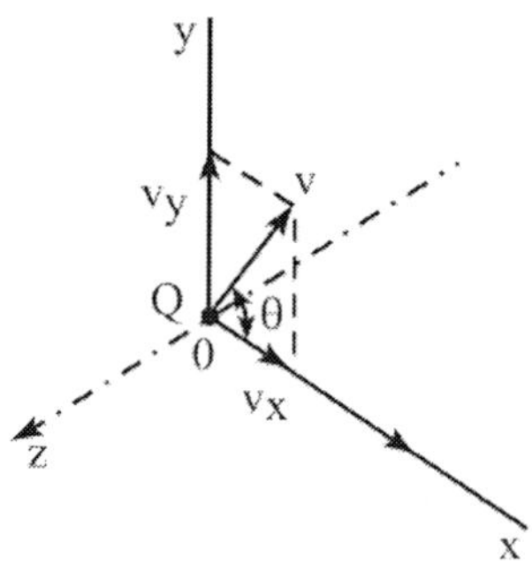

Fig.24.4 (a)

Supondo q = + q com **B** = B $\hat{e}_x$, a força de Lorentz será,

$$\mathbf{F} = q\,(\mathbf{v}_x + \mathbf{v}_y)\ \mathbf{x}\ B\hat{\mathbf{e}}_x \tag{24.4a}$$

e por ser $\mathbf{v}_x\ \mathbf{x}\ \hat{\mathbf{e}}_x = 0$, e a expressão acima se reduz para,

$$\mathbf{F} = q\mathbf{v}_y\ \mathbf{x}\ B\hat{\mathbf{e}}_x \tag{24.4b}$$

de módulo, $F = q\ v_y\ B = q\ v\ B\ \mathrm{sen}\theta$; e como a força magnética é centrípeta, podemos concluir que,

$$qB\ \mathrm{sen}\theta = \frac{m\,v}{R} \tag{24.4c}$$

Donde o raio de curvatura da hélice,

$$R = \frac{m\,v}{qB\ \mathrm{sen}\theta} \tag{24.4d}$$

Na fig.24.4(b) está traçada a trajetória helicoidal da carga elétrica +q, com $\theta < \pi/2$, que avança no sentido destro; para $\theta > \pi/2$ a helicoide retorna no sentido inverso. Na fig.24.4(c) está esboçada a trajetória helicoidal para a carga elétrica –q, com $\theta < \pi/2$, que avança no sentido levógiro; para $\theta > \pi/2$ a helicoide tem sentido invertido.

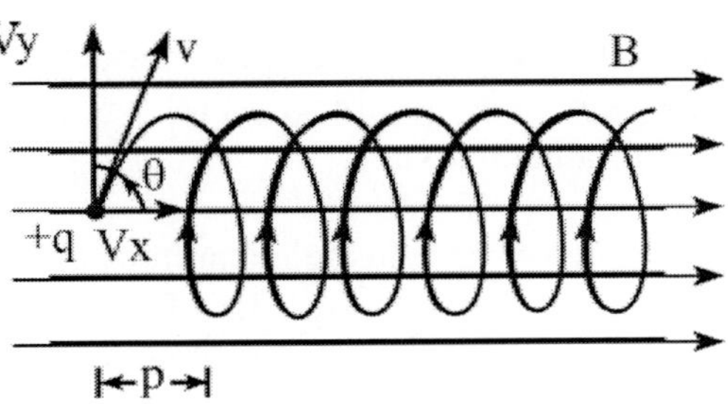

Fig.24.4 (b)

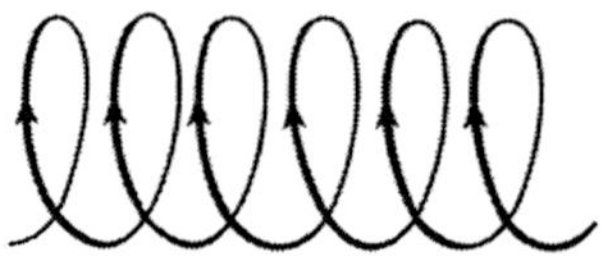

Fig.24.4 (c)

O deslocamento produzido por duas voltas consecutivas é chamado de passo de hélice, p, que é dado por,

$$p = 2\pi\, R\, \mathrm{tg}\, \theta \qquad (24.5a)$$

E explicitando R e simplificando,

$$p = 2\pi \left(\frac{m\,v}{qB}\right)\cos\theta \qquad (24.5b)$$

ou em função do período T,

$$p = T\, v\, \cos\theta \qquad (24.5c)$$

24.4. Carga Elétrica Móvel em Campos Cruzados

Quando numa região, os campos elétrico e de indução magnética estão mutuamente perpendiculares, dizemos que eles são campos cruzados. Uma partícula elétrica lançada no seio deles, fica submetida a uma aceleração linear provocada pelo campo elétrico e outra aceleração centrípeta causada pelo campo de indução magnética, cujo efeito combinado faz com que ela sofra deflexão descrevendo uma trajetória complexa.

Admitindo que os campos cruzados sejam uniformes e estão configurados no sistema de coordenadas como, $\mathbf{E} = E\mathbf{j}$ e $\mathbf{B} = B\mathbf{k}$; uma partícula de carga elétrica q e massa m lançada no seu seio com a velocidade **v**, fig.24.5(a), ficará submetida a força de Lorentz, que faculta a equação dinâmica de movimento,

$$q\,(\mathbf{E} + \mathbf{v} \times \mathbf{B}) - m\,\mathbf{a} = 0$$

sendo $\mathbf{v} = v_x\mathbf{i} + v_y\,\mathbf{j} + v_z\,\mathbf{k}$.

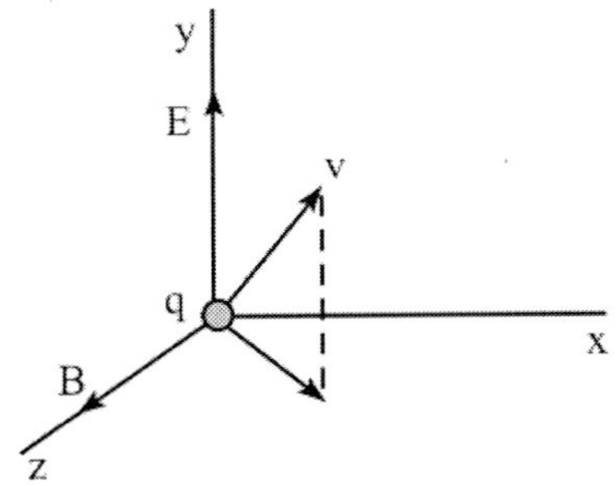

Fig.24.5 (a)

Vejamos antes o caso particular para **a** = 0 que implica em **E** = **v x B**, que é o equilíbrio das forças elétrica e magnética sobre a partícula, obrigando-a a se mover com linha reta com a velocidade $v_o = E/B$, caso em que os campos cruzados operam como seletor ou filtro de velocidades.

Para o caso geral, efetuando produto vetorial indicado na equação em tela e reagrupando os termos, obtemos,

$$q\,[(v_y\,B)\mathbf{i} + (E - v_x\,B)\mathbf{j}] = m\,a_x\,\mathbf{i} + m\,a_y\,\mathbf{j}$$

sendo a componente v_z, constante, é eliminada porque paralela a B não participa do movimento, já que $a_z = 0$. Desdobrando a expressão supra, teremos,

$$q\,v_y\,B = m\,a_x \qquad (1)$$

$$q\,E - q\,v_x\,B = m\,a_y \qquad (2)$$

Evidenciando as acelerações de (1) e (2) e tendo em conta definição da frequência ciclotrônica (24.3a), respectivamente, concluímos que,

$$\frac{dv_x}{dt} = -\,\omega\,v_y \qquad (3)$$

$$\frac{dv_y}{dt} = -\,\omega\,\frac{E}{B} + \omega\,v_x \qquad (4)$$

(1) Velocidade:

Derivando temporalmente (4) e combinando o resultado com (3) obtemos,

$$\frac{d^2v_y}{dt^2} + \omega^2 v_y = 0 \qquad (24.6a)$$

para a qual vale a solução geral ,

$$v_y = C_1 \text{ sen } \omega t + C_2 \cos \omega t \quad (5)$$

Para $t = 0$, $v_y = 0$, resulta, $C_2 = 0$, e temos,

$$v_y = C_1 \text{ sen } \omega t \qquad (6)$$

Para determinar C_1 derivamos temporalmente (6) e levamos o resultado em (4), e obtemos,

$$\omega C_1 \cos \omega t = -\omega \frac{E}{B} + \omega v_y \ (7)$$

Sob a condição de $t = 0$, $v_y = v_o$, velocidade inicial, obtemos $C_1 = v_o - E/B$, que introduzido em (6) resulta,

$$v_y = (v_o - \frac{E}{B}) \cos \omega t \qquad (24.6b)$$

Derivando temporalmente (6) e levando o resultado em (4), temos,

$$v_x = \frac{E}{B} + (v_o - \frac{E}{B}) \cos \omega t \qquad (24.6c)$$

que é chamada velocidade de deriva.

(2) Trajetória:

Integrando (24.6c) no intervalo [0,t], achamos,

$$x = \frac{E}{B} t + \frac{1}{\omega} (v_o - \frac{E}{B}) \text{ sen } \omega t \qquad (24.6d)$$

De igual modo, integrando (24.6b) no intervalo [0,ωt], encontramos,

$$y = \frac{1}{\omega} (v_o - \frac{E}{B}) (1 - \cos \omega t) \qquad (24.6e)$$

Estas equações são equações paramétricas da cicloide (curva descrita por um ponto de uma circunferência que rola sobre uma reta, no caso eixo X), cujo raio é $r = 1/\,\omega(v_o - E/B)$; por conseguinte a partícula descreverá a curva da espécie em função de t ou ωt.

Algumas situações estão esboçadas nas fig.24.5(b, c, d, e), onde se pode notar que existem pontos de contato com o eixo X, dito pontos focais, de abcissa $x = n2\pi\, r$, r é o raio do circulo que rola sobre o eixo X, cuja velocidade v_o, pode ser nula, positiva ou negativa.

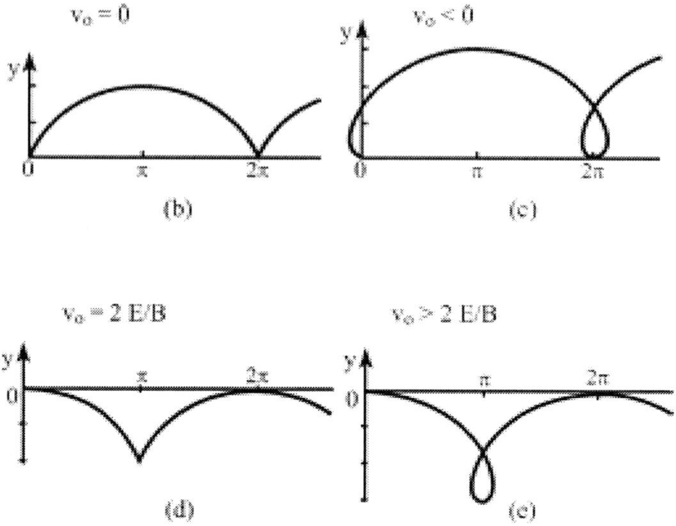

Fig.24.5

Alternativamente, o movimento da partícula pode ser entendido como resultante de movimento retilíneo mais um movimento circular.

Campos magnéticos não uniformes como o ilustrado na fig.24.6, não serão tratados neste estudo. Contudo, para o campo magnético da Terra, que é um caso importante da espécie, vale adiantarmos algumas informações adicionais.

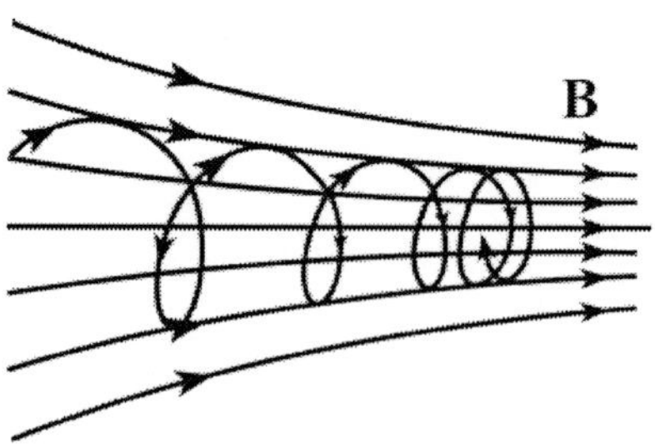

Fig.24.6

24.5. Nota sobre o Campo Magnético da Terra

Como aludimos no item 22.2, na concepção de Gilbert a Terra se comportava magneticamente como se detivesse um imenso ímã permanente no seu interior. Como o núcleo de ferro no interior da Terra encontra-se a uma temperatura acima do ponto Curie (item 26.5), portanto em estado de fusão, ele não poderia ser um imã natural. Em 1939 Walter Maurice Elsasser (1904–1991), físico alemão, naturalizado norte-americano, propôs que a rotação da Terra produziria no núcleo de ferro da mesma, correntes elétricas de redemoinho ou de convecção (por efeito Rowland) que circulariam, das camadas mais internas para as mais externas, produzido campos magnéticos fracos que, por sua vez, induziria de volta, correntes elétricas da mesma espécie, intensificando no núcleo de ferro, o seu campo magnético, e convertendo-o, por fim, num imenso eletroímã. A esse campo magnético interno é acoplado o campo magnético externo, produzido na ionosfera e espaço exterior da Terra, devido a abundante radiação cósmica proveniente do Sol, que constitui a fonte de abastecimento do campo magnético externo da Terra.

A exploração do espaço exterior da Terra, iniciou-se com o lançamento do satélite artificial Explorer I, em 31 de janeiro de 1958, que detectou concentrações de energias eletromagnéticas naquela região, com abundante radiação cósmica circundando a Terra, que vai da ionosfera, estendendo-se a distância de 1 raio terrestre. Essa pesquisa prosseguiu com os lançamentos dos Explorer III (lançado em direção a Marte) e Explorer IV, confirmando a existência das altas energias eletromagnéticas que cercam a Terra nas vizinhanças do equador e curvam-se para seus polos magnéticos. A pesquisa segue com os lançamentos dos foguetes Pioneer I, III e IV, cujos dados fornecidos indicaram formações de outras regiões de concentrações de radiações cósmicas, possibilitando esboçar-se um perfil dos campos magnéticos exterior da Terra até uma distância de 10 raios terrestres, que apresentou uma configuração magnética em camadas mais ou menos complexa. Essas regiões foram denominadas de magnetosferas, onde a mais exterior, voltada para o lado do Sol, é chamada de magnetopausa e funciona como uma espécie de blindagem à radiação cósmica (constituída de elétrons, prótons, íons, etc.) trazida pelas correntes de plasma chamadas de "vento solar" vindas do Sol; as demais camadas, do lado oposto ao Sol, estendem-se na forma de uma cauda de cometa, como ilustrado na fig.24.7(a).

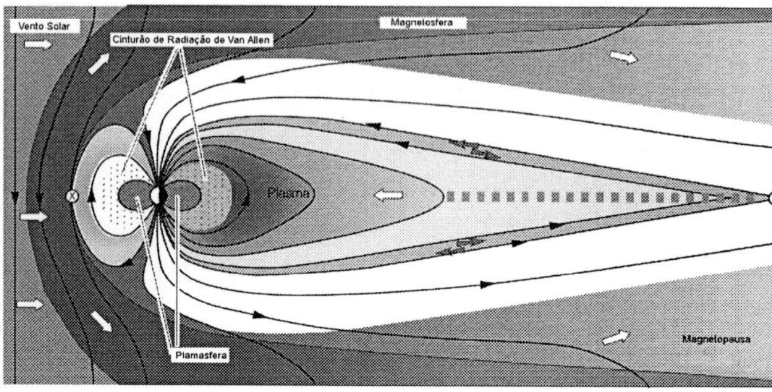

Fig.24.7 (a)

As partículas cósmicas capturadas pelo campo magnético da Terra, ficam confinadas em camadas que concentram as energias eletromagnéticas, duas das quais são conhecidas como cinturões de radiação de Van Allen [em homenagem a James Alfred Van Allen (1914–2006), físico norte-americano que se dedicou ao estudo da magnetosfera], e o mais exterior delas, está a partir dos 4.000 km da superfície terrestre, onde elétrons e prótons são aprisionados e passam a se mover ao longo das linhas magnéticas de polo a polo, em trajetórias espiraladas e de sentidos opostos, fig.24.7(b). A medida que tais partículas se aproximam de um polo magnético, as suas velocidades vão diminuindo até se anularem, quando, então, elas são invertidas (efeito espelho), resultando num movimento oscilatório; o outro cinturão mais interno, inicia-se na média ionosfera, onde a radiação cósmica secundária, constituída principalmente por neutrons que detêm uma energia média de 150 MeV, que por decaimento produz elétrons e prótons (e também mésons π e μ), os quais descrevem, também movimentos espiralados e oscilatórios entre os polos magnéticos.

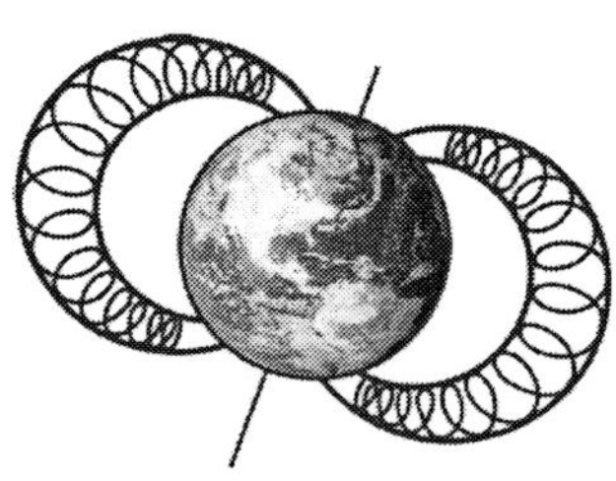

Fig.24.7 (b)

24.6. Aplicações do Campo Eletromagnético

A seguir vamos apresentar algumas experiências históricas e/ou invenções que se basearam na aplicação de campo eletromagnético.

[1ª] Efeito Hall

Dezoito anos antes da descoberta do elétron por Thomson, o jovem físico norte-americano, Edwin Herbert Hall (1855-1938), descobre 1879 um método bastante simples de se identificar o sinal da carga elétrica num condutor em forma de placa, que transporta uma corrente elétrica. Submetendo a placa condutora a um campo de indução magnética uniforme e constante, Hall verificou que as cargas elétricas sofrem desvio lateral de seu trajeto, acumulando-se momentaneamente numa das bordas do condutor e ai revelando o seu sinal ou a sua natureza elétrica. Este fenômeno ficou conhecido como efeito Hall, em homenagem a seu descobridor.

Para caracterizar o experimento de Hall, vemos considerar uma placa condutora de pequena espessura b e largura L, que transporta a corrente elétrica, I, devido o campo elétrico $\mathbf{E}_q$; admitindo, ademais, que a corrente elétrica é formada por um só tipo de portador de carga elétrica, q, I = Nqv (bL), com $\mathbf{v} = v\hat{\mathbf{e}}_y$. E submetendo a placa condutora a um campo de indução magnética, $\mathbf{B} = B\,(-\hat{e}_z)$, fig.24.8(a), cada portador, + q, ficará sujeito a força magnética,

$$F_m = qv\hat{\mathbf{e}}_y \times B(-\hat{\mathbf{e}}_z)$$

ou melhor,

$$F_m = qvB(-\hat{e}_x) \qquad (24.7a)$$

cujo efeito coletivo é provocar a migração de cargas elétricas positivas para a borda lateral esquerda da placa condutora, onde elas se acumulam, originando na borda oposta, igual quantidade de cargas elétricas negativas, cujo conjunto, momentaneamente, passa a se comportar como um capacitor plano-paralelo, que produz o campo elétrico induzido $\mathbf{E}_H$, cujas linhas de força vão da esquerda para a direita, onde estariam cargas elétricas positivas. O campo elétrico total é, então, dado por $\mathbf{E} = \mathbf{E}_q + \mathbf{E}_H$, fig.24.8(b).

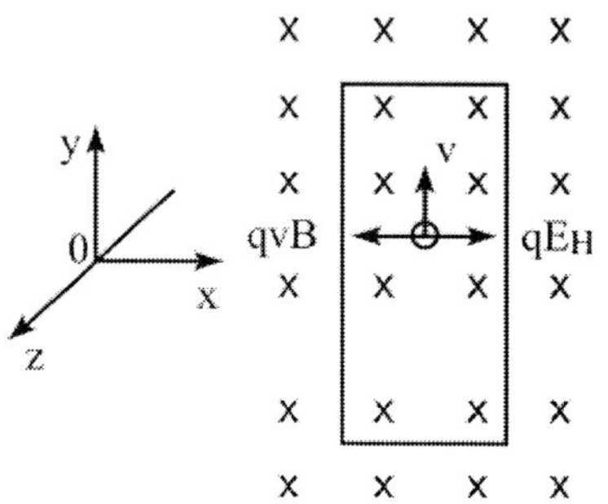

Fig.24.8 (a)

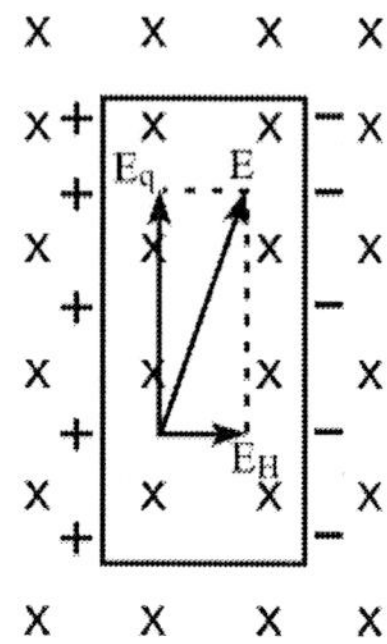

Fig.24.8 (b)

Quando a acumulação de cargas elétricas se estabiliza, sobre cada portador de carga, a força elétrica, qE_H, equilibra a força magnética, qvB, e temos,

$$E_H = v\,B \tag{24.7b}$$

Tomando sobre a placa condutora os pontos M e N, podemos definir a ddp, $V_M - V_N = V_{MN} = V_H$, chamada de tensão elétrica de Hall,

$$V_H = E_H\,L \tag{24.8a}$$

onde o índice faz referência a Hall; em virtude de (24.7b), teremos:

$$V_H = v\,B\,L \tag{24.8b}$$

E como v = I/Nq(bL), também virá,

$$V_H = \frac{I}{Nqb}B \tag{24.8c}$$

onde figura, em particular, a dependência com a espessura da placa condutora.

Contudo, efetuada a medida do potencial elétrico no ponto M, para surpresa, Hall verificou que ele era negativo, revelando que naquele lado estão as cargas elétricas negativas.

Após a descoberta do elétron, o efeito Hall pôde ser corretamente interpretado: $-q = e$, significando que os elétrons ficam acumulados no lado M , enquanto que no lado N tem-se a deficiência deles; observe-se que o sentido da força magnética permanece o mesmo, porque a inversão do sentido da velocidade e do sinal (–) da carga elétrica, confirma-o, fig.24.8(c). O campo elétrico resultante, $\mathbf{E} = \mathbf{E}_q + \mathbf{E}_H$, está indicado na fig.24.8(d), bem como algumas linhas de equipotenciais.

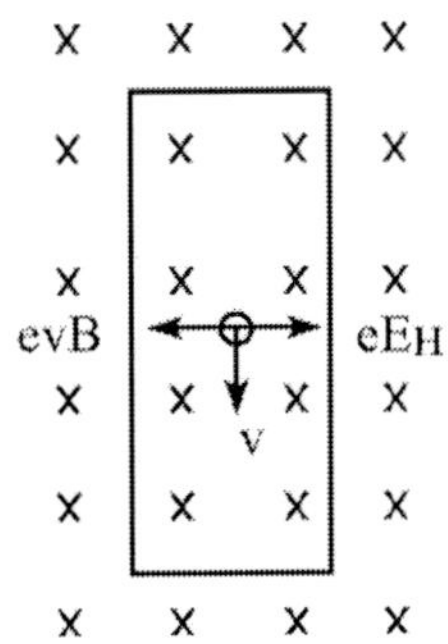

Fig.24.8 (c)

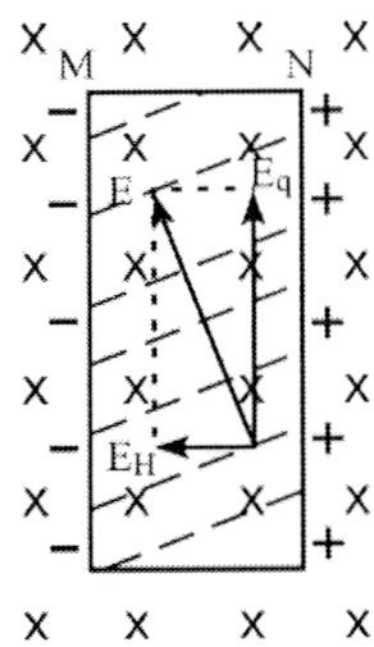

Fig.24.8 (d)

Sendo Ne a concentração de elétrons, e pondo, $R_H = 1/Ne$, a que se dá o nome de coeficiente de Hall, tendo por unidade o m^3/C, podemos reescrever (24.8c) como:

$$V_H = R_H \frac{I}{b} B \qquad (24.8d)$$

onde V_H é negativo para alguns condutores metálicos monovalentes como o cobre, a prata, a platina e o ouro, para os quais valem a hipótese de se ter um elétron por átomo, sendo aceitável o valor calculado de R_H com a experiência. Para outros condutores como o ferro, o cobalto e o zinco, assim como para o germânio e o silício, que são semicondutores, V_H, assume valor positivo.

O estudo mais aprofundado do efeito Hall envolve a consideração da teoria das bandas de condução e requer o concurso da mecânica quântica, portanto, foge ao escopo deste curso.

Exemplo 24.2

Uma fita de cobre de 0,20mm de espessura que conduz a corrente elétrica de 10 A é colocada num campo de indução magnética de 0,65 T. Calcular R_H e V_H. Dado adicional: $N = 8{,}53\times10^{28}$ elétrons/m^3.

Coeficiente de Hall:

$$R_H = \frac{1}{(8{,}53\times10^{28}\ e/m^3)(-1{,}6022\times10^{-19}\ C/e)} = -\ 0{,}073\times10^{-9}\ m^3/C$$

$$R_H = -7{,}3\times10^{-11}\ m^3/C$$

Usando agora (24.8d) , virá,

$$V_H = (-7{,}3\times10^{-11}\ m^3/C)\frac{10\ A}{0{,}2\times10^{-3}m}(0{,}65\ T) = -\ 237{,}25\times10^{-8}\ V$$

$$V_H \cong -2{,}37\ \mu V$$

Como se pode ver a tensão elétrica de Hall é da ordem do micro-volt.

[2ª] Experimento de Thomson

A descoberta do elétron bem como da relação e/m foram conseguidas por Thomson em 1897, como coroamento de seus experimentos com raios catódicos, num tubo de mesmo nome, no qual é feito alto vácuo e são aplicados os campos cruzados na região D, fig.24.9. Thomson provou que os raios catódicos são corpúsculos elétricos, porque um objeto colocado nas suas trajetórias, tem o contorno reproduzido de forma bem nítida no anteparo S; e também constatou que tais partículas eram detentoras de carga elétrica negativa, pelo fato delas se desviarem para o lado positivo da placa do capacitor, inscrita na região D, que contém o campo elétrico uniforme ali produzido. Os raios catódicos foram então identificados como elétrons emitidos pelo cátodo.

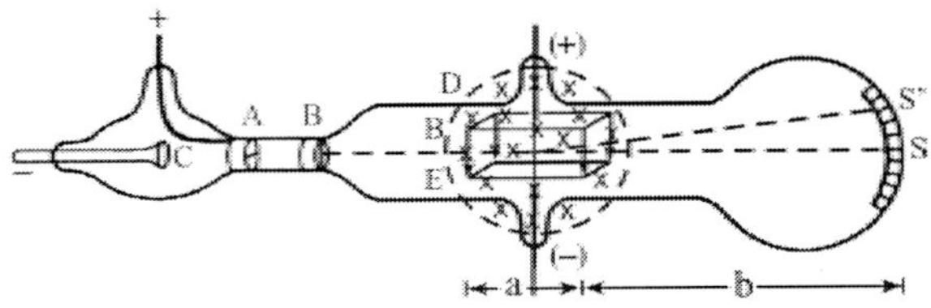

Fig.24.9

Conforme já vimos, ex.3.4, um elétron alcançando a região do campo elétrico, com velocidade constante, v_o, tem sua trajetória dada pela parábola,

$$y = \frac{eE}{2mv_o^2} x^2$$

cujo desvio θ é dado por tg θ = $(dy/dx)_{x=a}$; no anteparo S, temos, SS' = h, de modo que vale a aproximação, h/b = tg θ. Aplicando a derivada indicada na expressão supra, encontramos:

$$\frac{eEa}{mv_o^2} = \frac{h}{b} \qquad (24.9a)$$

A seguir, aplicando na mesma região uma indução magnética, **B**, uniforme, perpendicular a **E**, o elétron sofrerá um desvio para o lado oposto; mas fazendo um ajuste adequado de **B**, consegue-se o equilíbrio entre as forças elétrica e magnética, $eE = ev_oB$, donde a determinação $v_o = E/B$, que levado em (24.9a), tiramos a relação carga/ massa do elétron:

$$\frac{e}{m} = \frac{E\,h}{B^2ab} \qquad (24.9b)$$

Supondo conhecidos os parâmetros do 2º membro supra, obtém-se o valor histórico encontrado, $e/m \cong 1{,}758\ 819\ 62 \times 10^{11}$ C/kg, aceito como constante universal. Thomson também concluiu que tal partícula elétrica deveria ser um constituinte fundamental do átomo porque não dependia de outra substância, senão do cátodo.

[3ª] Espectrógrafo de Massa

O espectrógrafo de massa, também chamado de espectrômetro de massa é um aparelho aperfeiçoado em 1919 por Francis William Aston (1877-1945), químico e físico inglês, baseado em dispositivo idealizado por Thomson, de quem foi aluno, com o qual descobriu os isótopos (átomos de mesmo número de prótons, ex-número atomico, e massas atômicas distintas). Sabe-se que Aston descobriu 212 deles, dos 287 isótopos, a começar pelo Neônio, de massa atômica 20 e que tem isótopos de massas atômicas 21 e 22. O espectrógrafo é um separador de massas atômicas, que utiliza a propriedade do campo magnético de desviar as partículas carregadas, no caso íons positivos, os quais são ejetados no campo magnético uniforme, descrevem uma semicircunferência e vão se chocar num anteparo, devidamente preparado com chapa fotográfica, e ali incidem, deixando seus vestígios, à semelhança de linhas espectrais, daí o nome do aparelho.

Arthur Jeffrey Dempster (1886-1950), físico canadense, naturalizado norte-americano, seguidor de Aston, introduz aperfeiçoamentos no espectrógrafo de massa, com o qual, em 1935, descobre o isótopo do urânio 235.

Na fig.24.10 temos esquematicamente o espectrógrafo de massa de Dempster, onde estão indicados (1) a fonte de tensão –V, que acelera os íons; (2) os colimadores C, de feixe de íons; (3) a indução magnética uniforme, B, que produz os desvios dos íons; e (4) anteparo F, com chapa fotográfica especial.

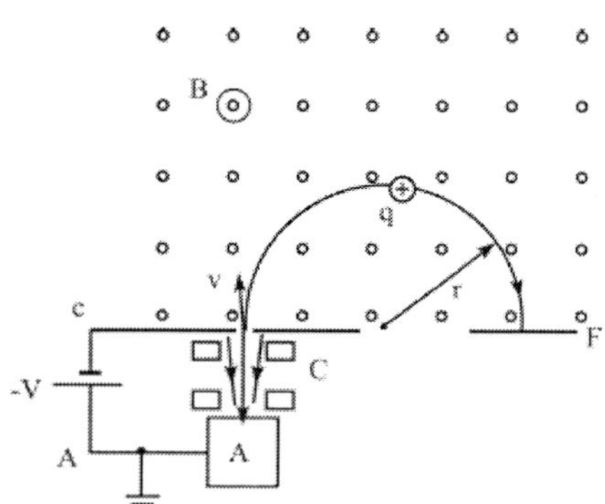

Fig.24.10

A parte elétrica que produz e acelera o íon +q de massas m e velocidade v, temos, $1/2\ mv^2 = q\ (V_C - V_A) = qV$, donde, $v^2 = 2qV/m$; a parte magnética produz o desvio do íon pela força magnética $F_m = qvB = mv^2/r$; combinando os dois resultados, podemos concluir que a massas m do íon é proporcional ao quadrado do raio r da semicircunferência que ele descreve, ou seja,

$$m = \left(\frac{q\,B^2}{2V}\right) r^2 \tag{24.9c}$$

já que o termo entre parênteses é constante. Para dois íons de mesmo elemento com massas distintas, m_1 e m_2, tem-se,

$$\frac{m_1}{m_2} = \frac{r_1^{\ 2}}{r_2^{\ 2}} \tag{24.9d}$$

Exemplo 24.3

> Submetendo ao espectógrafo de massa, íons de Carbono 12, obteve-se, o raio de 9,11 cm; fazendo igual experimento com íons de Oxigênio, encontrou-se o raio de 10,52 cm. Determinar a massa atômica do Oxigênio.

Usando (24.9d), temos,

$$m_O = \left(\frac{10{,}52\ \text{cm}}{9{,}11\text{cm}}\right)^2 m_C \equiv 1{,}3335\ m_C$$

Como por definição, $m_C = 12$ u, tem-se,

$$m_O = 1{,}3335\text{x}12\text{u} = 16\ \text{u}$$

O espectrógrafo de massa também possibilita a determinação da relação e/m, como se pode inferir de (24.9c).

[4ª] Cíclotron

Até a década de 20 do século 20, o único método em uso para se bombardear o núcleo atômico era um canhão de partículas alfa, legado por Rutherford. Em 1930, Ernest Orland Lawrence (1901-1958), físico norte-americano, idealizou uma nova técnica mais eficaz de realizar esses bombardeios, e projetou um dispositivo que ele batizou de cíclotron, que o colocou em operação no ano seguinte. No que pese a sua complexidade construtiva, o ciclotron é constituído basicamente de três partes, fig.24.11: (1ª) uma cavidade cilíndrica dividida em duas metades, chamadas de "dês" (de 50 cm de diâmetro, cada); (2ª) a qual se acha acoplado um eletroimã potente, que fornece o campo de indução magnética, **B** uniforme (ordem de l Tesla), cujas linhas de força magnética são perpendiculares ao plano da cavidade cilíndrica; (3ª) uma fonte de tensão alternada, que fornece o campo elétrico oscilante, paralelamente ao plano da cavidade, que tem a função de alternar as polaridades dos dês.

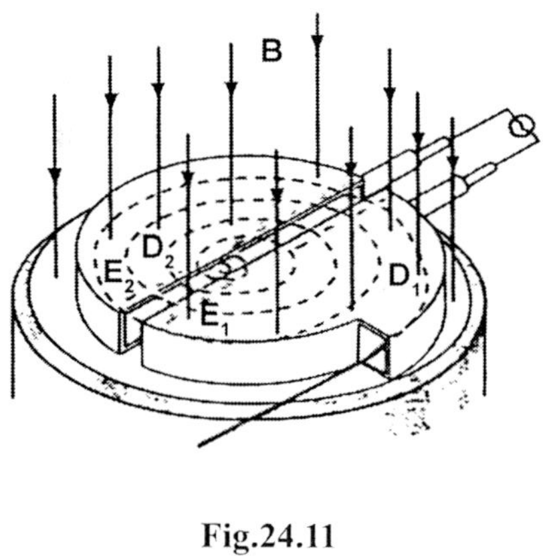

Fig.24.11

Um feixe de íons colocado no centro da cavidade cilíndrica começa a ser acelerado pela ação conjunta dos campos cruzados, e passa a descrever uma trajetória semicircular no 1º dê; ao penetrar no 2º dê, o campo elétrico muda de polaridade, comunicando novo impulso ao feixe de íons, que completa a circunferência. O processo é continuado, e a cada volta o feixe de íons vai descrevendo órbitas circulares de raios cada vez maiores, compondo uma espiral, até que atinge a borda de saída da cavidade, onde o feixe é ejetado com alta energia (ordem de MeV). Usar pequenos impulsos para provocar a aceleração do feixe, ao invés de um potencial elétrico elevado, constituiu um recurso notável no projeto do cíclotron.

O cíclotron pode operar em ressonância, quando se faz o ajuste do campo elétrico na frequência angular adequada. Com o uso, verificou-se que o cíclotron ficava limitado a operar com velocidades não relativisticas, já que para velocidades mais significativas, o feixe de íons apresentava efeito de aumento relativístico de massa, e em contrapartida, tornava-se mais lento e os íons eram lançados fora de sincronia com os impulsos que o acelerou.

O problema da dessincronização foi superado em 1945 por Edwin Mattison McMillian (1907–1991), físico norte-americano, idealizou o sincroncíclotron, fazendo com que o campo magnético se ajustasse às frequências dos impulsos periódicos e, automaticamente, restaurasse a sincronização deste com a trajetória das partículas que alcançasse aumento relativístico de massa.

[5ª] Efeito do Aumento Relativístico de Massa

Aplicado ao caso do sincroncíclotron, a massa de uma partícula com velocidade acima de 10% da velocidade da luz, torna-se função da sua velocidade, como previsto na teoria da Relatividade Especial. Sendo m_o a massa inercial ou de repouso da partícula e v a sua velocidade, a sua massa relativística, será, $m(v) = m_o\gamma$, ou explicitando γ,

$$m = \frac{m_o}{\sqrt{1 - v^2 / c^2}} \qquad (24.10a)$$

onde c é a velocidade da luz no vazio, de valor aproximado, 3×10^8 m/s.

Essa previsão da teoria da Relatividade Especial aplicada a uma partícula eletrizada, submetida a alta energia, teve comprovação tanto no cíclotron como no sincroncíclotron, cujo aumento relativístico de massa, é calculado pela equação (24.10a). Por exemplo, para v = 0,8666 c, a massa relativística da partícula fica duplicada, $m = 2\ m_o$.

Naturalmente surge uma pergunta pertinente: esse aumento de massa é real ou aparente? A resposta a esta questão foi primeiramente dada por Lorentz, que afirmou que o aumento de massa é real, assim explicando: quando uma partícula elétrica entra em movimento e alcança energia bastante elevada, cujo limite é mc^2, intensificam-se nela os campos elétrico e magnético, que redunda no aumento de energia eletromagnética, que é tomado como aumento de massa eletromagnética ou relativístico de massa. Por seu turno, esse aumento relativístico de massa vai converter-se num fator de resistência à aceleração da partícula, nos aceleradores de partículas.

Designa-se por $m_o c^2$ a energia de repouso de uma partícula elétrica e por mc^2 a sua energia relativística, tem-se a energia cinética relativística, K, da partícula, dada por,

$$K = (m - m_o)c^2 \qquad (24.10b)$$

onde $m - m_o$ indica o aumento relativístico de massa. Contudo, sempre que temos $v \ll c$ não há necessidade de se distinguir a massa ordinária da massa eletromagnética.

· Invariância da Carga Elétrica

Emerge da experiência que a carga do elétron tem valor universal aproximado: $e \cong 1{,}602\ 177\ 33 \times 10^{-19}$ C, assim como a sua carga mássica, $e/m \cong 1{,}758\ 819\ 62 \times 10^{11}$ C/kg, independentemente da velocidade que ela possa alcançar. Com o advento da Teoria da Relatividade Especial quando se comprovou a validade de (24.10a), a carga mássica do elétron que atende a condição relativística passou a ser dada por,

$$\frac{e}{m} = \frac{e}{m_o}\left(1 - \frac{v^2}{c^2}\right)^{1/2} \qquad (24.10c)$$

que confirma o princípio de conservação da carga elétrica, que é invariante para todo observador. No sentido ordinário, quando aquecemos uma amostra de substância não estamos alterando a sua carga elétrica, mas apenas aumentando a energia cinética de seus elétrons.

[6ª] Bétatron

Com a finalidade de produzir aceleração de elétrons até eles alcançarem altas energias (ordem de GeV), em 1940, Donald William Kesrt (1911–1993), físico norte-americano, idealizou um acelerador de partículas, que batizou com o nome de Bétatron (de Beta, antigo nome dado ao elétron), que é constituído basicamente de: (1) um tubo toroidal de vidro especial de seção elíptica, no qual se faz o vácuo; (2) um eletroímã potente, perpendicular ao plano do tubo, cujo campo magnético é variável; e (3) uma fonte de tensão alternada para a alimentação dos enrolamentos do eletroímã, fig.24.12.

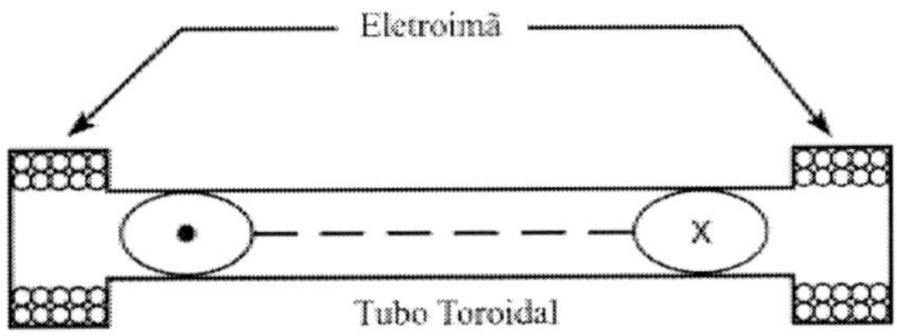

Fig.24.12

Quando um feixe de elétrons é lançado no Betatron (que opera com tensão da ordem de kV), o campo elétrico provoca a aceleração do feixe, enquanto o campo magnético variável produz a sua trajetória circular (ao invés de espiral como no cíclotron); e a cada revolução os elétrons vão aumentando de velocidade e energia cinética até quase alcançar a velocidade da luz, ou cerca de 99,99% dela, quando acontece o efeito relativístico de massa. O controle do efeito relativístico de massa é feito ajustando-se adequadamente o campo magnético.

Capítulo 25
Terceiro Fenômeno Eletromagnético

25.1. Fluxo Magnético

É um legado de Michael Faraday (1791-1787), físico e químico inglês, o conceito de linhas de força, aplicado aos campos Eletrico e Magnético; neste, elas tomam o nome de linhas de indução magnética ou linhas de força magnética (LFM) que se estabelecem no espaço privativo do campo magnético (Faraday duvidava da ação à distância de Newton). Essas LFM detêm as seguintes propriedades: 1ª) toda linha de força magnética é uma curva fechada; 2ª) num ponto tomado sobre uma delas, a direção e o sentido do vetor **B** são dados pela tangente geométrica à curva, no referido ponto.

Michael Faraday

Seja uma região onde existe um campo de indução magnética. Interceptando-se um conjunto de linhas de indução magnética, uniformemente distribuídas, por uma dada área de superfície, fig.25.1, configura-se através dela, um fluxo de indução magnética ou apenas fluxo magnético, designado por Φ, que é definido de forma similar ao fluxo elétrico: o fluxo magnético diferencial, $d\Phi$, de uma indução magnética, **B**, cujas linhas de indução magnética atravessam o elemento de área dS, é dado por,

$$d\Phi = \mathbf{B}\cdot d\mathbf{S} \qquad (25.1a)$$

E o fluxo magnético total,

$$F = \int_S \mathbf{B} \cdot d\mathbf{S} \qquad (25.1b)$$

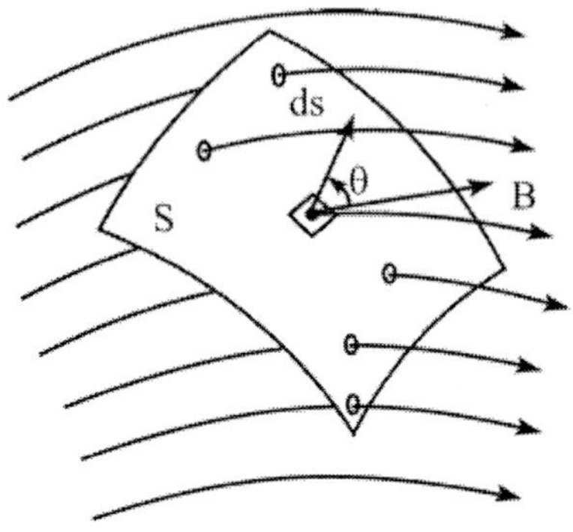

Fig.25.1

O produto escalar do 2º membro diz que o fluxo magnético depende do ângulo θ entre **B** e **S**, como na fig.25.1, de sorte que, quando $\theta = \pi/2$, **B** e **S** são perpendiculares e $\Phi = 0$; e quando $\theta = 0$, **B** e **S** serão colineares e o fluxo magnético é máximo e vale,

$$\Phi = B\,S \qquad (25.1c)$$

A unidade SI de fluxo magnético é o Weber = Tesla x metro^2, abrevia-se Wb (a mesma unidade adotada para polo magnético, item 21.3); frequentemente usa-se o submúltiplo micro-Weber, 1 μWb = 10^{-6} Wb. Dimensão: $|\,\Phi\,| = M\,L^2 I^{-1} T^{-2}$.

Da equação (25.1c), segue-se,

$$B = \frac{\Phi}{S} \qquad (25.2a)$$

Neste enfoque, **B** é preferencialmente chamado de densidade de fluxo magnético, ao invés de indução magnética; e fica, ademais, justificada a unidade Wb/m^2, referendada no item 23.2, como equivalente ao Tesla.

Se S é uma superfície fechada, o fluxo magnético através dela será zero, já o fluxo magnético que entra é igual ao fluxo magnético que sai, isto é,

$$\Phi_{ent} = \Phi_{sai} \tag{25.3a}$$

ou em termos de (25.1b),

$$\oint_S \mathbf{B}\cdot d\mathbf{S} = -\int_{S1} \mathbf{B}\cdot d\mathbf{S}_1 + \int_{S2} \mathbf{B}\cdot d\mathbf{S}_2$$

Mas sendo $S_1 = S_2 = S$, resulta que,

$$\oint_S \mathbf{B}\cdot d\mathbf{S} = 0 \tag{25.3b}$$

Esta equação pode ser tomada como a lei de Gauss para o magnetismo, e constitui uma maneira formal de se afirmar que não há fonte ou sumidouro de **B** dentro da superfície fechada. Mais adiante ela será referendada como a 2ª equação de Maxwell na forma integral. Esse resultado também pode ser expresso sob a forma diferencial, bastando para isto, recorrermos a transformação facultada pelo teorema da divergência, ou seja,

$$\oint_S \mathbf{B}\cdot d\mathbf{S} = \int_v \text{div}\,\mathbf{B}\,dv$$

v é o volume; e, por ser nulo o 1° membro, podemos concluir que,

$$\text{div}\,\mathbf{B} = 0 \tag{25.4a}$$

E em coordenadas cartesianas, anotamos como,

$$\nabla\cdot\mathbf{B} = 0 \tag{25.4b}$$

Qualquer das equações acima será chamada de 2° equação de Maxwell na forma diferencial.

Introduzindo a equação (23.11a) em (25.1b), teremos o fluxo magnético em função do potencial vetor magnético:

$$\Phi = \int_S (\nabla \mathrm{x} \mathbf{A}) \cdot d\mathbf{S}$$

(25.5a) onde **S** é a área orientada, inscrita pelo contorno fechado, C; em face do teorema de Stokes, é lícito concluirmos que,

$$\Phi = \oint_C \mathbf{A} \cdot d\mathbf{L} \qquad (25.5b)$$

E podemos facilmente verificar que o 2º membro desta equação tem unidade consistente com a unidade de fluxo magnético, que é o Wb = T x m^2.

25.2. Indução Eletromagnética. Lei de Faraday

O fato da corrente elétrica produzir um campo magnético em torno do condutor que a conduz, levou-se a crer que, reciprocamente, um campo magnético deveria gerar uma corrente elétrica. Apesar de parecer óbvia esta última proposição, não é verdadeiro que, por exemplo, enrolando-se um fio condutor em torno de um ímã, possa se ter no fio uma corrente elétrica.

Deve-se ao gênio intuitivo de Faraday a descoberta do princípio da indução eletromagnética, pelo qual um campo de indução magnética variável produz uma corrente elétrica. Este princípio, Faraday deu a conhecer ao mundo científico em 1831, e constitui o Terceiro Fenômeno Eletromagnético que estudaremos (que ele estabeleceu após inúmeras experiências que realizou nos anos subsequentes), cujas conclusões podem ser resumidas nas três situações básicas, a seguir descritas.

[1] Indução Eletromagnética. Experiências básicas

1ª) Movendo-se um ímã na direção de uma espira condutora (ou bobina) estacionária, fig.25.2, surge nela uma corrente elétrica induzida (detectada por um galvanômetro, não mostrado). Deixando o ímã estacionário e movendo-se a espira em relação ao ímã, obtém-se o mesmo efeito. Se o ímã for substituído por um solenoide, o movimento relativo entre ele e a espira, produz o mesmo efeito: tem-se uma corrente elétrica induzida na espira. Na realidade, se há uma corrente elétrica induzida é porque, necessariamente, tem-se presente uma força-eletromotriz induzida, que abreviamos por fem-i, e no caso, ela será chamada de fem de movimento ou mocional. Ademais, no sistema em causa, o ímã funciona como elemento indutor e a espira como o elemento induzido (que passa a se comportar como outro ímã).

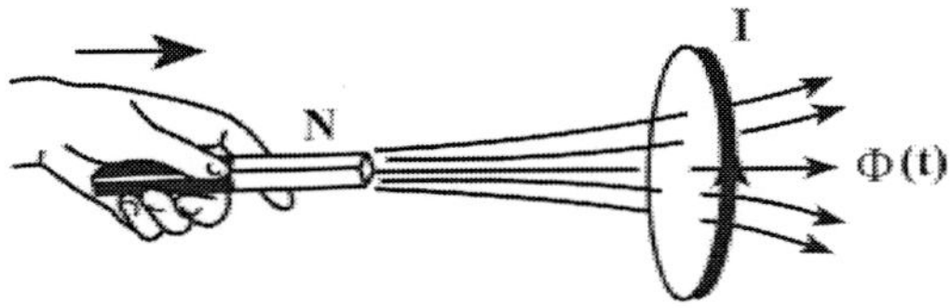

Fig.25.2

2ª) Sempre que um fluxo magnético variável é concatenado por uma espira condutora estacionária (ou de um modo geral, por um circuito rígido), fig.25.3 , nela é induzida um fem ora chamada de fem variacional, que gera uma corrente elétrica induzida.

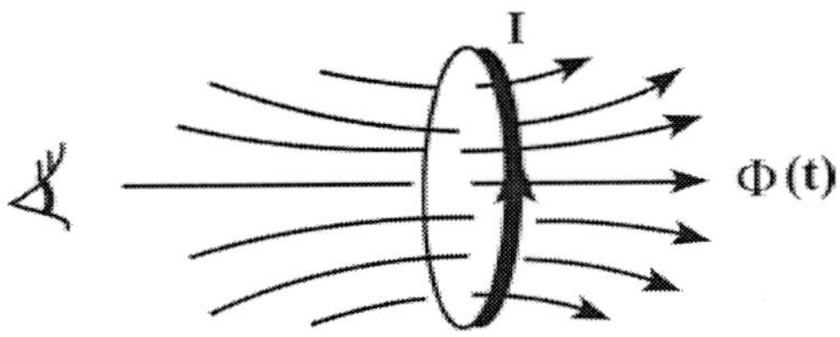

Fig.25.3

Nestes dois casos o fluxo magnético variável Φ(t) concatenado pela espira é considerado positivo, quando as linhas de força magnética, LFM, são visadas entrando no plano da espira, fig.25.3, e negativo, caso contrário.

3ª) Se um circuito rígido ou parte dele, move-se num campo de indução magnética constante, interceptando as LFM, como na fig.25.4, nele é induzida uma fem e a subsequente corrente elétrica induzida. Esta fem-i é chamada de fem de movimento, de deslocamento ou mocional.

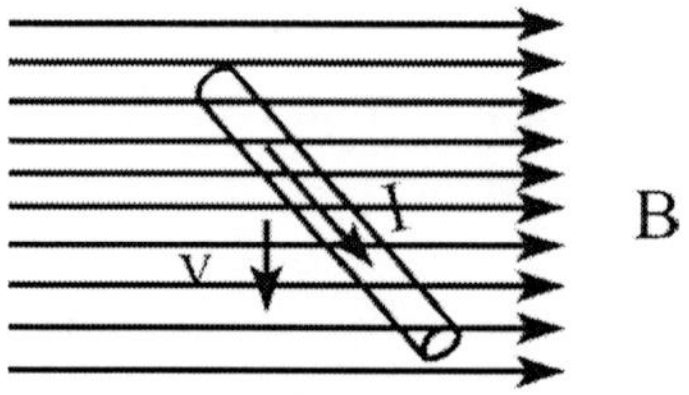

Fig.25.4

Nestas três situações básicas existe um fato comum: há a variação de fluxo magnético, e sendo esta identificada como a causadora da fem-i.

[2] Lei de Faraday

Seja o elemento de fluxo magnético,dΦ, concatenado por uma espira condutora; a sua variação no tempo, dt , produz a fem-i , ora denotada por ε_{ind}:

$$\varepsilon_{ind} = -\frac{d\Phi}{dt} \qquad (25.6a)$$

Esta equação é chamada de lei de Faraday e constitui-se num caso inédito em que a experimentação é sintetizada numa formulação analítica, não deduzida teoricamente. O sinal (–) é introduzido por Emillj Christianovic Lenz [Heinrich Friedrich Emil Lenz] (1804-1865), físico russo (teuto-estoniano), que 1833-4, ao interpretar a indução eletromagnética, completou o significado físico da fem-i, de Faraday, e dá-se à interpretação Lenz o nome do princípio que leva o seu nome, significando que o efeito (elétrico) sempre se opõe a causa (magnética) que lhe deu origem (variação de fluxo magnético). De uma forma mais específica, podemos dizer que a fem-i tem polaridade contrária à variação do fluxo magnético inicial Φ(t).

O princípio de Lenz reflete o princípio da conservação da energia: gasta-se energia magnética para produzir a fem-i que gera uma I_{ind} que tem sentido tal que produz um fluxo magnético Φ_I , que se opõe ao fluxo magnético inicial Φ, e portanto, à geração da fem-i, fig.25.5. Usando de analogia mecânica: um corpo ao ser acelerado (efeito), a inércia dele reage à força (causa) que o acelera.

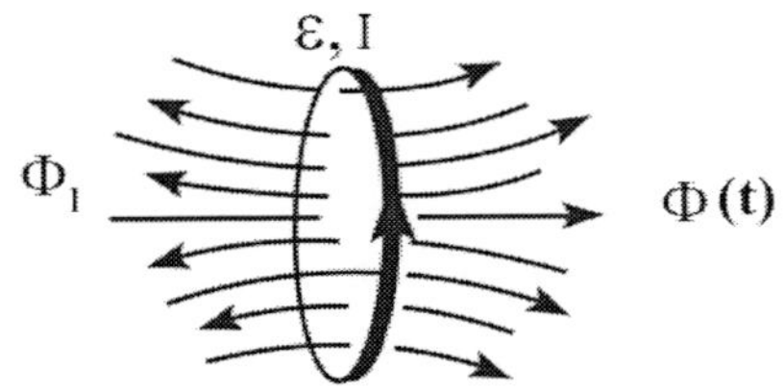

Fig.25.5

Apesar da fem-i ser uma grandeza escalar, para o caso variacional da espira ela carece de sentido que é dado em consonância com o princípio de Lenz:

(1) quando Φ está aumentando, $d\Phi/dt > 0$, ε (e I) tem sentido anti-horário; e ambos são considerados negativos, fig.25.6(a);

(2) quando Φ está diminuindo, $d\Phi/dt < 0$, ε (e I) tem sentido horário; e ambos são tomados positivos, fig.25.6(b).

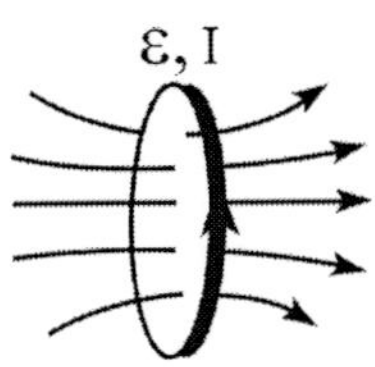

Fig.25.6 (a)

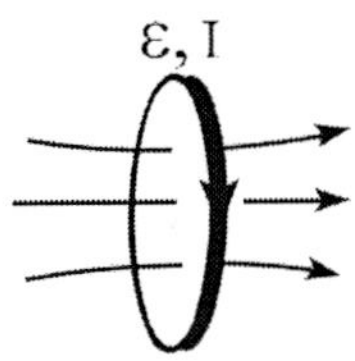

Fig.25.6 (b)

O sentido da fem-i para o caso mocional, é dado pela regra da mão direita 2, fig.25.7, onde o dedo indicador aponta o sentido de **B**, o dedo médio, o sentido da fem-i (e de I) e o dedo polegar, o sentido do movimento ou de **v**.

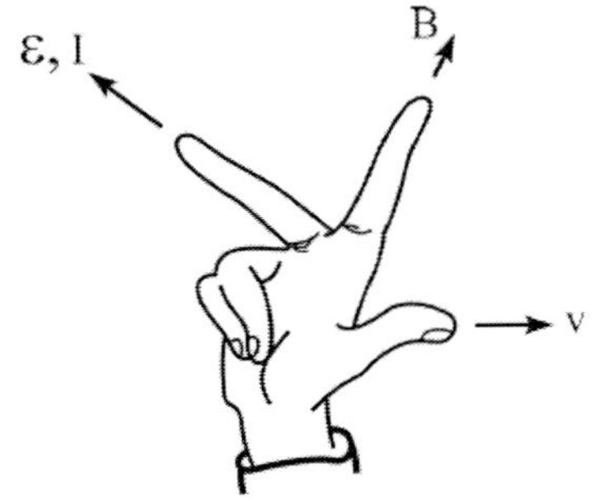

Fig.25.7

A unidade SI de fem-i é o Volt , como se pode confirmar da análise do 2º membro de (25.6a), já que Wb/s = J/C = Volt.

Substituindo a espira por uma bobina com N espiras iguais, o fluxo magnético crescerá de NΦ (equivale a NΦ através de uma bobina) e a fem-i passa a ser expressa por,

$$\varepsilon_{ind} = -N\frac{d\Phi}{dt} \qquad (25.6b)$$

O fato da fem-i ser gerada sempre por um fluxo magnético variável, já fornece uma 1ª evidência de que a energia magnética é de natureza cinética. Como o fluxo magnético, Φ, é função explícita de **B**, **S** e θ, por ser, $\Phi = B\,S\cos\theta$, a expressão (25.6a) pode ser tomada como,

$$\varepsilon_{ind} = -\frac{\partial}{\partial t}(B\,S\cos\theta) \qquad (25.6c)$$

indicando que a variação de fluxo magnético pode ocorrer com dB/dt, dS/dt ou dθ/dt = ω.

[3] Forma Integral da Lei de Faraday

Uma vez produzida a fem-i não há como distingui-la da fem dada por (16.1a) geral, de modo que aqui também vale a definição alternativa para ela, como sendo,

$$\varepsilon_{ind} = \oint_L \mathbf{E}_i \cdot d\mathbf{L} \qquad (25.7a)$$

Para o caso variacional, o campo elétrico $\mathbf{E}_i$ é chamado de induzido e o caminho especificado da integração é o contorno L que inscreve a área da superfície S, fig.25.8, que concatena o fluxo magnético conforme (25.1b), de modo que a lei de Faraday assume a forma integral, como,

$$\oint_L \mathbf{E}_i \cdot d\mathbf{L} = -\frac{\partial}{\partial t}\int_S \mathbf{B}\cdot d\mathbf{S} \qquad (25.7b)$$

E se a área S é invariável, teremos,

$$\oint_L \mathbf{E}_i \cdot d\mathbf{L} = -\int_S \frac{\partial \mathbf{B}}{\partial t} \cdot d\mathbf{S} \qquad (25.7c)$$

Esta equação será mais adiante referendada como a 3ª equação de Maxwell e mostra como **E** e **B** estão intrinsecamente ligados.

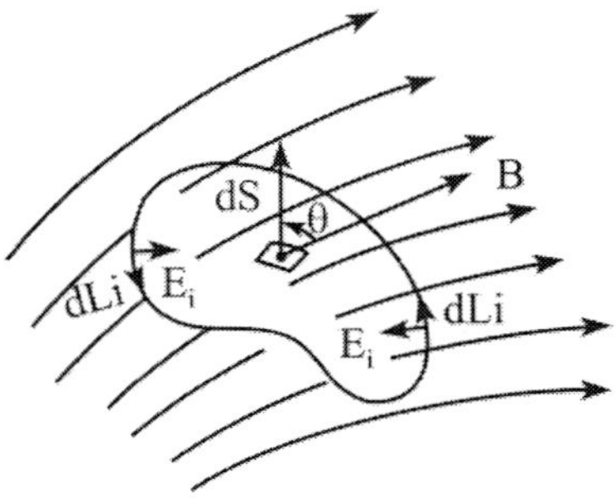

Fig.25.8

Para o caso mocional o campo elétrico $\mathbf{E}_i$ é dito impresso, e o contorno L é o perímetro de um circuito condutor (ou **d**L, um trecho dele) que se move com velocidade **v** no campo de indução magnética **B**, cortando as suas LFM. Durante o deslocamento do condutor, a carga elétrica Q fica sujeita ao campo elétrico impresso, $\mathbf{E}_i = \mathbf{F}/Q = \mathbf{v} \times \mathbf{B}$, de modo que (25.7a) toma a forma,

$$\varepsilon_{ind} = \oint_L (\mathbf{v} \times \mathbf{B}) \cdot d\mathbf{L} \qquad (25.7d)$$

Os dois resultados podem ser reunidos para compor a fem-i no caso mais geral,

$$\varepsilon_{ind} = -\int \frac{\partial \mathbf{B}}{\partial t} \cdot d\mathbf{S} + \oint_L (\mathbf{v} \times \mathbf{B}) \cdot d\mathbf{L} \qquad (25.7e)$$

25.3. Algumas Aplicações da Lei de Faraday-Lenz

[1] Interação Ímã-Bobina

A fig.25.9(a), mostra uma bobina estacionária e um ímã com o polo norte (N) votado para baixo, dela se aproximando, na direção do eixo central da bobina. Durante o movimento descendente, surge na bobina uma fem-i, e a subsequente corrente elétrica induzida, detectada pelo galvanômetro figurado. Pelo princípio de Lez, a corrente elétrica induzida tem o sentido anti-horário assinalado e poduz um fluxo magnético reativo que vai se opondo ao fluxo magnético concatenado pela bobina, cuja parte superior passa a funcionar como se fosse um polo norte, repelindo o ímã. A seguir, fig.25.9(b), faz-se o afastamento do ímã, no sentido ascendente, ocasionando a diminuição do fluxo magnético concatenado, e a bobina reage, mudando o sentido da corrente elétrica induzida, conforme indicado pelo galvanômetro, a qual passa a gerar um fluxo magnético concordante com o original, fazendo com que a parte superior da bobina, agora, passe a funcionar como polo sul (S), atraindo o polo norte do ímã.

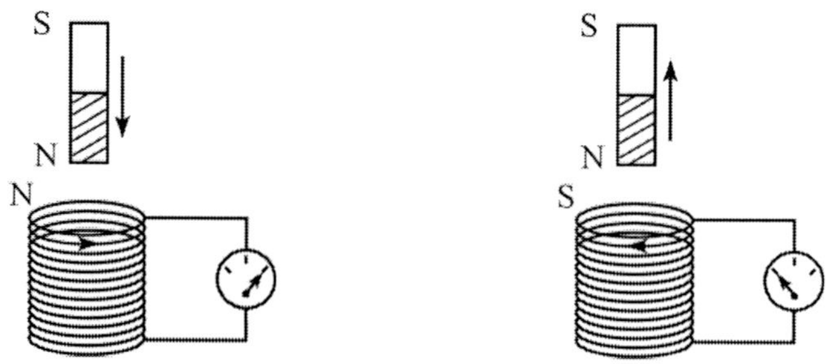

Fig.25.9 (a) Fig.25.9 (b)

A experiência pode ser ampliada com o ímã que se aproxima da bobina, pelo polo sul e depois dele se afastando, como no caso acima; ou então, mantém-se o ímã estacionário e faz-se a bobina se movimentar relativamente a ele. Em qualquer das situações prescritas os resultados concordarão como previsto na equação (25.6b), pondo em evidência o fato relevante de que o movimento relativo entre o ímã e a bobina, que se faz às custas de energia cinética é causa da geração da energia eletromagnética na bobina.

[2] Condutor Móvel num Campo de Indução Magnética Uniforme

Seja um condutor reto e rígido de comprimento SN = L e seção reta desprezível posto num campo de indução magnética uniforme, $\mathbf{B} = B\,\hat{e}_z$. Sob a ação de um agente externo, põe-se o condutor em movimento retilíneo com velocidade constante, $\mathbf{v} = v\,\hat{e}_y$, perpendicularmente as LFM de **B**, como no arranjo da fig.25.10(a). Aplicando (25.7d) ao condutor em movimento nele será gerada a fem-i,

$$\varepsilon_{ind} = (v\,\hat{e}_y \times B\,\hat{e}_z) \cdot L\,\hat{e}_x = vLB \qquad (25.8a)$$

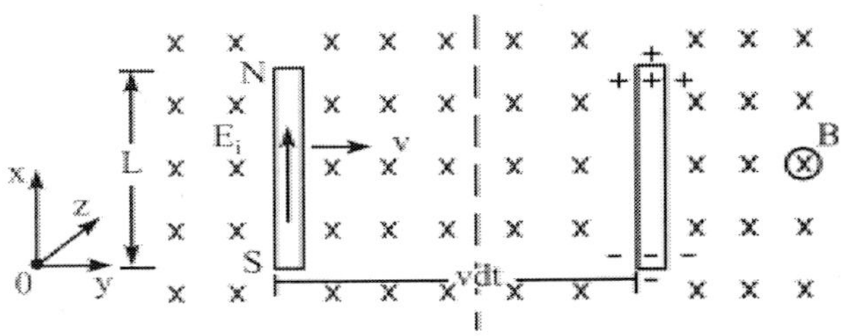

Fig.25.10 (a) Fig.25.10(b)

Do ponto de vista interno do condutor o campo elétrico impresso, $\mathbf{E}_i$, provoca a separação das cargas elétricas ao longo do condutor, culminando por concentrá-los nas extremidades do mesmo (fato este que se comprova experimentalmente), onde na região N temos as cargas elétricas positivas, e na região de S, as cargas elétricas negativas, fig.25.10(b), de modo que no instante que cessa o movimento do condutor, tais concentrações de cargas elétricas estabelecerão o campo eletrostático, **E**, que proporcionará a ddp induzida,

$$V_{NS} = -\mathbf{E} \cdot \mathbf{L} = \mathbf{E}_i \cdot \mathbf{L} = \varepsilon_{ind}$$

Exemplo 25.1

Com referência a fig.25.10(a), um condutor $\mathbf{L} = 1{,}0\,\hat{\mathbf{e}}_x$ (m), é posto em movimento com a velocidade constante de $\mathbf{v} = 1{,}5\,\hat{\mathbf{e}}_y$ (m/s), no campo de indução magnética, $\mathbf{B} = 0{,}6\,\hat{\mathbf{e}}_z$ (T). Achar a fem-i gerada.

Substituindo os dados em (25.8b), virá,

$$\varepsilon_{ind} = (1{,}5\ \hat{e}_y \times 0{,}6\ \hat{e}_z) \cdot (1{,}0\ \hat{e}_x) = 0{,}90\ V$$

[3] Princípio do Gerador Eletromecânico de Indução

Consideremos um condutor rígido de comprimento ℓ e seção reta exígua, que se move com velocidade $\mathbf{v}\hat{e}_y$ sobre guias rígidas e fixas em U (desprezado o atrito) compondo um circuito retangular, imerso no campo de indução magnética, $\mathbf{B} = \mathbf{B}\hat{e}_z$ constante e uniforme, fig.25.11. Neste caso não haverá concentrações de cargas elétricas nas extremidades do condutor livre porque elas fluem no circuito; e admitiremos, ademais, que a indução magnética gerada pela corrente não afetará **B**. Então, aplicando (25.7d) seguindo o percurso de integração no sentido anti-horário, verifica-se que ela se reduz ao percurso do condutor livre, ou seja,

$$\varepsilon_{ind} = \int_0^{\ell} (\mathbf{v} \times \mathbf{B}) \cdot d\ell = (v\ \hat{e}_y \times B\ \hat{e}_z) \cdot \ell\ \hat{e}_x$$

$$\varepsilon_{ind} = v\ell B \tag{25.8a}$$

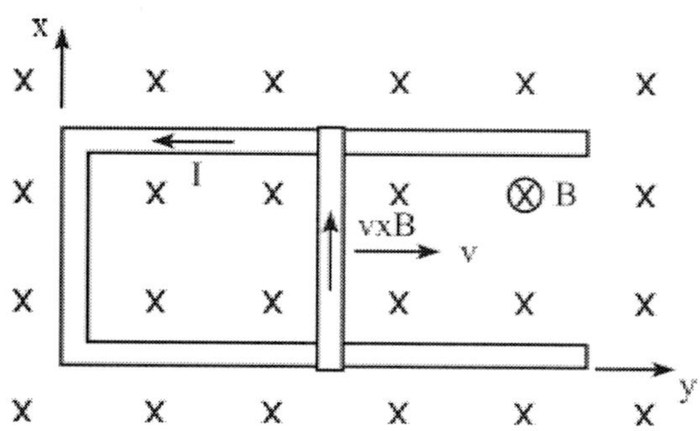

Fig.25.11

E podemos concluir que, enquanto houver movimento, haverá conversão de energia mecânica em energia elétrica entregue ao circuito, e o sistema funcionará como um gerador rudimentar.

Exemplo 25.2

Com referência a fig.25.11, tendo o condutor livre $\mathbf{L} = 0{,}8\ \hat{\mathbf{e}}_x$ (m) e sendo posto em movimento com $\mathbf{v} = 5{,}0\ \hat{\mathbf{e}}_y$ (m/s) no campo de indução magnética, $\mathbf{B} = 0{,}4\ \hat{\mathbf{e}}_z$ (T), determinar o campo elétrico induzida e a fem-i gerados.

Temos,

$$\mathbf{E}_i = \mathbf{v} \times \mathbf{B} = 5{,}0\ \hat{\mathbf{e}}_y \times 0{,}4\ \hat{\mathbf{e}}_z = 2{,}0\ \hat{\mathbf{e}}_z \ \text{(V/m)}$$

$$\varepsilon_{ind} = (2{,}0\ \hat{\mathbf{e}}_x) \cdot 0{,}8\ \hat{\mathbf{e}}_x = 1{,}6\ \text{V}$$

[4] Potências Mecânica e Elétrica

O circuito recebe a potência mecânica, $P_{mec} = F\,v = (BI\ell)\,v$ e seja R a resistência elétrica do mesmo. E como $P_{mec} = P_{ele}$, a corrente elétrica induzida, I, será dada por,

$$I = \frac{v\ell B}{R} \tag{25.9a}$$

Por sua parte, a potência elétrica, $P_{ele} = I^2 R$, é dissipada e vale,

$$P_{ele} = \frac{B^2\ell^2v^2}{R} \tag{25.9b}$$

É interessante observar que um circuito rígido deslocando-se com velocidade **v**, constante, na direção perpendicular ao campo de indução magnética invariável, fig.25.12, tem-se nele fem-i = 0, porque não houve variação de área do circuito, ou seja, $dS/dt = 0$. No entanto, se fizermos o circuito rígido girar em torno de um eixo, cortando as linhas de fluxo magnético haverá variação de área, e por consequência, variação de fluxo magnético, gerando-se nele uma fem-i.

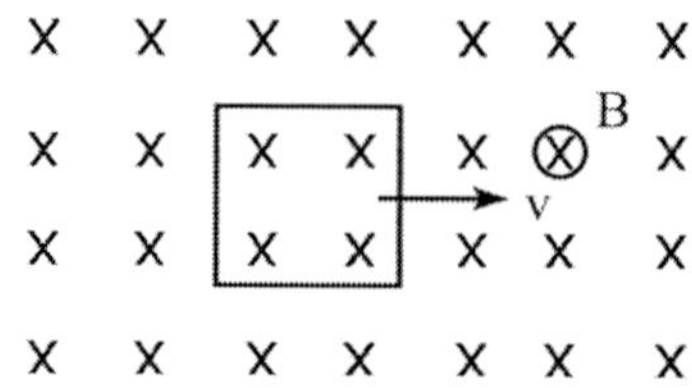

Fig.25.12

Exemplo 25.3

Com referência o circuito da fig.25.11, consideremos que o condutor móvel tem L = 40 cm, a resistência do circuito, 0,15 Ω, está imerso no campo de indução magnética de 0,60 Wb/m² e o amperímetro marca 6A, quando o condutor móvel é posto em movimento com velocidade constante. Calcular: (a) a força que traciona o condutor móvel; (b) a fem-i sobre ele (c) e o balanço energético do circuito

(a) por (23.4a), temos:

$$F = (0{,}60\ \text{Wb/m}^2)(0{,}40\ \text{m})(6\ \text{A}) = 1{,}44\ \text{N}$$

De (25.9a), tiramos,

$$v = \frac{RI}{(BL)} = \frac{(0{,}15\ \Omega)(6\ \text{A})}{(0{,}60\ \text{Wb/m}^2)(0{,}40\text{m})} = 3{,}75\ \text{m/s}$$

(b) De (25.8b), a fem-i:

$$\varepsilon_{ind} = (3{,}75\ \text{m/s})(0{,}40\text{m})(0{,}60\ \text{Wb/m}^2) = 0{,}90\ (\text{V})$$

(c) E o balanço energético do circuito:

$$P_{ele} = \varepsilon_{ind}\, I = (0{,}90\ \text{V})(6\ \text{A}) = 5{,}4\ \text{W}$$

$$P_{mec} = F\, v = (1{,}44\ \text{N})(3{,}75\ \text{m/s}) = 5{,}4\ \text{W}$$

[5] Gerador Mecânico de Energia Elétrica

Seja uma espira retangular de área S = L x b, imersa num campo de indução magnética, **B**, uniforme e constante, fig.25.13, onde ela é adequada para girar em torno do eixo seu maior, mediante ação mecânica externa.

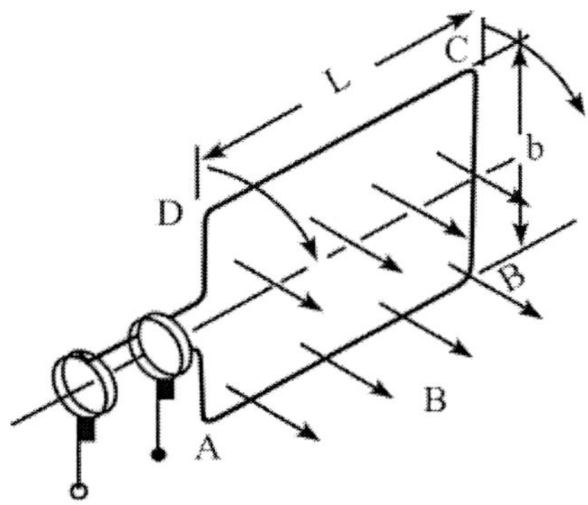

Fig.25.13

Usando a forma (25.7d) a integral curvilínea se desdobra nas seguintes:

$$\varepsilon_{ind} = \int_A^B (\mathbf{v} \times \mathbf{B})\cdot d\mathbf{L} + \int_B^C (\mathbf{v} \times \mathbf{B})\cdot d\mathbf{L} + \int_C^D (\mathbf{v} \times \mathbf{B})\cdot d\mathbf{L} + \int_D^A (\mathbf{v} \times \mathbf{B})\cdot d\mathbf{L}$$

As 2ª e 4ª integrais são nulas porque os lados BC e DA da espira giram em planos paralelos às linhas de fluxo magnético; na 1ª integral, ε_{ind} tem sentido B para A, assim como na 3ª integral, ε_{ind} tem sentido de C para D, de modo que as suas contribuições são somadas, e teremos,

$$\varepsilon_{ind} = (2L)\, v\, B\, \text{sen}\omega t$$

note-se que os lados AB e CD giram no sentido horário descrevendo a circunferência de raio b/2, com velocidade tangencial, $v = \omega(b/2)$, de modo que o resultado acima torna-se,

$$\varepsilon_{ind} = \omega\, B\, (Lb)\, \text{sen}\ \omega t$$

Mas sendo Lb = S, temos,

$$\varepsilon_{ind} = \omega \text{ B S sen } \omega t \tag{25.10a}$$

E definindo, $\varepsilon_{max} = \omega$ BS, temos, finalmente,

$$\varepsilon_{ind} = \varepsilon_{max} \text{ sen } \omega t \tag{25.10b}$$

Alternativamente esta questão pode ser resolvida usando o ponto de vista da fem-i variacional, com a espira girando no sentido horário com a velocidade angular $\omega = \theta/t$, que a cada instante, oferece o fluxo magnético concatenado,

$$d\Phi = BS \cos \omega t$$

E tomando a variação do fluxo magnético no tempo, temos,

$$\frac{d\Phi}{dt} = -\,\omega \text{ BS sen } \omega t$$

Transpondo o sinal (–) para o 1º membro, temos a fem-i, conforme (25.10a),

$$\varepsilon_{ind} = \omega \text{ BS sen } \omega t$$

E também,

$$\varepsilon_{ind} = \varepsilon_{max} \text{ sen } \omega t$$

O resultado indica que a fem-i é senoidal e o sistema que a gera, é chamado de alternador elétrico elementar. A interligação do quadro da espira com um circuito externo é feita através da conexão de dois anéis coletores de cobre e escovas de grafite, em cujos terminais tem-se disponível a tensão elétrica induzida gerada. A representação gráfica desta fem-i senoidal é dada no diagrama da fig.25.14.

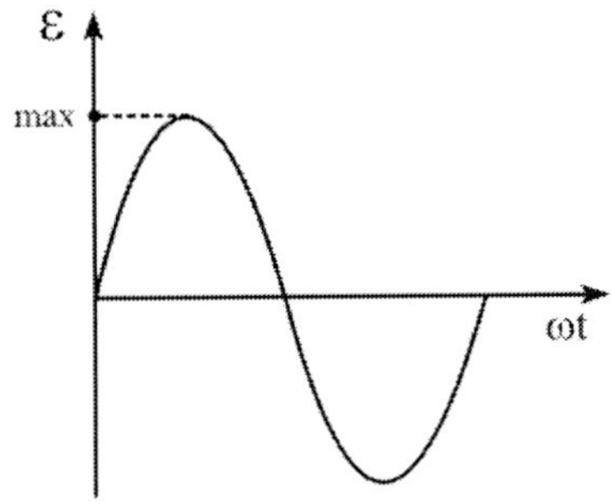

Fig.25.14

Outro princípio alternativo de se obter a fem-i é fazer um imã girar com velocidade constante ω diante do quadro da espira, que se mantém fixo. Quando o gerador elétrico produz corrente elétrica contínua é chamado de dínamo.

O recurso técnico usual para elevar o valor da fem-i consiste em aumentar o número de espiras; por exemplo, a espira retangular em causa pode ser associada, em série, com N outras iguais, compondo um quadro retangular de modo que o resultado (25.10a) fica corrigido para,

$$\varepsilon_{ind} = N\,\omega\,BS\ \text{sen}\ \omega t \tag{25.11a}$$

No caso, pondo $\varepsilon_{max.} = N\,\omega\,BS$, voltamos a ter,

$$\varepsilon_{ind} = \varepsilon_{max.}\ \text{sen}\ \omega t \tag{25.11b}$$

Exemplo 25.4

Uma bobina retangular com 60 espiras, dimensão de 15 cm x 20 cm e eixo perpendicular ao campo de indução magnética de 0,50 Wb/m^2, é posta a girar nele com a velocidade de 1.200 rpm. Determinar a fem-i máxima gerada.

$$\text{Sendo } \omega = 1.200\ \text{rpm}\left(\frac{2\pi\ \text{rad}}{60\ \text{rpm}}\right) = 40\pi\ \text{rad/s}$$

e

$S = (0{,}15m)(0{,}20m) = 0{,}03\ m^2$;

temos, por (25.11a):

$$\varepsilon_{ind} = (60\ esp)(40\pi\ rad/s)(0{,}50\ Wb/m^2)(0{,}03m^2)\ sen(40\pi\ t)$$

$$\varepsilon_{ind} \cong 113{,}1\ sen(40\pi\ t)\ \ (V)$$

para $sen(40\pi\ t) = 1$ virá, $\varepsilon_{max} \cong 113{,}1$ V.

25.4. Forma Diferencial da Lei de Faraday

A lei de Faraday dada por (25.7c), pode ser convertida à forma diferencial, com o concurso do teorema de Stokes que faculta a transformação do 1º membro numa integral de superfície, ou seja,

$$\int_S \mathbf{rot\ E} \cdot d\mathbf{S} = -\int_S \frac{\partial \mathbf{B}}{\partial t} \cdot d\mathbf{S} \qquad (25.12a)$$

donde se segue que,

$$\int_S \left(\mathbf{rot\ E} + \frac{\partial \mathbf{B}}{\partial t}\right) \cdot d\mathbf{S} = 0$$

Como a área da superfície é não nula e arbitrária, é lícito concluirmos que,

$$\mathbf{rot\ E} = -\frac{\partial \mathbf{B}}{\partial t} \qquad (25.12b)$$

que é a forma diferencial da lei de Faraday, mais adiante referendada como a 3ª equação de Maxwell na forma diferencial. Também nesta forma vemos claramente como o campo elétrico induzido deriva da indução magnética variável no tempo. Em coordenadas cartesianas, anotamos por,

$$\nabla \times \mathbf{E} = -\frac{\partial \mathbf{B}}{\partial t} \qquad (25.12c)$$

Pondo **B** em função do potencial vetor **A**, teremos,

$$\nabla \times \mathbf{E} = -\frac{\partial}{\partial t}(\nabla \times \mathbf{A})$$

E portanto,

$$\nabla \times (\mathbf{E} + \frac{\partial \mathbf{A}}{\partial t}) = 0$$

E por ser zero o rotacional, a quantidade entre parênteses, obrigatoriamente, deve ser igual a um gradiente de um potencial escalar, V, de modo que podemos concluir que,

$$\mathbf{E} + \frac{\partial \mathbf{A}}{\partial t} = -\nabla V$$

ou melhor,

$$\mathbf{E} = -\nabla V - \frac{\partial \mathbf{A}}{\partial t} \qquad (25.12d)$$

Desta feita, o campo elétrico assume aqui caráter geral, ora composto de uma parte que é gerada por potencial elétrico escalar, e outra parte, gerada pela variação temporal do potencial vetor, do qual deriva a indução magnética.

Concluindo, devemos dizer que a indução eletromagnética descoberta por Faraday é notável não apenas por ser uma lei experimental independente, mas porque proporcionou invenções de máquinas elétricas, como geradores e transformadores, para citar dois tipos que foram fulcros do desenvolvimento sócio-industrial. Ela é ainda aplicável a fenômenos da espécie a nível molecular e atômico; além de ser base da teoria da Relatividade de Einstein.

25.5. Autoindução e Autoindutância

Henry

Na mesma época da descoberta da indução eletromagnética por Faraday, e sem ter dela conhecimento, Joseph Henry[(11)] (1797-1878), físico norte-americano, também descobre experimentalmente, em 1830, o fenômeno correlato seguinte: fazendo passar uma corrente elétrica i = i(t), numa bobina, nela se manifesta uma fem induzida que se opõe a variação da corrente elétrica na própria bobina (Faraday também faz o mesmo em 1834, contudo relacionou a corrente elétrica na bobina com o fluxo magnético por ela produzido, e observou a indutância mútua, item 25.6 adiante). Este novo aspecto da indução eletromagnética passou a ser denominado de autoindução, e a força elétro-motriz gerada é chamada de fem autoinduzida, que abreviamos por fem-ai, doravante simbolizada por ε, com definição já introduzida no item 18.2 (a corrente elétrica decorrente é denominada de autoinduzida ou simplesmente induzida). Henry verificou que a fem-ai é proporcional à variação da corrente elétrica, di/dt, na bobina, que se expressa por:

$$\varepsilon = -\,L\frac{d\,i}{dt} \qquad (25.13a)$$

que vamos chamar de lei de Faraday-Henry, na qual L é o coeficiente de proporcionalidade, positivo, a ser definido, denominado de autoindutância ou indutância, dependente da geometria da bobina que é constante para materiais não ferromagnéticos. O sinal (–) é igualmente devido a Lenz e indica que a fem-ai sempre se oporá à variação da corrente elétrica (e não necessariamente a ela), como se segue:

(1) Henry publica em 1831 o princípio do motor elétrico; ele é o inventor do relé elétrico e o aperfeiçoador do eletroimã.

(a) Se i está crescendo, a taxa di/dt > 0, ε tem sinal negativa e de sentido oposto ao de i , fig.25.15(a); ao passo que,

(b) Se i está decrescendo a taxa di/dt < 0, ε tem sinal positiva e de sentido concordante com o de i, fig.25.15(b). [comparar com (1) e (2) de [2] do item 25.2.

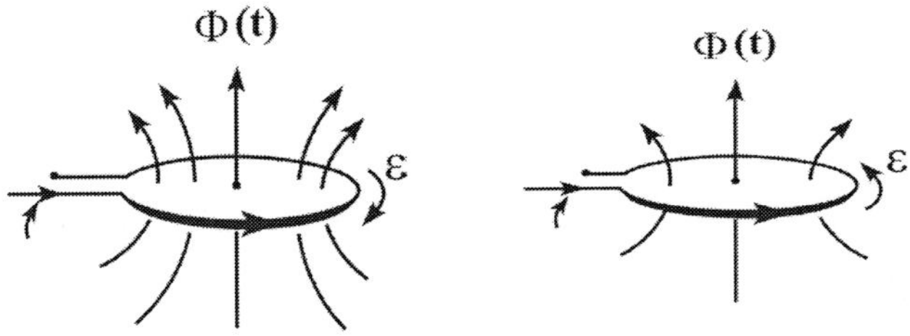

Fig.25.15 (a) Fig.25.15 (b)

Vejamos a autoindução do ponto de vista de Faraday: numa espira em que flui a corrente elétrica i no sentido indicado, fig.25.16, ela gera um fluxo magnético autoinduzido ou simplesmente autofluxo magnético, Φ(t), que é proporcional a mesma, ou seja,

$$\Phi(t) = L\, i \qquad (25.13b)$$

aqui novamente L é a indutância do indutor. Derivando temporalmente essa relação e introduzindo o sinal (–), temos,

$$-\frac{d\Phi}{dt} = -L\frac{di}{dt} \qquad (25.13c)$$

donde se pode concluir a definição alternativa para a fem-ai:

$$\varepsilon = -\frac{d\Phi}{dt} \qquad (25.13d)$$

que se identifica com a equação (25.13a). Assim sendo, podemos ver que a autoindução é um aspecto peculiar da indução eletromagnética geral.

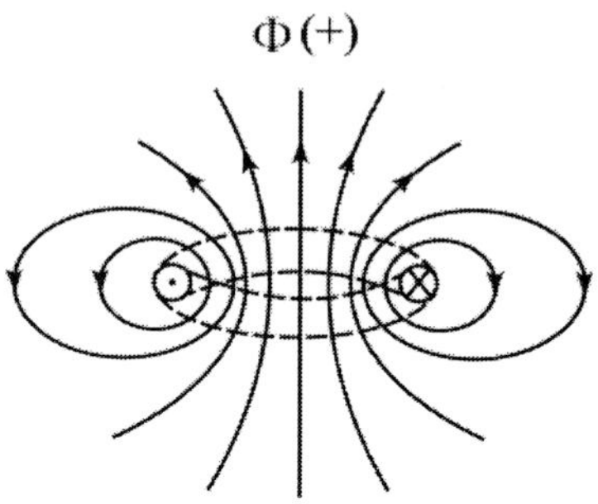

Fig.25.16

Conforme já vimos, uma espira ou uma bobina é um elemento passivo de um circuito elétrico, mas quando energizada, recebe o nome de autoindutor, ou simplesmente indutor, cuja corrente elétrica induzida gera o autofluxo magnético que é uma medida da densidade da energia eletromagnética armazenada no espaço privativo da espira ou bobina.

Em consonância com o item 18.2, ora repetimos a unidade SI da indutância L: o Henry, símbolo, H, dada em homenagem a Henry: 1H = 1V/(A/s) = Ω.s, com os submúltiplos mais usuais: o mili-Henry, $1mH = 10^{-3}H$ e o micro-Henry, $1\mu H = 10^{-6} H$. Dimensão: $| H | = L^2 M I^{-2} T^{-2}$. A equação (25.13b) sugere a definição alternativa de indutância como sendo, $L = \Phi/i$, que oferece a unidade SI, Weber/Ampère (Wb/A), daí a equivalência, 1 H = 1 Wb/A .

Se uma bobina é formada de N espiras iguais, a equação (25.13d) fica corrigida para,

$$\varepsilon = -N \frac{d\Phi}{dt} \qquad (25.13e)$$

Se temos um circuito elétrico rígido e estacionário, com a corrente elétrica variável no tempo, i = i(t), e o autofluxo magnético, Φ = Φ(i), então podemos fazer a derivação da função composta e após multiplicar o resultado por (–), de modo a termos,

$$-\frac{d\Phi}{dt} = \frac{d\Phi}{d\,i}\left(-\frac{di}{dt}\right) \qquad (25.13f)$$

comparando este resultado com a equação (25.13d), vemos que o 1º membro acima é a fem-ai, e o 1º fator do 2º membro é a indutância,

$$L = \frac{d\Phi}{di} \qquad (25.13g)$$

Deste modo que reencontramos a equação (25.13a), ora por via dedutiva,

$$\varepsilon = -L\,\frac{di}{dt}$$

Numa situação mais geral, com presença de material ferromagnético, L e i deixam de ser constantes, quando, então, a fem-ai assume a forma mais geral,

$$\varepsilon = -\frac{d}{dt}(L\,i) \qquad (25.13h)$$

Exemplo 25.5

Num indutor com a indutância de 0,20 H, a corrente elétrica varia de 5A para 1A , em 1/100 do segundo. Calcular a fem-ai nos terminais do indutor.

Por (25.13a), virá:

$$\varepsilon = -(0{,}20\ \mathrm{V{\cdot}s/A})\,\frac{(1-5)\ \mathrm{A}}{(^{1}/_{100} - 0)\mathrm{s}} = 80\ \mathrm{V}$$

onde as diferenciais foram adequadas aos incrementos.

Exemplo 25.6

Dado um solenoide toroidal com N espiras, área S e perímetro médio ℓ, percorrido pela corrente elétrica i , calcular a sua indutância.

Com base na equação (22.3b), podemos concluir que a indução magnética no interior do solenoide vale,

$$B = \mu_o \frac{Ni}{\ell}$$

O autofluxo magnético, Φ_1, que atravessa uma espira da área S, vale,

$$\Phi_1 = \mu_o \frac{N\,i\,S}{\ell}$$

E, por conseguinte, o autofluxo magnético total, será , $\Phi = N\Phi_1$, ou melhor,

$$\Phi = (\mu_o \frac{N^2 S}{\ell})\, i$$

E em face de (25.13b), podemos concluir que,

$$L = \mu_o \frac{N^2 S}{\ell} \qquad (25.14a)$$

fica evidenciado que a indutância depende da geometria do solenoide, e é proporcional ao quadrado do número de espiras.

Exemplo 25.7

Dado um cabo coaxial de raios respectivos a e b, fig.25.17, cuja corrente elétrica i é conduzida pelo condutor interno de raio a. Calcular a indutância.

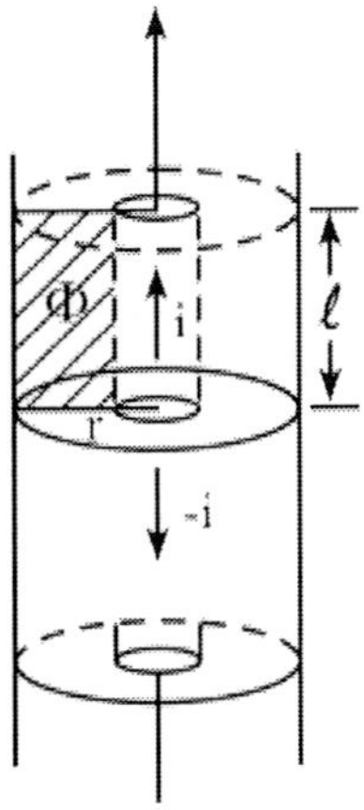

Fig.25.17

O fluxo magnético que atravessa a superfície, ϕ = constante, entre os dois condutores, será calculado conforme (25.1b), com **B** dado através de (22.7b) e d**S** = dr dz $\hat{\mathbf{e}}_\phi$, ou seja,

$$\Phi = \int_S \mathbf{B}\cdot d\mathbf{S} = \int_S \left(\frac{\mu_o\, i}{2\pi\, r}\, \hat{\mathbf{e}}_\phi\right) \cdot (dr\, dz\, \hat{\mathbf{e}}_\phi)$$

Considerando um trecho do cabo, de comprimento ℓ, temos,

$$\Phi = \frac{\mu_o}{2\pi}\, i \int_o^\ell \int_a^b \frac{dr\, dz}{r}$$

Donde,

$$\Phi = \left(\frac{\mu_o}{2\pi}\,\ell\,\ln\frac{b}{a}\right) i$$

E comparando com (25.13b) podemos concluir que,

$$L = \frac{\mu_o}{2\pi}\,\ell\,\ln\frac{b}{a} \qquad (25.14b)$$

[1] Princípio do Motor Elétrico

Consideremos um condutor móvel de comprimento ℓ e seção reta exígua, apoiado sobre dois outros fixos e paralelos ligados à bateria de fem, ε, compondo um circuito, imerso no campo de indução magnética, **B**, constante e uniforme, como no esquema da fig.25.18. Observa-se que, quando a bateria é ligada, o condutor móvel desloca-se espontaneamente à esquerda com velocidade crescente, por ação da força magnética, $F = i\,\ell\,B$, havendo necessidade de equilibrá-la com uma força resistente, para mantê-lo com velocidade constante, v, e surge no condutor móvel uma fem-ai que se oporá a fem da bateria, ou seja, ela atua como fcem.

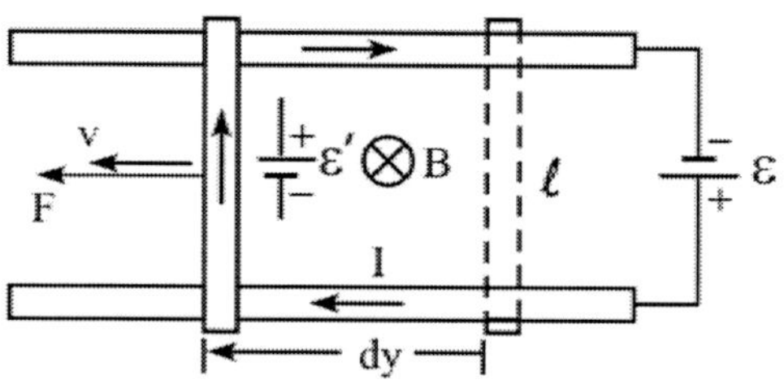

Fig.25.18

Por outra parte, quando o condutor móvel deslocar da distância dy, supondo desprezada qualquer perda, o campo de indução magnética realiza o trabalho motor elementar, $dW_{mec} = (i\,\ell\,B)\cdot dy = i\,d\Phi$, e no lapso de tempo dt, tem-se, $P_{mec} = P_{el} = i\,\ell\,B\,v$, ou seja, a potência elétrica fornecida é igual a potência mecânica consumida, em virtude do princípio da conservação da energia.

Concluindo: como o sistema converte energia elétrica em energia mecânica, ele funciona como um motor elétrico rudimentar.

[2] Energia Magnética num Indutor

Seja um indutor de indutância L, percorrido pela corrente elétrica i , que recebe energia elétrica na razão, $dW/dt = i\,V$, a qual armazena-se no seu interior como autofluxo magnético. Então, num dado instante tem-se a energia magnética, $dW_m = i\,(-\varepsilon)dt$, no interior do indutor; e tendo em conta (25.13a) podemos concluir que,

$$dW_m = L\,i\,di$$

assim como a energia magnética total armazenada,

$$W_m = L\int_o^i i\,di$$

$$W_m = \frac{1}{2}\,L\,i^2 \qquad (25.15a)$$

E alternativamente,

$$W_m = \frac{1}{2}\,i\,\Phi \qquad (25.15b)$$

É interessante observar que o resultado (25.15a) é semelhante ao da energia cinética de uma partícula em movimento, onde L i corresponde a análoga quantidade de movimento da partícula. Este requisito, em particular, faz com que a lei de Faraday seja símile da 2º lei de Newton, conforme podemos comparar:

$$\varepsilon = -\frac{d}{dt}(L\,i) \qquad \Leftrightarrow \qquad F = \frac{d}{dt}(mv)$$

[3] Energia Magnética em função de B

Para maior generalidade, seja o circuito elétrico da fig.25.19, no qual se tem a corrente elétrica i e o autofluxo magnético Φ gerado. Num ponto qualquer do circuito delineamos um anel de seção reta d**S** que concatena o autofluxo magnético elementar, dΦ, e armazena a autoenergia magnética, dW_m, dada por (25.15b),

$$d W_m = \frac{1}{2} i \, d\Phi \qquad (25.16a)$$

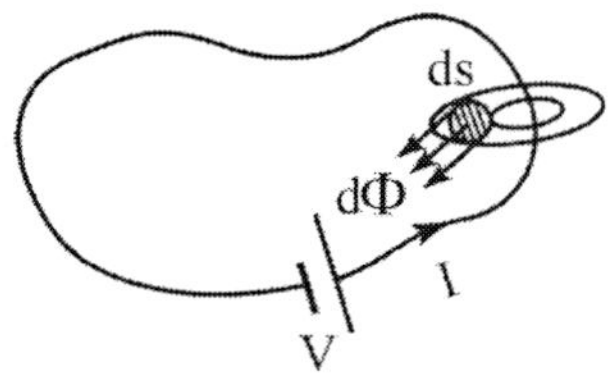

Fig.25.19

Expressando i pela lei circuital de Ampère e sendo dΦ = **B**.d**S**, a energia magnética armazenada em todo o circuito será dada pela integração sobre todo o espaço do autofluxo magnético ao longo do circuito, ou seja,

$$W_m = \frac{1}{2\mu_o} \oint_L \mathbf{B}\cdot d\mathbf{L} \int_S \mathbf{B}\cdot d\mathbf{S} \qquad (25.16b)$$

cujas integrais converte-se na integral de volume v:

$$W_m = \frac{1}{2\mu_o} \int_v B^2 \, dv \qquad (25.16d)$$

resultado que a energia magnética do circuito está associada ao quadrado da densidade de fluxo magnético. Por outro lado, definindo-se a densidade de energia magnética do circuito como, $dw_m = dW_m/dv$, virá,

$$w_m = \frac{1}{2\mu_o} B^2 \tag{25.16e}$$

E por ser, $B = \mu_o H$, também temos, alternativamente,

$$w_m = \frac{1}{2} HB \tag{25.16f}$$

A unidade SI de densidade de energia magnética é o Joule/metro³ (J/m^3).

Exemplo 25.6

O cabo coaxial do Exe.25.5 tem raios respectivos, a = 2 mm e b = 4 mm e é percorrido pela corrente elétrica de 15 A. Calcular a energia magnética por unidade de comprimento, armazenada no espaço entre os condutores.

Introduzindo (25.14b) em (25.15a), obtemos,

$$W_m/\ell = \frac{\mu_o i^2}{4\pi} \ln \frac{b}{a}$$

Substituindo os valores dados, virá,

$$W_m/\ell = \frac{4\pi x 10^{-7} H/m\ (15A)^2}{4\pi} \ln\left(\frac{4mm}{2mm}\right) \cong 1{,}56x10^{-5}\ J/m$$

25.6. Mútua Indução e Mútua Indutância

A fig.25.20(a) ilustra uma experiência de Faraday em que, fazendo a corrente elétrica variar, mediante chaveamento, observou a autoindutância na bobina 1, indutora, que se acopla magneticamente a bobina 2, induzida, e estabelece entre elas uma mútua indutância. E estava assim descoberto também o princípio do transformador, como veremos no item 27.5.

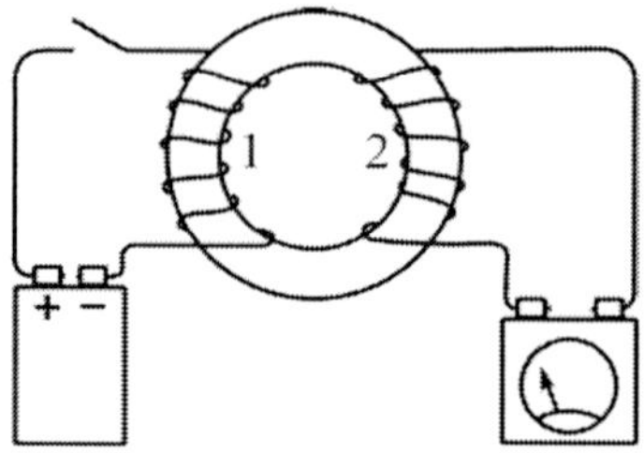

Fig.25.20 (a)

Na fig. 25.20(b) temos a situação simplificada em que a espira 1, indutora, estacionário, tem a corrente elétrica i_1 que origina o campo de indução B_1 que produz o autofluxo magnético $\Phi_{11} = L_1 i_1$; e estando na vizinhança dela a espira 2, com $i_2 = 0$, ao ser esta enlaçada por parte do autofluxo magnético da 1ª, denotado por Φ_{21}, na proporção L_{21}e da corrente elétrica i_1, ou seja,

$$\Phi_{21} = L_{21} i_1 \tag{25.17a}$$

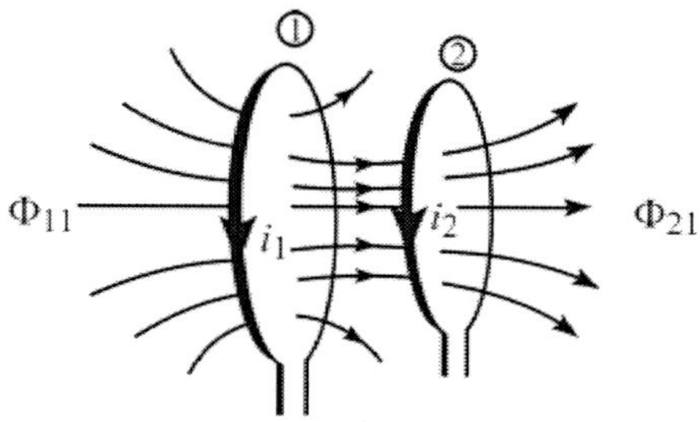

Fig.25.20 (b)

Convenciona-se que o 1º algarismo do subíndice refere-se ao efeito, e o 2º, a causa, de modo que lemos Φ_{21}: o fluxo magnético concatenado pela espira 2, devido ao autofluxo magnético da espira 1 ou simplesmente fluxo magnético mútuo 2-1. L_{21}, é chamado de coeficiente de mútua indutância ou indutância mútua e caracteriza a influência mútua entre as duas espiras que se acoplam magneticamente.

Observa-se que a medida que i_1 vai variando, o fluxo magnético mútuo, Φ_{21}, também varia, e na espira 2, aparecerá a fem-i-2, dada por,

$$\varepsilon_2 = -\frac{d\Phi_{12}}{dt} = -L_{21}\frac{d\,i_1}{dt} \qquad (25.17b)$$

Seja agora a situação em que a espira 2 conduz a corrente elétrica i_2 que produz o campo de indução magnética B_2 que determina o autofluxo magnético $\Phi_{12} = L_{12}\, i_2$, estando a espira 1 com $i_1 = 0$; por efeito, aparecerá na espira 1 o fluxo magnético mútuo, Φ_{12}, devido ao autofluxo magnético da espira 2, que vale,

$$\Phi_{12} = L_{12}\, i_2 \qquad (25.17c)$$

onde, igualmente, L_{12} é a indutância mútua na espira 1, devido a espira 2.

Como a variação de i_2 causa a variação do autofluxo magnético Φ_{12}, nos extremos da espira 1 aparecerá a fem-i-1, dada por,

$$\varepsilon_1 = -\frac{d\Phi_{21}}{dt} = -L_{12}\frac{d\,i_2}{dt} \qquad (25.17d)$$

A permuta dos índices nas duas situações sugere a simetria dos coeficientes de mútua indutância, e portanto, a igualdade entre eles, $L_{12} = L_{21}$. Mais adiante provaremos que $L_{ij} = L_{ji}$ e é usualmente anotada por M, de modo que a mútua indutância em tela pode ser definida como,

$$M = -\frac{\varepsilon_1}{di_2/dt} = -\frac{\varepsilon_2}{di_1/dt} \qquad (25.18a)$$

Obviamente, a unidade SI de mútua indutância continua sendo o Henry (H).

Se em lugar das duas espiras tivermos duas bobinas 1 e 2, com respectivamente, N_1 e N_2 espiras, o fluxo aumenta na proporção das espiras e a definição (25.17c) fica corrigida para,

$$N_2\,\Phi_{21} = L_{21}\, i_1 \qquad (25.18b)$$

e também,

$$N_1\,\Phi_{12} = L_{12}\,i_2 \qquad (25.18c)$$

Destas duas equações podemos concluir a definição alternativa de mútua indutância, como,

$$M = \frac{N_1\Phi_{12}}{i_2} = \frac{N_2\Phi_{21}}{i_1} \qquad (25.18d)$$

Daí decorre a unidade SI de mútua indutância é o Weber/Ampère (Wb/A), que equivale ao Henry (H).

Exemplo 25.8

Dados dois indutores 1 e 2 magneticamente acoplados, configurados por espiras simples. Quando no indutor 1 a corrente elétrica é 2 A, o indutor 2 concatena um fluxo magnético de 0,20 Wb. Achar a mútua indutância entre eles e determinar a fem-i no indutor 2, cuja corrente elétrica é interrompida após 1/50 do segundo.

Adequando (25.18d), temos:

$$M = \frac{0{,}20\ \text{Wb}}{2\ \text{A}} = 0{,}10\ \text{H}$$

E a fem-i, no indutor 2, por (25.17b), será,

$$\varepsilon_2 = -(0{,}10\ \text{V·s/A})\frac{(0-2)\text{A}}{1/50\ \text{s}} = 10\ \text{V}$$

[1] Coeficiente de Acoplamento

Para os dois indutores acoplados magneticamente ainda podemos expressar a mútua indutância em função das indutâncias próprias, como se segue: como vimos, a corrente elétrica i_1, na espira 1, produz o autofluxo magnético, Φ_{11}, cuja indutância vale,

$$L_1 = \frac{\Phi_{11}}{i_1}$$

Se a espira 2 é enlaçada pelo fluxo magnético, $\Phi_{21} = k_1\Phi_{11}$, onde k_1 é um número fracionário, então a mútua indutância relativa a espira 2, será ,

$$M_{21} = \frac{\Phi_{21}}{i_1} = \frac{k_1\Phi_{11}}{i_1}$$

E portanto,

$$M_{21} = k_1 L_1 \qquad (25.19a)$$

Com raciocínio análogo, também concluímos que,

$$M_{12} = k_2 L_2 \qquad (25.19b)$$

onde k_2 igualmente uma fração. Multiplicando ordenadamente estes dois últimos resultados e tendo em conta que, $M_{21} = M_{12} = M$, obtemos,

$$M^2 = k_1 k_2 L_1 L_2$$

Donde,

$$M = \pm\sqrt{k_1 k_2 L_1 L_2} \qquad (25.19c)$$

Pondo, $k = \pm\sqrt{k_1 k_2}$, que recebe o nome de coeficiente de acoplamento, e tem valor compreendido entre -1 e $+1$, virá finalmente,

$$M = k \sqrt{L_1 L_2} \tag{25.19d}$$

$k = 0{,}5$ é uma referência que assinala que os dois indutores estão fortemente acoplados. Na maioria dos casos, $k = 1$, e tem-se,

$$M = \sqrt{L_1 L_2} \tag{25.19e}$$

Exemplo 25.9

Dadas duas bobinas acopladas magneticamente, quando se faz passar uma corrente elétrica numa delas, 1/3 do fluxo magnético produzido é concatenado pela outra bobina; e quando se transporta uma corrente elétrica na 2ª bobina, 1/2 do fluxo magnético gerado é concatenado pela 1ª. Achar o coeficiente de acoplamento, tendo em conta que $L_1 = 18$ mH.

Designando as duas bobinas por 1 e 2, temos, para o 1º caso,

$$\Phi_{11} = 3\Phi_{21}$$

ou melhor,

$$\frac{\Phi_{21}}{\Phi_{11}} = \frac{1}{3}$$

Como, $\Phi_{11} = L_i\, i_1$ e $\Phi_{21} = M\, i_1$, segue-se que, $L_1 = 3$ M, e portanto,

$$M = \frac{L_1}{3} = \frac{18 \text{ mH}}{3} = 6 \text{ mH}$$

No 2º caso, $\Phi_{22} = 2\Phi_{12}$, e portanto,

$$\frac{\Phi_{12}}{\Phi_{22}} = \frac{1}{2}$$

E de igual forma, $L_2 = 2\ M = 2\ (6\ mH) = 12\ mH$. Então, de (25.19d), virá,

$$k = \frac{6\ mH}{\sqrt{(18mH)(12mH)}} \cong 0{,}408$$

[2] Associação de Indutores com Acoplamento

Complementando o item 18.2, vamos agora considerar a associação em série e em paralelo de indutores com acoplamento.

Sem perda de generalidade, sejam dois indutores de indutâncias respectivas, L_1 e L_2, associados em série, como na fig.25.21. O fluxo magnético total, Φ_S, será dado por,

$$\Phi_S = \Phi_{11} + \Phi_{22} \pm 2\Phi_M \qquad (25.20a)$$

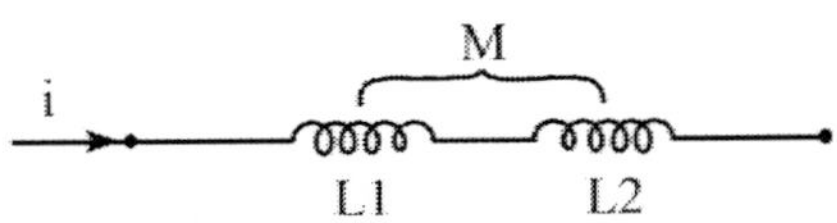

Fig.25.21

Sendo i a corrente elétrica comum, a expressão acima se converte em:

$$L_S\ i = L_1\ i + L_2\ i \pm 2\ M\ i \qquad (25.20b)$$

portanto,

$$L_S = L_1 + L_2 \pm 2\ M \qquad (25.20c)$$

Considerando agora os dois indutores associados em paralelo, fig.25.22, temos:

Indutor 1 : $\Phi_1 = \Phi_{11} + \Phi_{12}$

Indutor 2 : $\Phi_2 = \Phi_{22} + \Phi_{21}$

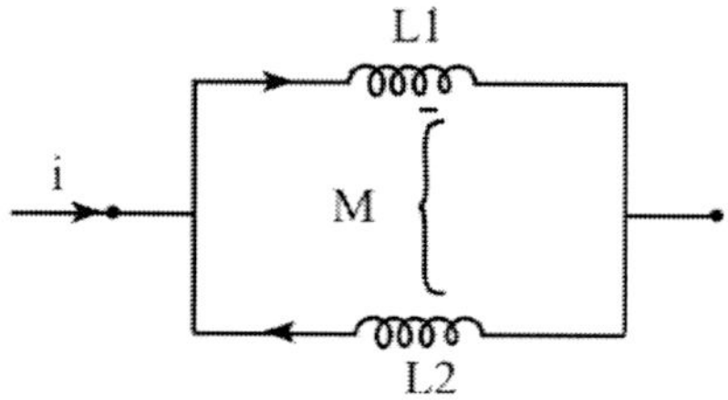

Fig.25.22

Como, $\Phi_{12} = \Phi_{21}$, e sendo tensão elétrica comum, $\varepsilon = -\varepsilon_1 = -\varepsilon_2$, teremos:

$$\varepsilon = L_1 \frac{d\,i_1}{dt} + M \frac{d\,i_2}{dt} \qquad (25.21a)$$

$$\varepsilon = L_2 \frac{d\,i_2}{dt} + M \frac{d\,i_1}{dt} \qquad (25.21b)$$

Resolvendo este sistema com relação a $d\,i_1/dt$ e $d\,i_2/dt$, obtemos:

$$\frac{d\,i_1}{dt} = \varepsilon \frac{L_2 - M}{L_1 L_2 - M^2} \qquad (1)$$

$$\frac{d\,i_2}{dt} = \varepsilon \frac{L_1 - M}{L_1 L_2 - M^2} \qquad (2)$$

Somando ordenadamente (1) e (2) e fazendo $d\,i/dt = d\,i_1/dt + di_2/dt$, virá,

$$\frac{d\,i}{dt} = \varepsilon\,\frac{L_1 + L_2 - 2\,M}{L_1\,L_2 - M^2} \qquad (3)$$

Definindo a indutância efetiva, como $L_{ef} = \varepsilon/di/dt$, temos finalmente,

$$L_{ef} = \frac{L_1\,L_2 - M^2}{L_1 + L_2 - 2\,M} \qquad (25.21c)$$

[3] Fórmula de Neumann

Como já vimos, a corrente elétrica i_1 na espira 1, cria a indução magnética $\mathbf{B}_1$, que pode ser entendido como gerado pelo potencial vetor $\mathbf{A}_1$. Por sua parte, a espira 2 concatena o fluxo magnético Φ_{21}, que vale,

$$\Phi_{21} = \int_{S2} \mathbf{B}_1 \cdot d\mathbf{S}_2 \qquad (25.22a)$$

onde S_2 é a área da espira 2. Então, introduzindo o potencial vetor $\mathbf{A}_1$ nesta expressão, virá,

$$\Phi_{21} = \int_{S2} (\nabla \mathbf{x} \mathbf{A}_1 \cdot d\mathbf{S}_2 \qquad (25.22b)$$

Recorrendo ao teorema de Stokes, podemos transformar a integral de superfície na integral de linha seguinte,

$$\Phi_{21} = \oint_2 \mathbf{A}_1 \cdot d\mathbf{l}_2 \qquad (25.22c)$$

ou explicitando o potencial vetor, como base em (23.13e),

$$\Phi_{21} = \int_2 \left(\frac{\mu_o}{4\pi}\, i_1 \int_1 \frac{d\mathbf{l}_1}{r}\right) \cdot d\mathbf{l}_2 \qquad (25.22d)$$

ou de forma mais conveniente,

$$\Phi_{21} = \left(\frac{\mu_o}{4\pi} \int_2 \int_1 \frac{d\mathbf{l}_1 . d\mathbf{l}_2}{r} \right) i_1 \quad (25.22e)$$

A expressão entre parênteses define indutância mútua e é conhecida como fórmula de Neumann, devido a John von Neumann (1903-1957), matemático húngaro, naturalizado norte-americano. Designando o 2º membro acima, por M_{21} o resultado em causa toma a forma ordinária,

$$\Phi_{21} = M_{21}\, i_1 \quad (25.22f)$$

De modo análogo, o fluxo magnético, Φ_{12}, concatenado pela espira 1, devido a corrente elétrica i_2, tem como indutância mútua,

$$M_{12} = \left(\frac{\mu_o}{4\pi} \int_1 \int_2 \frac{d\mathbf{l}_1 . d\mathbf{l}_2}{r} \right) \quad (25.22g)$$

E, portanto,

$$\Phi_{12} = M_{12}\, i_2 \quad (25.22i)$$

E como $M_{21} = M_{12} = M$, fica manifesta a simetria da indutância mútua nas bobinas.

[4] Energia Magnética em Indutores Acoplados

Sejam dois indutores, 1 e 2, de autoindutâncias L_1 e L_2, e indutância mútua, M, nos quais circulam as correntes elétricas estacionárias, respectivas, I_1 e I_2. A energia magnética, W_m, armazenada no sistema é dada por,

$$W_m = \frac{1}{2} L_1 I_1^2 + \frac{1}{2} L_2 I_2^2 + 2 M I_1 I_2 \quad (25.23a)$$

Convém adequar o 2º membro como se segue,

$$W_m = \frac{1}{2}(L_1 I_1 + M I_2) I_1 + \frac{1}{2}(L_2 I_2 + M I_1) I_2 \qquad (25.23b)$$

Como os termos entre parênteses são, respectivamente, os fluxos magnéticos, $\Phi_1 = \Phi_{11} + \Phi_{12}$ e $\Phi_2 = \Phi_{22} + \Phi_{21}$, podemos expressar o resultado acima na forma alternativa:

$$W_m = \frac{1}{2}\Phi_1 I_1 + \frac{1}{2}\Phi_2 I_2 \qquad (25.23c)$$

E generalizando,

$$W_m = \frac{1}{2}\sum_{j=1}^{n}\Phi_j I_j \qquad (25.23d)$$

25.7. Indutância Interna

Os indutores até agora tratados foram configurados por espiras ou bobinas de seções retas desprezíveis diante de seus comprimentos. Quando a seção reta de um condutor é significativa, a exemplo de um condutor cilíndrico maciço, tal como um fio grosso de cobre, além da indutância externa, como vimos aplicando, será levado em conta a indutância interna do mesmo, cuja soma de ambas será a indutância total.

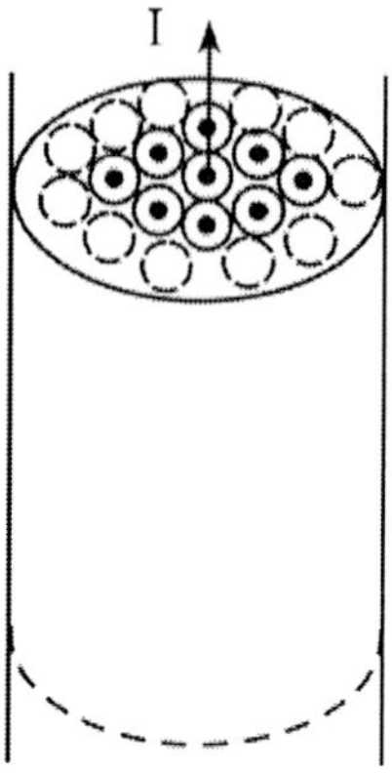

Fig.25.23 (a)

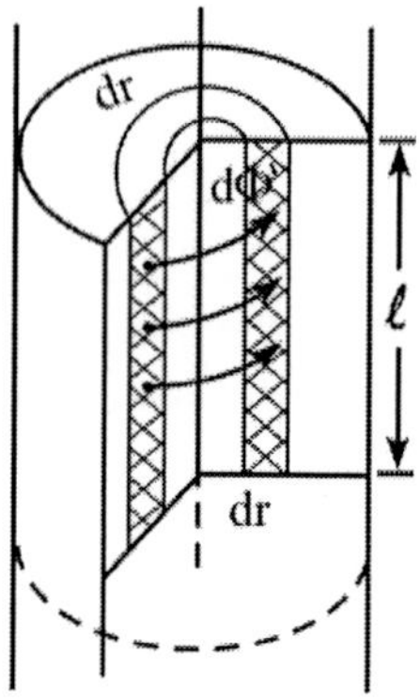

Fig.25.23 (b)

Seja um condutor cilíndrico, maciço, de seção reta $S = \pi a^2$, que transporta a corrente elétrica I, estacionária. Para efeito de cálculo, admite-se que essa corrente elétrica não se distribui uniformemente na referida seção, mas por filetes de corrente, paralelos entre si e ao longo do eixo do condutor, como na fig.25.23(a). Em consequência, o fluxo magnético dentro do condutor acha-se distribuído em camadas concêntricas, ao eixo do mesmo, estendendo-se ao exterior. Tomando-se uma dessas camadas de espessura dr e comprimento ℓ, fig.25.23(b), por ela passa a corrente elétrica, $I' = (\pi r^2/\pi a^2)I = (r^2/a^2)I$, que origina uma densidade de fluxo magnético, **B'**, e produz o elemento de fluxo magnético,

$$d\Phi' = \mathbf{B'} \cdot d\mathbf{S}$$

onde $d\mathbf{S} = dr\, \ell\, \hat{e}_\phi$. Com base em (22.6a), temos,

$$\mathbf{B'} = \frac{\mu\, r\, I'}{2\pi\, a^2}\, \hat{e}_\phi$$

Donde,

$$d\Phi' = \frac{\mu}{2\pi} I' \ell \frac{r\,dr}{a^2}$$

E substituindo I', virá,

$$d\Phi' = \frac{\mu I}{2\pi a^4} \ell\, r^3\, dr$$

Sendo o fluxo magnético total, $\Phi = \int d\Phi'$, virá,

$$\Phi = \frac{\mu I}{2\pi a^4} \ell \cdot \int_o^a r^3\, dr$$

E após a integração,

$$\Phi = \frac{\mu I}{8\pi} \ell$$

Designando a indutância interna por $L_i = \Phi/I$, segue-se que,

$$L_i = \left(\frac{\mu}{8\pi}\right) \ell \qquad (25.24a)$$

onde fica evidenciado que a indutância interna não depende do raio do condutor. Expressando a indutância interna por unidade de comprimento, virá,

$$L_i' = \frac{\mu}{8\pi} \qquad (25.24b)$$

Em particular, se o condutor for de cobre, $\mu_r = 1$ e $\mu \cong \mu_o = 4\pi x 10^{-7}$ H/m, e temos,

$$L_i' = 0{,}50 \times 10^{-7} \text{ H/m} \qquad (25.24c)$$

Este resultado é significativo porque indica que a indutância interna será levada em conta sempre que tiver um valor da ordem de 10^{-7}.

Capítulo 26
Momento Magnético e Torque

26.1. Momento Magnético

Seja uma espira plana de forma arbitrária, conduzindo a corrente elétrica I, conforme a fig.26.1. No seu interior assinalemos uma origem 0 , para servir de referência aos raios vetores, $\mathbf{r}_j$, bem como a orientação da área da espira, mediante o versor $\hat{e}_n$. Para cada elemento de corrente, Idl , tomado sobre a mesma, temos um momento magnético elementar, d**m** , definido como a área subentendida pelo arco dl , ou seja,

$$d\mathbf{m} = \frac{1}{2}\,\mathbf{r} \times I d\mathbf{l} \qquad (26.1a)$$

E o momento magnético total da espira será dado por,

$$\mathbf{m} = \tfrac{1}{2} \oint_{espira} \mathbf{r} \times I d\mathbf{l} \qquad (26.1b)$$

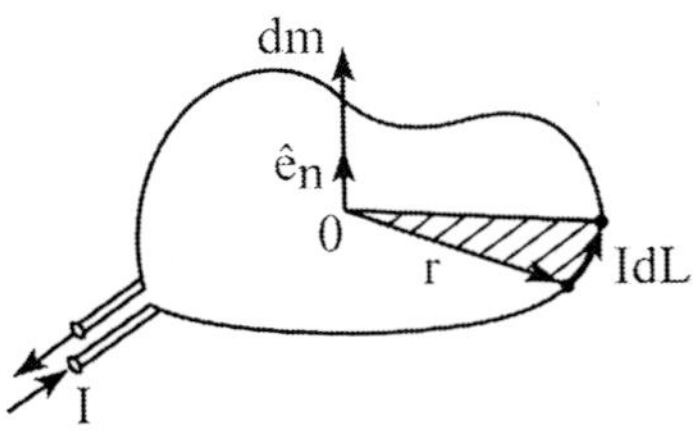

Fig.26.1

Para tornar mais expedita esta equação de definição, convém que façamos a seguinte manipulação matemática: $\mathbf{r} \times d\mathbf{l} = r\hat{e}_r \times dl\,\hat{e}_\phi = (rdl)\hat{e}_n$, onde a expressão entre parênteses representa o dobro da área do triângulo raiado. Por conseguinte, a integral proposta oferece o dobro da área da espira, 2S , e portanto, o momento magnético total , assume a forma simples:

$$\mathbf{m} = I\,S\,\hat{\mathbf{e}}_n \qquad (26.1c)$$

E como era de se esperar o vetor momento magnético não dependeu da origem arbitrada, tem a direção perpendicular ao plano da espira e o sentido definido pelo versor normal.

A unidade SI de momento magnético é o Ampère/metro^2, abrevia-se, A.m^2 . Dimensão $|\,m\,| = I\,L^2$.

Numa situação mais ampla que requeira o uso da densidade de corrente elétrica, $\mathbf{J}$, num volume v , a equação (26.1b), fica adaptada para,

$$\mathbf{m} = \frac{1}{2}\int_v \mathbf{r} \times \mathbf{J}\,dv \qquad (26.1d)$$

Vimos no exe.23.5 , que para pontos afastados de uma espira circular de raio a , a indução magnética tem as componentes dadas pelas equações (23.16b) e (23.16c), de modo que ora podemos reescrevê-las em termos de momento magnético, $m = I(\pi a^2)$, como se segue,

$$B_R = \frac{\mu_o}{4\pi}\frac{2m}{R^2}\cos\theta \qquad (26.2a)$$

$$B_\theta = \frac{\mu_o}{4\pi}\frac{m}{R^2}\,\mathrm{sen}\theta \qquad (26.2b)$$

Deste modo fica evidenciado a proporcionalidade existente entre **B** e **m** . É interessante notar que as expressões acima são análogas as estabelecidas para o campo elétrico de dipolos elétricos, consoante as equações (9.2a) e (9.2b).

Convém desde já colocarmos em destaque uma coincidência notável: para pontos afastados, as configurações de campos magnéticos de uma pequena espira circular conduzindo uma corrente elétrica e um pequeno ímã em forma de barra são indistinguiveis, fig.26.2(a) e (b). Isto sugere que os momentos magnéticos de ambos devam ser equivalentes, ou seja,

$$Q_m \ell = k I S \quad (26.3a)$$

onde k é o coeficiente de proporcionalidade a determinar.

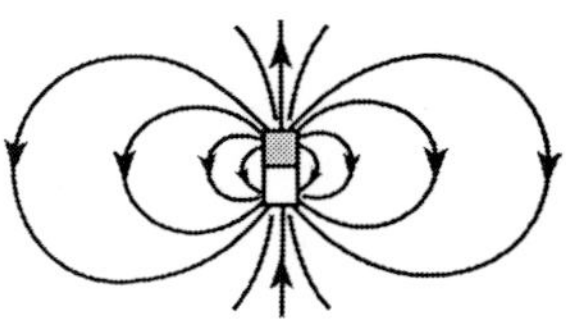

Fig.26.2(a)

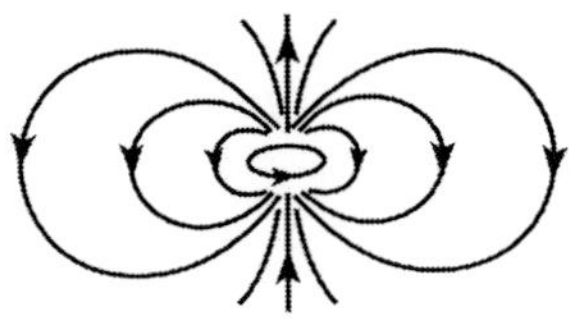

Fig.26.2(b)

Isto posto, fica estabelecida a perfeita equivalência entre um pequeno ímã e uma pequena espira que conduz corrente elétrica. Este ponto de vista é ilustrado na fig.26.3, onde a pequena espira orientada no sentido anti-horário, equivale ao ímã com polo norte acima da área da espira e momento magnético com sentido concorde com o do versor $\hat{e}_n$ que orienta a área da espira; obviamente, quando a corrente elétrica tiver sentido horário, tem-se a inversão do polo norte. Neste caso, espira e ímã serão indistintamente chamados de dipolos magnéticos. A equivalência em causa pode ser estendida para alguns casos especiais, por exemplo, um ímã de corpo cilíndrico é equivalente a um solenoide de mesma seção, assim como um ímã em forma de anel equivale a um toroide de mesma seção.

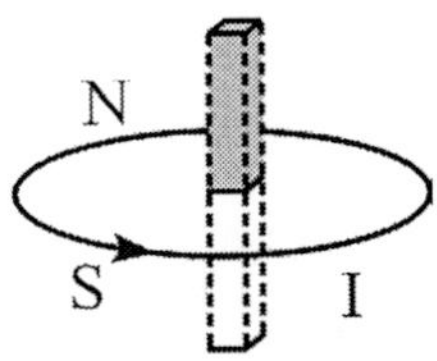

Fig.26.3

Como um ímã é um objeto sólido e uma espira é um pequeno circuito elétrico, persiste a questão de se saber se os campos magnéticos manifestados por ambos são de naturezas distintas. A resposta a esta questão, já abordada no item 1.4, é não. Ambos os campos magnéticos se manifestam externamente oriundos do mesmo princípio físico: a corrente elétrica, a qual tem em cada caso, um modo de existência peculiar: no ímã a ela é constituída por diminutos laços de corrente, que existem natural e perpetuamente no seio da matéria magnetizada, chamados de correntes amperianas ou de magnetização, ao passo que a corrente elétrica da espira, dito de condução, é provocada por um agente externo, não é criada.

Para melhor elucidar esse ponto de vista - que é o de Ampère - vamos considerar um ímã de forma cilíndrica, como o da fig.26.4 , em cuja seção reta são mostrados alguns laços de corrente, em circunvoluções. Observemos que cada dois laços de corrente contíguos estão em oposições, o que provoca a anulação de seus efeitos mútuos, exceto os que compõem a periferia, que se somam produzindo uma corrente amperiana equivalente, naquele contorno. Este raciocínio, estendido a todo o corpo cilíndrico do ímã, permite que consideremos a superfície lateral mesmo como portando uma corrente elétrica amperiana total, a guisa de uma helicoidal de espiras muito unidas, e portanto, equivalente a um solenoide, como já aludimos acima.

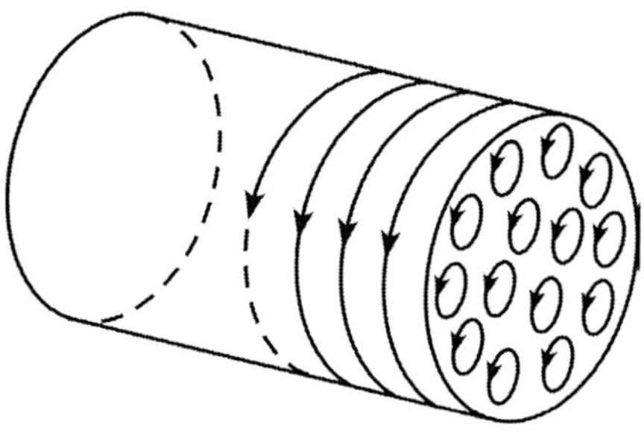

Fig.26.4

26.2. Momento Magnético do Elétron

Em 1921, Otto Stern (1888-1969), físico alemão naturalizado norte-americano, obteve a confirmação experimental da quantização espacial do átomo, quando observou um feixe de moléculas, que deixou escapar por um pequeno orifício do recipiente que as continha para uma região de alto vácuo onde existia um campo magnético. As moléculas não se chocaram entre si , mas seguiram em linha reta como diminutos ímãs, apesar do feixe ter carga elétrica nula.

A quantização espacial do átomo é consequente da quantização das órbitas dos elétrons, postulada por Bohr, as quais, por sua vez, estão associadas a momentos magnéticos orbitais .

Como já vimos, ex.15.3 , o elétron orbital do átomo de hidrogênio, modelo de Bohr, pode ser assimilado a um laço de corrente, I_e ,que é dado por:

$$I_e = \frac{-e}{T} = -\frac{ev}{2\pi a_o}$$

onde a_o é o raio do átomo e v a velocidade periférica do elétron.

O momento magnético orbital do elétron é $\mu_L = I_e$ S, onde $S = \pi a_0^2$; substituindo I_e, temos

$$\mu_L = I_e S = -\frac{e\, v\, a_o}{2} \qquad (26.4a)$$

E sendo o momento angular do elétron, $L = m_e v\ a_o$, podemos concluir vetorialmente, que,

$$\mu_L = -\frac{e}{2m_e}\mathbf{L} \qquad (26.4b)$$

onde o sinal (-) indica que os vetores μ_L e **L** são diametralmente opostos fig.26.5.

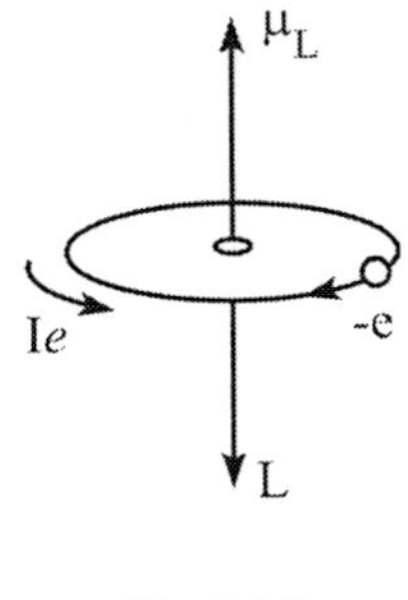

Fig.26.5

Por sua parte, na Mecânica quântica, o momento angular, L, é dado em termos do número quântico azimutal, l, cujo módulo é dado por,

$$L = \sqrt{\ell(\ell+1)}\,\hbar$$

onde ℓ tem valores inteiros, $\ell = 0,1,2,3,...,(n-1)$; e $\hbar = h/2\pi = 1{,}054\,57 \times 10^{-34}$ J.s , sendo h a constante de Planck. Em particular, a componente z do momento angular é $L_z = m_l\,\hbar$, com $m_l = -\ell, -(\ell-1), \ldots, \ell$.

Prosseguindo na linha experimental de Stern, em 1925 , os físicos holandeses naturalizados norte-americanos, Eugenne Uhlenbeck (1900-) e Samuel Abrahan Goudsmit (1902-) postularam que o elétron deveria girar em torno do seu próprio eixo, a guisa de um pião, chamando essa propriedade de spin eletrônico, símbolo **S** , que deve produzir uma corrente amperiana, a fim de justificar a presença de um campo de indução magnética adicional, $\mathbf{B}_S$. Ao spin está associado o momento magnético de spin, símbolo μ_S , definido por,

$$\mu_S = -\frac{e}{2m_e}\, g\, \mathbf{S} \qquad (26.4c)$$

onde g é o fator giromagnético e vale 2 para o elétron; o spin, **S** , tem módulo S e quantização dada por,

$$S = \sqrt{s(s+1)}\,\hbar$$

de igual forma, para a componente Z , $S_z = \pm \frac{1}{2}\hbar$.

Com vimos, o elétron fora concebido como uma diminuta esfera de raio da ordem de 10^{-15} m , cuja rotação da carga elétrica própria produz um campo magnético adicional, $\mathbf{B}_S$, assimilando o elétron a um diminuto dipolo magnético (imã permanente), cujo momento magnético de spin é antiparalelo ao eixo de rotação do elétron, como assinalado nas fig.26.6(a) e (b).

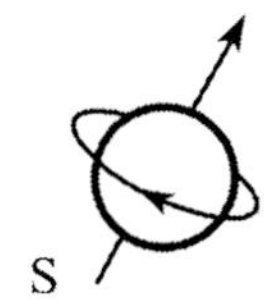

Fig.26.6(a)

Fig.26.6(b)

Os resultados (26.4b) e (26.4c), obviamente, podem ser reunidos, compondo a interação spin-órbita, também chamado de acoplamento **L-S** , de momento magnético total,

$$\mu_{LS} = -\frac{e}{2m_e}(\mathbf{L} + \mathbf{S}) \qquad (26.5a)$$

Costuma-se designar $e\hbar/2m_e = \mu_B$, que recebe o nome de magneton de Bohr e vale, $\mu_B = 9{,}2740\text{x}10^{-24}$ J/T . Introduzindo esse valor no resultado acima, virá,

$$\mu_{LS} = -\frac{\mu_B}{\hbar}(\mathbf{L} + \mathbf{S}) \qquad (26.5b)$$

Esta equação, assim como as anteriores são válidas para o próton, bastando nelas fazermos as substituições pertinentes.

26.3. Torque e Energia Potencial Magnética

O momento de uma força magnética ou torque magnético, segue a mesma definição dada no item 9.3, ora adequado ao caso magnético, como o produto vetorial do vetor do ponto de aplicação da força, **r** , pela força magnética, **F**, ou seja,

$$\mu = \mathbf{r} \text{ x } \mathbf{F} \qquad (26.6a)$$

de módulo,

$$\tau = r\,F\,\text{sen}\theta \tag{26.6b}$$

direção, perpendicular ao plano determinado por **r x F** e sentido dado pelo parafuso de rosca direita. Como no caso eletrostático, o torque aparece como resposta ao campo de indução magnética aplicado. Obviamente, a unidade SI de τ é o m.N .

[1] Ímã num Campo de Indução Magnética

Seja um pequeno ímã de comprimento ℓ e intensidade de pplos magnéticos, $+Q_m$ e $-Q_m$, colocado num campo de indução magnética, uniforme, **B**, fig.26.7, diante do qual o campo próprio do ímã pode ser negligenciado. Nessa situação o ímã fica submetido ao binário, +**F** , - **F**, de módulo comum, $F = (Q_m H) = Q_m B/\mu_o$, que tende a alinhá-lo com a direção do campo, cujo torque em relação ao centro do ímã é dado por ,

$$\tau = (Q_m/\mu_o)\,\ell B\,\text{sen}\theta$$

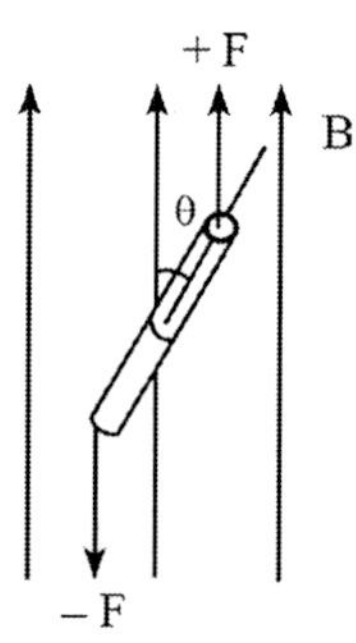

Fig.26.6(a)

E pondo $(Q_m/\mu_o)\,\ell = m$, virá,

$$\tau = m\,B\,\text{sen}\theta \tag{26.6c}$$

ou, vetorialmente,

$$\boldsymbol{\tau} = \mathbf{m} \times \mathbf{B} \tag{26.6d}$$

cujo sentido é dado pela regra da mão direita ou do parafuso de rosca direita. Notemos que, quando $\theta = 0$, tem-se $\tau = 0$, caso em que **m** e **B** são paralelos; e quando $\theta = \pi/2$, o torque é máximo, e aqueles vetores são mutuamente perpendiculares, caso em que $\tau = m\,B$. Podemos daí também tirar o valor da indução magnética,

$$B = \frac{\tau}{m} \tag{26.6e}$$

onde aqui, também temos justificada a unidade, T = N/A.m .

Como no caso eletrostático, se o ímã desloca de $d\theta$, o campo de indução magnética realiza o trabalho elementar $dW_m = -\,dU = \tau\, d\theta$; convindo tomar como referência do potencial zero, $\theta = \pi/2$, virá a energia potencial magnética total,

$$U = \int_{\pi/2}^{\theta} m\,B\,\text{sen}\theta\, d\theta$$

donde,

$$U = -\,m\,B\cos\theta \tag{26.6f}$$

E, portanto,

$$U = -\,\mathbf{m}\cdot\mathbf{B} \tag{26.6g}$$

resultado este análogo à equação (9.5d); cabe aqui também igual análise: quando, $\theta = 0°$, tem-se, $U_{min} = -\,m\,B$, e os vetores **m** e **B** são paralelos; e quando, $\theta = \pi$, tem-se, $U_{max} = +\,mB$, e os referidos vetores são antiparalelos

[2] Laço de Corrente num Campo de Indução Magnética

Seja uma pequena espira circular com a corrente elétrica I , representando um laço de corrente de momento de dipolo magnético, **m** ; quando o mesmo é colocado no campo de indução magnética **B**, uniforme, com posição instantânea dada na fig.26.8, tem-se sobre o laço de corrente, o torque ,

$$\tau = (IS)\,\hat{\mathbf{e}}_n \times \mathbf{B} \tag{26.7a}$$

de módulo,

$$\tau = IS\,B\,\text{sen}\,\theta \qquad (26.7b)$$

direção perpendicular ao plano $\hat{\mathbf{e}}_n$ **x B** e sentido do parafuso de rosca direita.

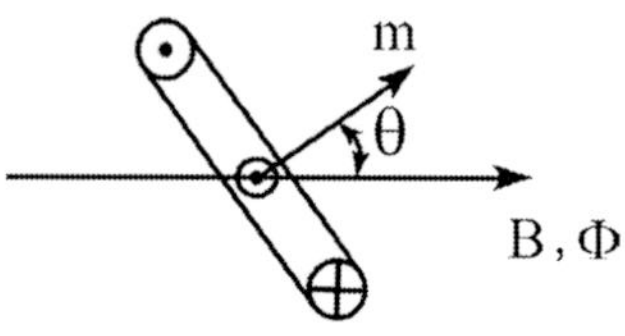

Fig.26.8

Para o laço de corrente igualmente são válidas as mesmas considerações sobre a energia potencial magnética, $- dU = \tau\, d\theta$, que conduz a equação (26.6g); e em particular, $\tau = -\partial U / \partial\theta = -\, ISB \cos\theta = -\, I\Phi$.

Para uma bobina com N espiras iguais, a expressão (26.7b) fica corrigida para,

$$\tau = NI\,S\,B\,\text{sen}\theta \qquad (26.7c)$$

Neste caso, também temos, $dW_m = \tau\, d\theta = -\, NI\, d\Phi$, e o trabalho total,

$$W_m = NI\,(\Phi_f - \Phi_i) \qquad (26.7d)$$

Exemplo 26.1

Seja um espira circular de área S , corrente elétrica I , num campo de indução magnética, uniforme, **B**. Indicar as situações em que ela concatena máximo e mínimo fluxo magnético. Calcular o torque, para os valores numéricos: $I = 10$ A , $S = 25\pi.10^{-4}$ m^2, $B = 0{,}4$ Wb/m^2 e $\theta = \pi/4$, bem como o trabalho que o campo realiza para deslocar a espira de $\pi/4$ para $\pi/6$.

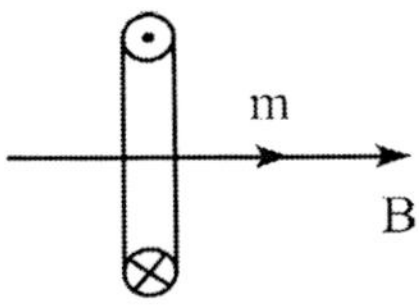

Fig.26.9 (a)

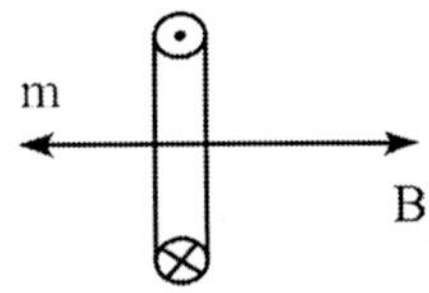

Fig.26.9 (b)

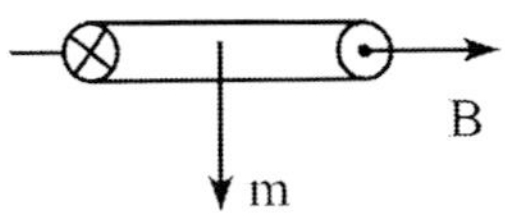

Fig.26.9 (c)

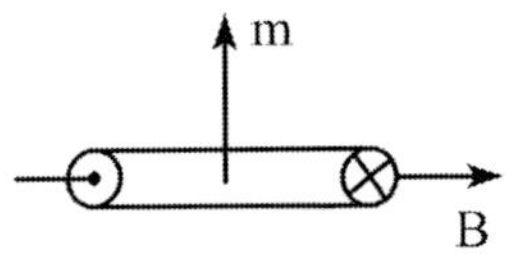

Fig.26.9 (d)

A espira concatena o máximo fluxo magnético quando a sua área é perpendicular às linhas de indução magnética, isto é, quando, $\theta = 0$ ou $\theta = \pi$, que corresponde às situações das fig.26.9(a) e (b); e concatena zero fluxo magnético, quando o plano da sua área é paralelo às mesmas, ou seja, quando $\theta = \pm\,\pi/2$, correspondem às disposições dadas nas fig.26.9(c) a (d).

Para os valores numéricos dados, teremos o módulo do torque,

$$\tau = (10\text{A})(25\pi.10^{-4}\text{m}^2)(0{,}4\ \text{Wb/m}^2)\text{sen}\ \pi/4\ \cong 2{,}22.10^{-22}\ \text{m N}$$

E o trabalho,

$$W = (10\text{A})[(0{,}4\text{Wb/m}^2)(25\pi.10^{-4}\text{m}^2)[\cos\pi/6 - \cos\pi/4]$$

$$W \cong 4{,}99\text{x}10^{-3}\ \text{J}$$

Para uma espira plana de forma arbitrária, nas condições precedentes, também vale a equação (26.7a) e demais decorrentes, bastando imaginá-la como uma malha de pequenas espiras que conduzem a mesma corrente elétrica, fig.26.10, onde cada uma delas tem o momento magnético, i dS $\hat{e}_n$, e torque, $d\tau =$ (IdS) $\hat{e}_n$ **x B**. Como laços de correntes opostos se anulam, o contorno de área S conduzirá a corrente elétrica I e terá o torque total, $\tau =$ (IS) $\hat{e}_n$ **x B** .

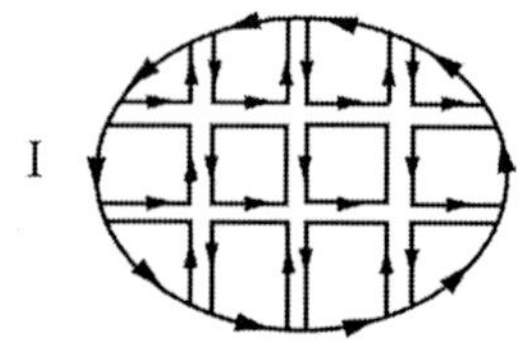

Fig.26.10

[3] Princípio do Funcionamento do Motor Elétrico de CC

Seja uma espira retangular de área, $S = \ell \times b$, conduzindo a corrente elétrica I , colocada num campo de indução magnética, uniforme, **B** , onde o quadro da espira pode girar em torno do eixo X'X . Determinar o torque a que a espira fica sujeita.

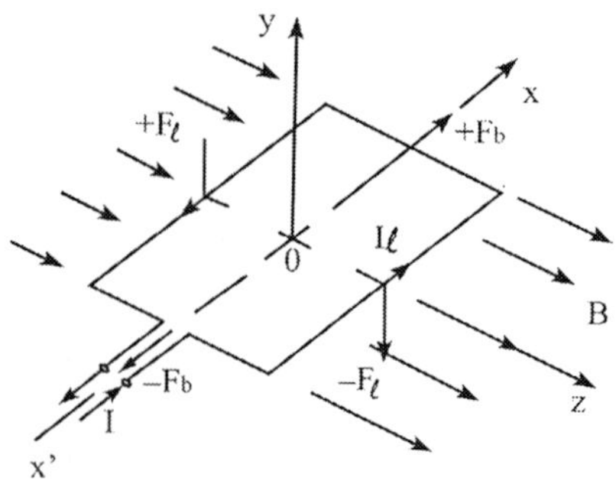

Fig.26.10

Inicialmente admitamos que a espira retangular esteja na sua posição instável, fig.26.11(a); e conforme vimos, as forças magnéticas estão distribuídas sobre o contorno da espira, que vale, para cada elemento de corrente, $d\mathbf{F} = Id\ell \times \mathbf{B}$. Em cada lado da espira podemos considerar uma resultante aplicada no ponto médio dele. É fácil ver que para os lados de menor dimensão, b , paralelos a **B** o conjugado $\pm F_b$, não produz torque porque suas direções são colineares com a do eixo de rotação, e os seus efeitos são de apenas tracionar ou comprimir o quadro da espira; para os lados de maior dimensão, ℓ , temos, $\pm \mathbf{F}_\ell = \pm I\ell B\,\hat{\mathbf{e}}_y$, as quais produzem o torque,

$$\tau = \left(\frac{b}{2}\right)(-\hat{e}_z) \text{ x } I\ell\, B\hat{e}_y + \left(\frac{b}{2}\right)\hat{e}_z \text{ x } I\ell\, B(-\hat{e}_y) = I(b\ell)B\, \hat{e}_x$$

e pondo $S = \ell\, b$ e $IS = m$, podemos concluir que,

$$\tau = m\, B\, \hat{e}_x$$

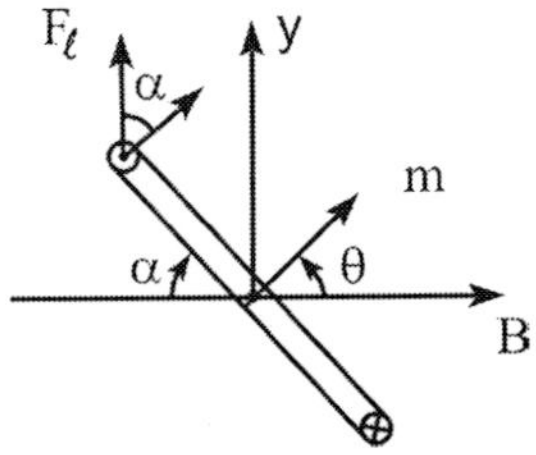

Fig.26.11 (b)

Para um deslocamento α de S em relação ao eixo X'X , a força F_ℓ tem componente normal, $I\ell B \cos \alpha = I\ell B \cos (\pi/2 - \theta) = I\ell B \operatorname{sen}\theta$, fig.26.11(b); e sendo θ o ângulo entre **m** e **B** , o torque , τ = **m x B** , tem módulo,

$$\tau = m\, B \operatorname{sen}\theta$$

É fácil ver que para $\tau = 0$, o quadro da espira tem um ponto de equilíbrio instável, $\theta = \pi$, e outro de equilíbrio estável para $\theta = 0$, quando ele tende a parar.

Na entrada do quadro da espira instala-se um comutador, constituído de dois semianéis de cobre, fig.26.11(c), que giram com ele e que deslizam sobre duas escovas de grafite, fixas. Com este recurso, no instante em que o quadro executa meio ciclo e atinge uma posição de equilíbrio estável, o comutador inverte o sentido da corrente elétrica, e por inércia, ela completa a volta, instante em que o comutador novamente inverte o sentido de I , fazendo com que o quadro passe a executar mais meio ciclo; nesse processo de comutação, a cada volta completa a corrente elétrica é invertida duas vezes, estabelecendo-se assim, um movimento contínuo do quadro da espira. Este é o princípio do motor elétrico de corrente contínua.

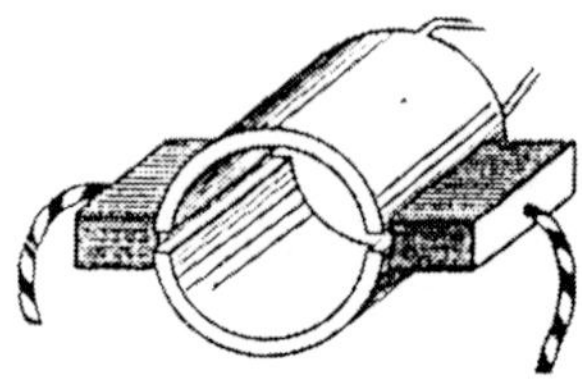

Fig.26.11 (c)

No motor elétrico de automóvel, por exemplo, tem-se o quadro de bobinas alojadas nas ranhuras de um núcleo cilíndrico de material ferromagnético, chamado de rotor, fig.26.12 , onde o comutador tem dois conjuntos de seções opostas, cuja metade superior funciona como polo sul e a metade inferior, como polo norte, que forma o rotor gira com velocidade angular constante, dentro de uma parte fixa, o stator, que detém um campo magnético constante.

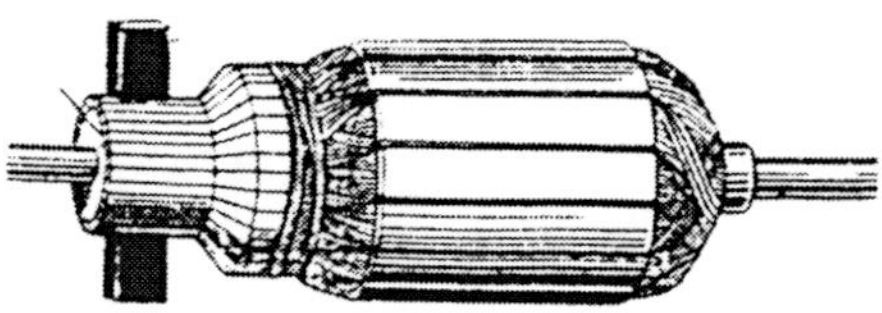

Fig.26.12

[4] Átomo num Campo de Indução Magnética

Analisemos o comportamento do átomo de hidrogênio, modelo de Bohr, submetido a um campo de indução magnética, uniforme, **B** .

Como vimos, o elétron orbital cria um campo magnético próprio, ao qual está associado um momento magnético orbital, μ_L . Ignorando o efeito de spin, a interação entre os campos **B** e do elétron, faz com que este passe a se movimentar em precessão (sem mudar o raio de órbita), descrevendo uma superfície cônica em torno da direção de **B**, cujo torque vale,

$$\tau = \mu_L \times \mathbf{B} \qquad (26.8a)$$

A precessão de μ_L é ilustrada na fig.26.13, par $\mathbf{B} = \mathbf{B}_z$. Explicitando μ_L , virá,

$$\tau = -\frac{e}{2m_e}\,\mathbf{L} \times \mathbf{B} \qquad (26.8b)$$

ou também,

$$\tau = \frac{e}{2m_e}\,\mathbf{B} \times \mathbf{L} \qquad (26.8c)$$

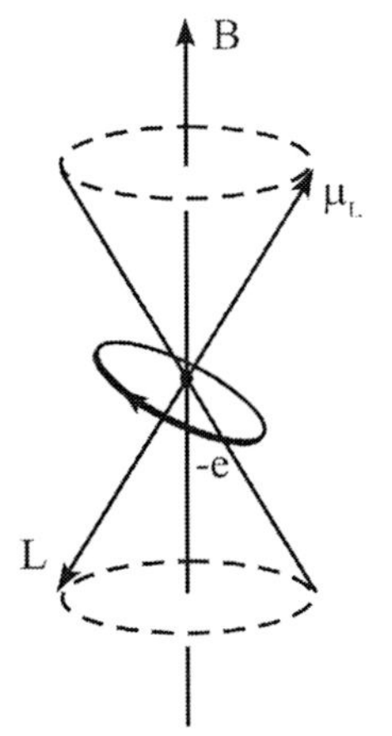

Fig.26.13

Como se pode verificar, o 1º fator acima tem dimensão de s^{-1}, e é identificado como a frequência angular, ω , de translação do elétron, de modo que,

$$\tau = \omega \times \mathbf{L} \qquad (26.8d)$$

Por sua parte, a energia potencial magnética de orientação é dada por,

$$U = -\mu_L \cdot \mathbf{B} \qquad (26.9a)$$

e como já vimos, é mínima quando μ_L e **B** são paralelos e máxima quando eles são antiparalelos. O resultado supra também pode ser expresso por,

$$U = \omega \cdot L \tag{26.9b}$$

26.4. Magnetização

O conceito de laço de corrente equivalente a um dipolo magnético, pode perfeitamente ser estendido ao nível microscópico, onde encontramos laços de correntes atômicas ou moleculares que igualmente equivalem a diminutos dipolos magnéticos que são associados a momentos de dipolos magnéticos.

O efeito coletivo de um grande número desses momentos de dipolos magnéticos contidos num ponto da matéria magnetizável é mensurado pelo vetor magnetização, $\mathbf{M}$, definido de forma análoga a estabelecida para o vetor polarização magnética: num volume elementar Δv que contém determinada quantidade de momento (médio) de dipolo magnético, $\sum \mathbf{m}_j = \Delta\mathbf{m}$, tem-se,

$$\mathbf{M} = \lim_{\Delta v \to 0} \frac{\Delta \mathbf{m}}{\Delta v} = \frac{d\mathbf{m}}{dv} \tag{26.10a}$$

Também, tomando no referido ponto, a densidade numérica, n , de moléculas ou átomos, que contribuem com o momento (médio) de dipolo magnético, $\mathbf{m}$, a magnetização é definida de modo alternativo como,

$$\mathbf{M} = n\,\mathbf{m} \tag{26.10b}$$

A unidade SI de magnetização é o Ampère.metro^2/metro^3 = Ampère/metro (A/m). Dimensão: $|\mathbf{M}| = I\,L^{-1}$. Comparando (26.10b) com (21.5b) podemos concluir que a magnetização difere da polarização magnética pelo fator μ_o, donde a equivalência, $\mathbf{P}_m = \mu_o \mathbf{M}$.

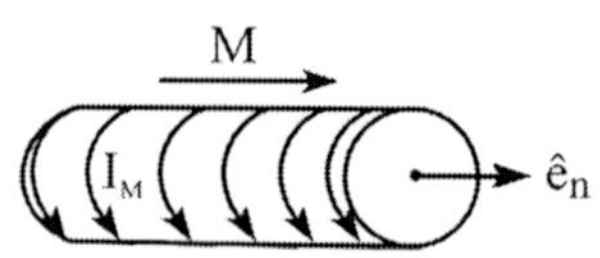

Fig.26.13

Para um material magnetizado de corpo cilíndrico, comprimento ℓ e base S , fig.26.14, com a corrente de magnetização da superfície, I_M, a magnetização será dada por,

$$M = \frac{\Sigma m_j}{S\,\ell} = \frac{S\,I_M}{S\,\ell}$$

$$\mathbf{M} = \frac{I_M}{\ell}\,\hat{\mathbf{e}}_n \qquad (26.10c)$$

onde o sentido de $\hat{\mathbf{e}}_n$ é o da saída da base do cilindro. Deste exemplo particular já podemos tirar uma consequência importante: como no volume do cilindro não há correntes amperianas ou magnetização de desequilibradas, o efeito do meio magnético é dado pela corrente de magnetização superficial , I_M, ou mais propriamente, pela densidade de corrente superficial, $I_M/\ell = J_{SM}$, que corresponde a magnetização, donde

$$\mathbf{J}_{SM} = \mathbf{M} \times \hat{\mathbf{e}}_S \qquad (26.10d)$$

onde êS é versor normal a superfície do cilindro. Para uma densidade de corrente volumétrica, JvM, tem-se,

$$\mathbf{J}_{vM} = \text{rot}\,\mathbf{M} \qquad (26.10e)$$

Sendo S a seção transversal do cilindro magnetizado, e tendo em conta que a soma dos momentos magnéticos das correntes amperianas, internas, é igual ao momento magnético da densidade de corrente da superfície, temos, **JSM S = M S** e, por conseguinte,

$$J_{SM} = M \qquad (26.10f)$$

A lei circuital de Ampère, dada pela equação (23.2b) tendo I como corrente de condução, ora pode ser generalizada com a inclusão da corrente de magnetização I_M , ou seja,

$$\oint_C \mathbf{B} \cdot d\mathbf{L} = \mu_o (I + I_M) \tag{26.11a}$$

conforme previsto em (23.2d).

E como $I_M = \mathbf{M} \cdot d\mathbf{L}$, podemos concluir que,

$$\oint_C \left(\frac{1}{\mu_o} \mathbf{B} - \mathbf{M}\right) \cdot d\mathbf{L} = I \tag{26.11b}$$

O integrando é o campo de magnético total, **H** , que ora fica definido por,

$$\mathbf{H} = \frac{1}{\mu_o} \mathbf{B} - \mathbf{M} \tag{26.12a}$$

com a representação dos vetores dada na fig.26.15; daí temos também a lei circuital de Ampère, $\oint_c \mathbf{H} \cdot d\mathbf{L} = I$, consoante a equação (22.4a). Da equação de definição (26.12a), podemos também concluir que,

$$\mathbf{B} = \mu_o (\mathbf{H} + \mathbf{M}) \tag{26.12b}$$

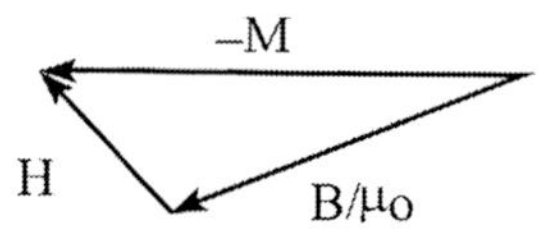

Fig.26.15

Como ficou assente na equação (25.3b), a condição de **B** não ter fontes ou sumidouros é que $\mathbf{B} \cdot d\mathbf{S} = 0$. Mas em virtude de (26.11a) , considera-se que I e I_M são sumidouros e de **B** e sem fontes, enquanto que I é sumidouro de **H** , a exemplo do solenoide. Da substituição de **B** nessa equação, podemos concluir que,

$$\oint_S \mathbf{H} \cdot d\mathbf{S} = - \oint_S \mathbf{M} \cdot d\mathbf{S} \tag{26.12c}$$

faculta a seguinte interpretação: num bastão magnetizado assim como num ímã, **H** tem origem ou fonte onde **M** termina ou que este é o sumidouro daquele e vice-versa, regiões estas que são polos magnéticos do ímã ; e como internamente, **H** = -**M** , segue-se que as respectivas linhas de força magnética são opostas.

Exemplo 26.2.

Dado um cilindro maciço de comprimento ℓ, representativo de uma amostra de um material homogêneo que não apresenta magnetismo, e o enrolamos com um fio condutor, compondo um solenoide de N voltas (para quem ele passa a ser um núcleo), como na fig.26.16. Fazendo passar a corrente elétrica I, no embobinamento, calcular **B** , definido pela equação (26.12b) .

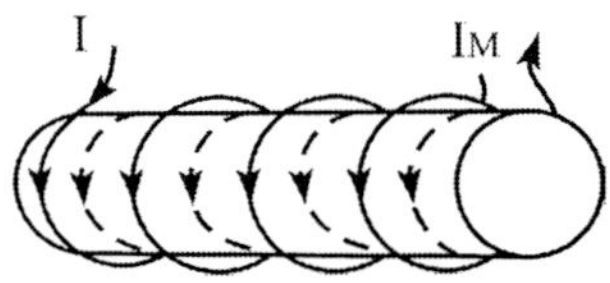

Fig.26.16

A corrente elétrica I no solenoide provoca a indução magnética, **B** , que por sua parte induz a magnetização de todo o cilindro, dando lugar ao aparecimento da corrente de magnetização superficial, I_M , no mesmo, e portanto, temos:

$$\mathbf{B}\cdot d\ell = \mu_o (NI + I_M) \tag{26.12d}$$

Sendo **B** uniforme, a integral se reduz a B ℓ , e portanto,

$$\frac{1}{\mu_o} B = \frac{NI}{\ell} + \frac{I_M}{\ell}$$

No 2º membro identificamos, $H = NI/\ell$ e $M = I_M/\ell$, e então virá,

$$\frac{1}{\mu_o}\mathbf{B} = \mathbf{H} + \mathbf{M} \qquad (26.12e)$$

Donde,

$$\mathbf{B} = \mu_o (\mathbf{H} + \mathbf{M})$$

26.5. Propriedades Magnéticas da Matéria

Como já vimos preliminarmente, item 21.3, o magnetismo é uma propriedade geral da matéria e tem sede no elétron que se comporta como um diminuto ímã natural.

Com exceção do ímã natural e dos materiais chamados ferromagnéticos, que exibem magnetismo permanente, outros materiais magnetizáveis não manifestam efeito magnético macroscópico porque seus dipolos magnéticos estão orientados ao acaso ou perdem a propriedade magnética quando da formação de suas estruturas moleculares. Não obstante, uma substância pode manifestar magnetismo induzido, quando submetida a ação de um campo magnético externo, apresentando um comportamento típico chamado de diamagnetismo ou exibir outro oposto, denominado de paramagnetismo, a seguir estudados, com a ressalva de que o aprofundamento do assunto pertence ao domínio da mecânica quântica.

[1] Diamagnetismo

É um fato conhecido que Faraday descobriu que um bastão de bismuto é repelido por qualquer dos polos de um ímã de campo magnético não uniforme; ou, quando ele era colocado mum campo magnético uniforme, posicionava-se transversalmente às linhas de força magnética, fig.26.17. Faraday chamou de diamagnéticas as substâncias que se comportavam da mesma forma que o bismuto.

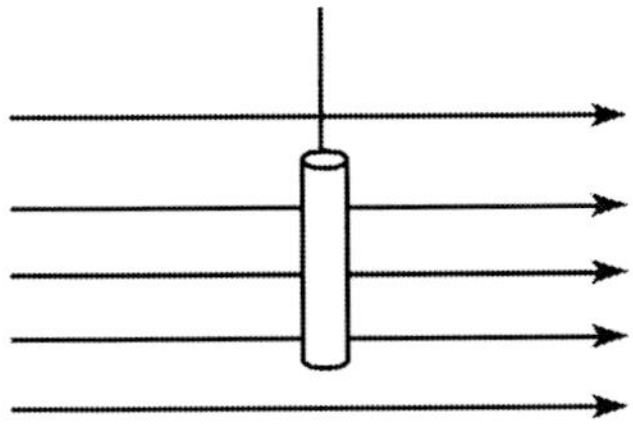

Fig.26.17

O diamagnetismo tem origem na interação dos elétrons orbitais do átomo com um campo magnético externo, dando origem ao aparecimento de um magnetismo induzido que tende a debilitar o campo magnético aplicado. No diamagnético predomina o momento de dipolo magnético orbital (o efeito do momento magnético de spin, neste caso, é desprezado), e como o fenômeno ocorre a nível atômico, não depende da temperatura, sendo uma propriedade geral da matéria megnetizável.

Quando um átomo tem suas camadas eletrônicas completas os seus elétrons tendem a ficar emparelhados dois a dois, como ímãs, colocados lado a lado, formando um circuito magnético fechado, cujos momentos magnéticos orbitais são antiparalelos e o átomo tem $\sum \mathbf{m}_j = 0$. No entanto, quando um campo de indução magnética externo, invade as órbitas eletrônicas, cada uma delas concatena um fluxo magnético, cuja variação da corrente amperiana, gera uma indução magnética, $\mathbf{B}_d$, dito desmagnetizante, oposto ao campo aplicado, $\mathbf{B}$, que causa a precessão da órbita, e que momento de dipolo magnético induzido, tem o mesmo sentido do campo desmagmetizante.

Seja uma amostra de uma substância diamagnética, exposta ao campo de indução magnética, $\mathbf{B}$. Designando por B_m a indução magnética (média) interna da amostra, temos, em módulo,

$$B_m = B - B_d \qquad (26.13a)$$

Dividindo ordenadamente por B , virá,

$$\frac{B_m}{B} = 1 + \left(- \frac{B_d}{B}\right) \qquad (26.13b)$$

onde o 1º membro define a permeabilidade relativa, $\mu_r = \mu/\mu_o = B_m/B$, sendo μ a permeabilidade do meio magnetizado. Como $B_m < B$, então, $\mu < \mu_o$; e portanto, para as substâncias diamagnéticas, tem-se $\mu_r < 1$.

[2] Suscetibilidade Magnética

Por sua vez, a relação acima, $(-B_d/B)$, é uma quantidade negativa e adimensional, denominada de suscetibilidade magnética, χ_m, definida de forma análoga a suscetibilidade elétrica, como,

$$\chi_m = \frac{B_d}{B} \qquad (26.14a)$$

Como $B_d = \mu_o M$ e $B = \mu_o H$, resulta que,

$$\chi_m = \frac{M}{H} \qquad (26.14b)$$

Donde resulta a relação vetorial,

$$\mathbf{M} = \chi_m \mathbf{H} \qquad (26.14c)$$

A proporcionalidade entre **M** e **H** foi obtida inicialmente por via experimental e vale para um grande grupo de substâncias, sob a hipótese de serem homogêneas, isotrópicas e lineares. Para as substâncias diamagnéticas, retomando a equação (26.13b), podemos concluir que,

$$\mu_r = 1 + \chi_m \qquad (26.15a)$$

E portanto,

$$\chi_m = \mu_r - 1 \qquad (26.15b)$$

Como $\mu_r < 1$, tem-se para o diamagnetismo, χ_m, negativo, sendo esta uma característica das substâncias diamagnéticas. Na tabela 26.1 estão relacionadas algumas substâncias diamagnéticas com suas respectivas suscetibilidades magnéticas.

Substância diamagnética	Suscetibilidade magnética X_m
Bismuto	$-1{,}67 \times 10^{-5}$
Cobre	$-0{,}98 \times 10^{-5}$
Diamante	$-2{,}2 \times 10^{-5}$
Grafite	$-4{,}5 \times 10^{-5}$
Mercúrio	$-3{,}2 \times 10^{-5}$
Ouro	$-3{,}6 \times 10^{-5}$
Prata	$-2{,}6 \times 10^{-5}$
Sódio	$-0{,}24 \times 10^{-5}$
Zinco	$-0{,}20 \times 10^{-5}$
Água	$-0{,}91 \times 10^{-5}$
Hidrogênio	$-0{,}21 \times 10^{-8}$
Nitrogênio	$-0{,}50 \times 10^{-8}$

Exemplo 26.3

Analisar o comportamento microscópico de uma sustância diamagnética, tendo em conta as forças agentes num elétron orbital e calcular o momento magnético orbital do átomo e a suscetibilidade magnética da substância.

Num átomo da substância diamagnética um elétron orbital descreverá a trajetória circular, de raio a_o, com a velocidade angular, ω_o. Sobre ele atua a força elétrica $\mathbf{F}_e$, que convém ser expressa com os parâmetros do movimento,

$$F_e = m_e\, \omega_o^2\, a_o$$

Quando a amostra da substância diamagnética é submetida a uma indução magnética uniforme e constante, o movimento orbital do elétron é perturbado, a sua velocidade angular muda para ω (m_e e a_o permanecem invariáveis) e a órbita precessa (efeito de distorção). Sobre o elétron age uma força magnética adicional, $\mathbf{F}_m = -e\mathbf{v} \times \mathbf{B}_m$, que juntamente com a força centrípeta , $\mathbf{F}_e$, oferece a resultante, de módulo,

$$m_e \omega^2 a_o = m_e \omega_o^2 a_o \mp e\, v\, B_m$$

onde a introdução do sinal duplo no 2º membro significar que, $\mathbf{F}_e$ e $\mathbf{F}_m$ terão sentidos concordantes ou opostos dependendo dos sentidos de ω_o e $\mathbf{B}_m$,como na fig.26.18(a) e (b). Ademais. sendo $v = \omega a_o$, a equação acima fica reescrita como,

$$m_e(\omega^2 - \omega_o^2) = \mp e\, \omega\, B_m$$

E segue-se daí,

$$(\omega + \omega_o)(\omega - \omega_o) = \mp \frac{e}{m_e} \omega B_m$$

Considerando que a variação da velocidade angular é pequena, $\Delta\omega = \omega - \omega_o$, é lícito tomar-se $\omega + \omega_o = 2\omega$; e após a devida simplificação, concluímos que,

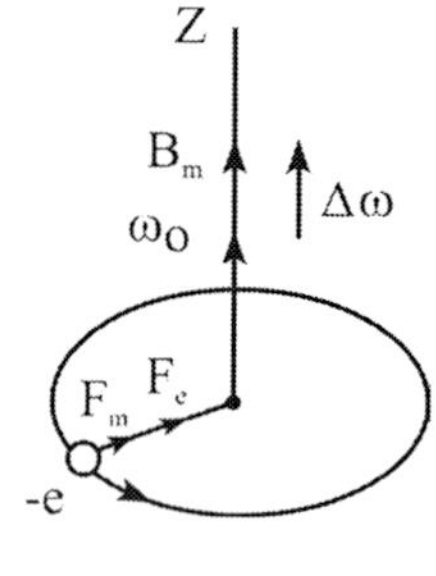

Fig.26.18(a)

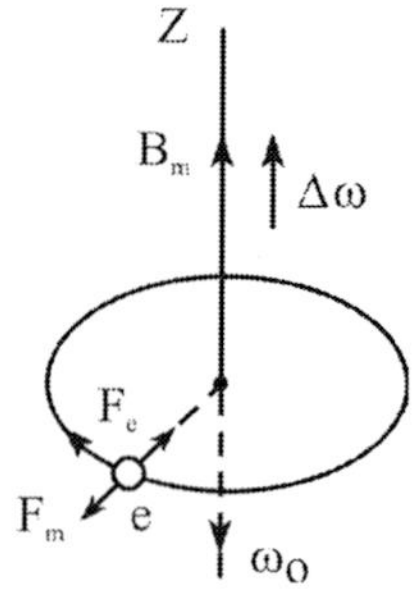

Fig.26.18(b)

$$\Delta\omega = \mp \frac{e}{2m_e} B_m \tag{26.16a}$$

O 2º membro é chamado usualmente de frequência de Larmor, de cuja equação podemos destacar duas possibilidades:

$$\omega_1 = \omega_o - \frac{e}{2m_e} B_m \tag{26.16b}$$

quando a velocidade angular diminui juntamente com o momento angular orbital; e quando a velocidade angular aumenta juntamente com o momento angular orbital,

$$\omega_2 = \omega_o + \frac{e}{2m_e} B_m \tag{26.16c}$$

A variação da frequência angular pode ser traduzida em ternos da corrente I_e associada ao elétron, que é dada por,

$$I_e = - e \frac{\Delta\omega}{2\pi} \tag{26.16d}$$

com a qual podemos definir o momento magnético orbital, de módulo,

$$\mu_L = - \frac{e^2 a_o^2}{4m_e} B_m \tag{26.17a}$$

Para estender o resultado a todo o átomo, designemos por r_j a projeção de a_o, como a distância do núcleo ao j-ésimo elétron do átomo, e o valor médio de a_o^2, que anota-se por $<a_o^2>$ que vale $2/3 < r_1^2 >$, o momento magnético orbital do elétron , virá dado por,

$$\mu_L = -\frac{e^2 B_m}{6m_e} < r_1^2 > \qquad (26.17b)$$

E o momento magnético orbital do átomo com Z elétrons, dado por,

$$\mu_L = -\frac{e^2 B_m}{6m_e} \sum_{j=1}^{Z} < r_j^2 > \qquad (26.17c)$$

Por ser a magnetização $M = n\,\mu_L$, virá,

$$M = -\frac{n\,e^2 B_m}{6m_e} \sum_{j-1}^{Z} < r_j^2 > \qquad (26.18a)$$

Portanto, podemos concluir que a suscetibilidade magnética vale,

$$\chi_m = -\frac{n\,e^2 \mu_o}{6\,m_e} \sum_{j=1}^{z} < r_j^2 > \qquad (26.18b)$$

É fácil verificar que a ordem de grandeza de χ_m é 10^{-5}, bastando substituir na expressão, acima, os valores indicados e tomar $n = 10^{28}$ átomos/metro^3 e $r_j = 10^{-10}$ m .

[3] Paramagnetismo

Fazendo o teste de uma amostra de uma substância em bastão, colocada entre os polos de um ímã, se ele se posiciona ao longo das linhas de força magnética, como na fig.26.19 , ela é identificada como uma substância paramagnética. As substâncias paramagnéticas dependem da temperatura, devido a agitação térmica atômica ou molecular reinante, cuja energia cinética debilita parte da energia potencial magnética de interação, fazendo com que a magnetização induzida resultante não seja completa.

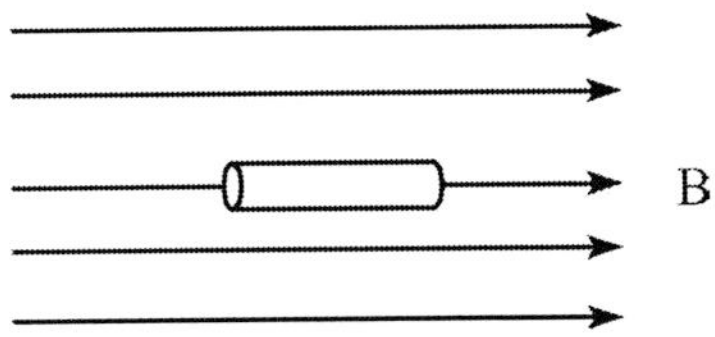

Fig.26.19

Do ponto de vista microscópico, cada átomo da substância paramagnética tem uma camada eletrônica incompleta, e por consequência, apresenta um momento de dipolo magnético de spin, permanente. Quando ela é submetida a uma indução magnética, **B**, seus momentos de dipolo magnético intrínsecos tomam a orientar com o campo aplicado, criando uma indução magnética $\mathbf{B}_m$, adicional.

Designando por m_o é o momento magnético intrínseco permanente de um átomo ou molécula, a magnetização **M** resulta proporcional ao produto $n\mu_S^2\mathbf{B}$ e inversamente proporcional à temperatura absoluta, T , ou seja,

$$\mathbf{M} = \frac{n\,\mu_S^2}{3kT}\,\mathbf{B} \qquad (26.19a)$$

onde $k = 1{,}380\,658\times10^{-23}$ J/°K , é a constante de Boltzmann. Daí, podemos concluir que a suscetibilidade magnética vale,

$$\chi_m = \frac{n\,\mu_S^2}{3kT}\,\mu_o \qquad (26.19b)$$

que é positiva para as substâncias paramagnéticas. Também, usando o mesmo procedimento anterior, com o fato novo de que $B_m > B$ ou $\mu_r > 1$, encontramos, $\mu_r = 1 + \chi_m$, donde,

$$\chi_m = \mu_r - 1 \qquad (26.19c)$$

que indica que, $\chi_m > 0$, condição esta característica das substâncias paramagnéticas.

A tabela 26.2 reúne algumas substâncias paramagnéticas (que podem ser sólidas, líquidas ou gasosas) e as suas respectivas suscetibilidades magnéticas. Obviamente, dada a permeabilidade relativa da substância, a suscetibilidade pode ser imediatamente obtida com o concurso de (26.19c).

Tabela.26.2

Substâncias paramagnéticas	Suscetibilidade magnética X_m
Alumínio	$2{,}3 \times 10^{-5}$
Mgnésio	$1{,}2 \times 10^{-5}$
Oxigênio (latm)	$0{,}21 \times 10^{-5}$
Platina	$2{,}6 \times 10^{-5}$
Titânio	$7{,}06 \times 10^{-5}$
Tungstênio	$6{,}80 \times 10^{-5}$
Cloreto de Gadolíneo	$276{,}0 \times 10^{-5}$

[4] Ferromagnetismo

As substâncias ferromagnéticas são sólidos cristalinos que possuem magnetização espontânea, na ausência de campo magnético externo. Essa magnetização pode manifestar-se macroscopicamente, como na magnetita, ou não, caso em que dizemos que a amostra apresenta-se desmagnetizada.

Do ponto de vista microscópico o ferromagnetismo decorre da interação de troca de spins eletrônicos dos átomos que se alinham paralelamente como diminutos imãs, criando, no seio da substância, pequenas células polarizadas chamadas de domínios magnéticos ou de Weiss, em homenagem ao físico francês, Pierre Weiss (....-....), que propôs a teoria dos domínios. Cada domínio ferromagnético encontra-se naturalmente saturado e agrega em média, de 10^{15} a 10^{20} átomos ou moléculas por mm^3, detendo, portanto, um campo magnético interno significativo. A magnetização de um domínio é orientada segundo um dos os eixos do cristal (há seis possibilidades) e cada um deles é separado do vizinho por uma interface ou parede de cerca de 5,0 nm. Na fig.26.20 ilustramos os domínios de uma amostra ferromagnética, cujo vetor magnetização, indicado pela seta →, vai do polo sul ao polo norte, e como ela apresenta magnetização total nula, dizemos que a mesma está não magnetizada.

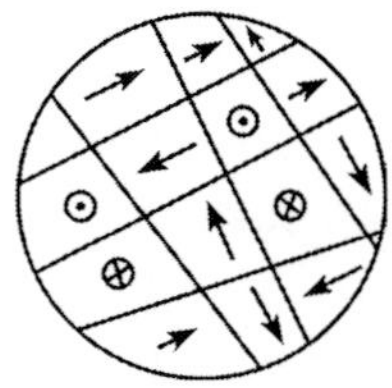

Fig.26.20

Consideremos um espécime representado pelos seus domínios, fig.26.21(a). Submetendo-o a ação de um campo magnético externo, os domínios sofrem modificações de orientação e de tamanho que dependem da intensidade de campo aplicado. Se o campo magnético é fraco, um domínio pode aumentar de tamanho em detrimento da diminuição dos outros, deslocando suas interfaces, fig.26.21(b); se o campo é moderado, os domínios giram de até 180°, alinhando-se com o eixo do cristal que tem a direção do campo, fig.26.21(c); e finalmente, se o campo é forte, os domínios alinham-se com o campo aplicado, fig.26.21(d), atingido um estado de máxima saturação magnética. Se retirado o campo, o espécime manifestar o efeito de ímã, dizemos que ele foi magnetizado permanentemente. É interessante observar que submetendo a amostra a um choque mecânico ou adicionando-lhe calor, ela desmagnetiza-se, já que os seus domínios perdem o alinhamento recebido.

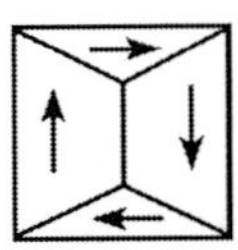

Fig.26.21 (a)

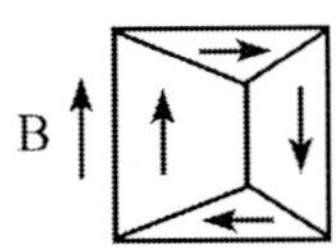

Fig.26.21 (b)

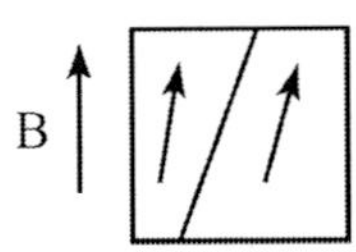

Fig.26.21 (c)

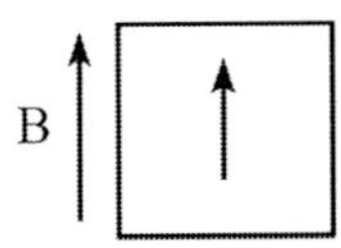

Fig.26.21 (d)

[5] Não Linearidade de B e H

Os materiais ferromagnéticos apresentam permeabilidade magnética variável, e por consequência, a relação entre as grandezas **B** e **H** deixa de ser linear, o que implica que o conhecimento da magnetização dum material ferromagnético passa a ser dado por via experimental, tomando-se B = B(H), a exemplo da curva magnetização típica de uma amostra de aço-silício, esboçada na fig.26.22 , onde o ponto A é o limite de saturação. Outra consequência é que a permeabilidade relativa passa a ser função do campo magnetizante, $\mu_r = \mu(H)$, cuja curva experimental típica, para H de 0 a 500 (A/m) é mostrada na fig.26.23. Note-se também que a permeabilidade relativa e a suscetibilidade alcançam valores bastante elevados em confronto com a unidade (até 10^5) .

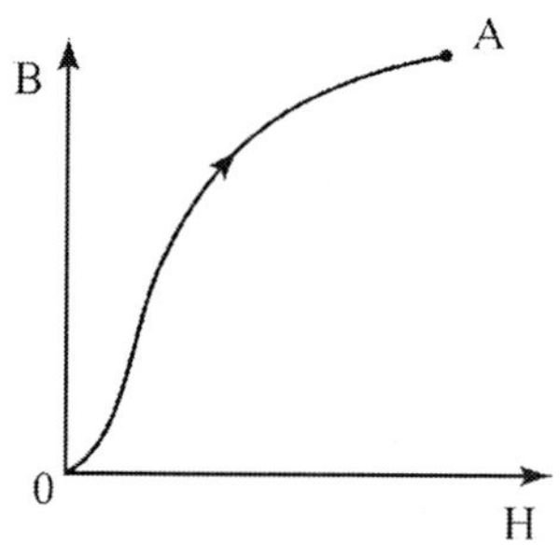

Fig.26.22

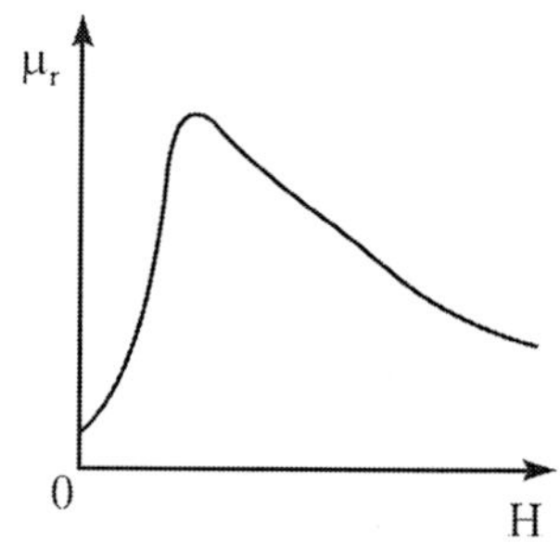

Fig.26.23

[6] Histerese Magnética

Uma amostra de um material ferromagnético, quando submetido à ação de um campo magnético externo, variável, **H** , apresenta magnetização que depende do seu estado magnético anterior, aspecto este denominado de histerese (do grego, atrasar), porque no processo de desmagnetização a densidade de fluxo magnético, **B** , fica em atraso em relação a **H** . Como aludimos acima, tomando-se B em função de H , obtém-se a curva de magnetização, cujo ciclo completo é chamado de histerese.

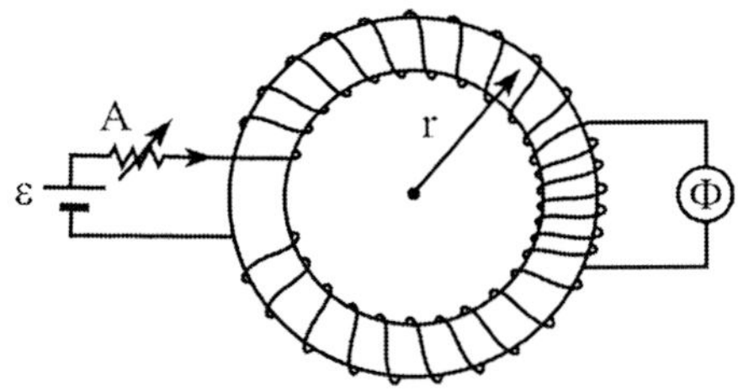

Fig.26.24

Para efeito de exemplo, vamos considerar um espécime, inicialmente desmagnetizado, representado por um núcleo de ferro de um tiroide, como o anel de Rowland, que se utilizou dele como recurso para medição de fluxo magnético, fig.26.24 , e vamos submetê-lo ao campo magnético variável, **H** , ora chamado de campo magnetiizante, gerado pela corrente elétrica dito magnetizante. Fazendo H variar de zero até um valor máximo, H_m, resultam os valores correspondentes para **B** , de zero a B_m , com os quais traça-se a curva de magnetização inicial também chamada de curva de saturação, com limite no ponto A , fig.26.25 , e o espécime fica magnetizado. Tentando-se reverter o processo, faz-se H decrescer de H_m até o valor zero, e surpreendentemente não se consegue anular a magnetização criada, porque mesmo quando H = 0, tem-se $B = B_r$, chamado de retentividade, que é uma magnetização residual ou remanescente, locada no ponto R e significa o atraso de **B** em relação a **H** , trecho AR. Para anular a densidade de fluxo magnético residual, necessário se torna que o campo magnético continue crescente no sentido oposto (isto se consegue com a inversão do sentido da corrente elétrica magnetizante), até que ele alcance o valor - H , chamado de força coercitiva ou coercitividade, que torna B = 0 , no ponto C' , ficando o espécime então desmagnetizado. Prosseguindo-se com o aumento gradual de **H** , em valor absoluto, obtém-se o ponto A' , simétrico de A , onde se tem os valores, - H e - B_m , e o espécime fica novamente magnetizado, no sentido oposto. A partir daí o processo de magnetização pode ser revertido, fazendo-se o valor absoluto de H decrescer até zero, no ponto R' , onde tem-se nova retentatividade, - B . Daí por diante, para os valores crescentes de H, tem-se no ponto C , nova coercitividade, H_r , e o ciclo se completa com o fechamento da curva ARC'A'R'CA , conforme indicada na fig.26.25, que é o ciclo de histerese do espécime.

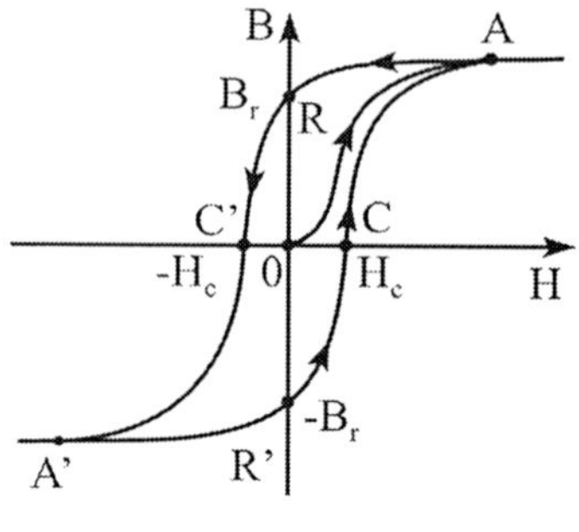

Fig.26.25

Devemos notar que durante a etapa de magnetização, o espécime recebe energia magnética, e na desmagnetização, parte dessa energia é perdida e parte fica retida nele. Evidentemente o processo pode ser repetido e fica claro que cada ciclo de histerese dependerá do estado de magnetização anterior do espécime.

Para o espécime ensaiado, a permeabilidade magnética, μ , tem em cada ponto o valor dado pela relação $\Delta B/\Delta H$, que é a inclinação , dB/dH , é a reta tangente ao ponto escolhido.

Não obstante o ciclo de histerese abranger os quatro quadrantes, μ , tem valores aceitáveis apenas quando tomados sobre a curva de magnetização inicial. Por exemplo, tomando sobre a curva de saturação do aço fundido o ponto que dá H = 500 A/m , tem-se o correspondente valor de B = 0,8 Wb/m^2 e a permeabilidade magnética do espécime, no referido ponto, será,

$$\mu = \frac{0{,}80 \text{ Wb/m}^2}{500 \text{ A/m}} = 1{,}6 \,.\, 10^{-3} \text{ (H/m)}$$

Donde a permeabilidade relativa,

$$\mu_r = \frac{1{,}60\text{x}10^{-3} \text{ (H/m)}}{4\pi \text{ x } 10^{-7} \text{ (H/m)}} \cong 1.273$$

A título de curiosidade, vale observarmos que, se ao invés do aço fundido tivermos o ar , para obtermos os 0,8 Wb/m^2 , teríamos que aplicar cerca de 636.619 A/m .

Os materiais ferromagnéticos, do ponto de vista da maior ou menor facilidade com que são magnetizáveis, podem ser classificados como suaves ou moles e fortes ou duros . Os suaves são de fácil magnetização e o ciclo de histerese de um espécime é caracterizado por ter largura estreita, referida ao eixo das abscissas, como assinalado na fig.26.26(a), e portanto, apresenta baixa coercitividade e alta retentividade. Deles temos como exemplo o ferro e suas ligas (Fe-Si , Fe-Ni , Mumetal , Supermalloy, etc.), utilizados na construção de núcleos de máquinas elétricas. Por sua vez, os materiais ferromagnéticos fortes, apresentam ciclo de histerese de largura mais extensa, como indicado na mesma fig.26.26(b), e apresentam retentividade e coercitividade elevadas. São exemplos típicos as ligas especiais como o alnico, utilizado na confecção de imãs artificiais permanentes.

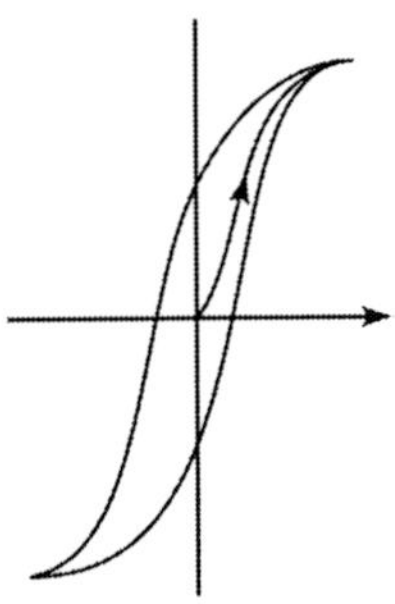

Fig.26.26 (a)

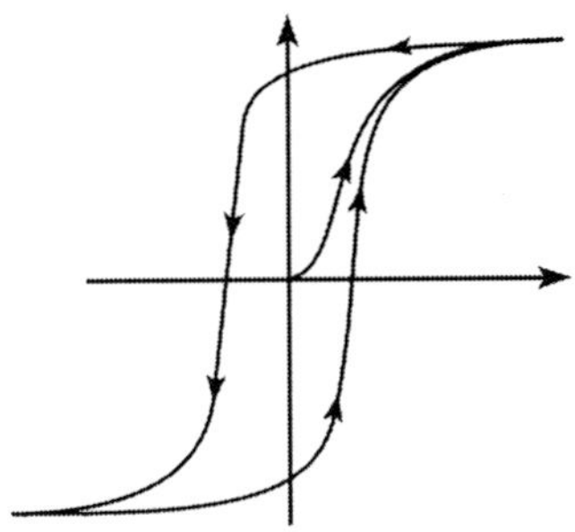

Fig.26.26 (b)

Como na substância ferromagnética os átomos se comportam como diminutos ímãs alinhados paralelamente, simbolizado pela seta cheia, , podemos indicar a estrutura ferromagnética pela ordenação de spins paralelos da fig.26.27(a). Nesta classe de material também estão incluídos os dito antiferromagnetismo, com momento magnético resultante nulo, porque os spins estão ordenados alternadamente em paralelo e em antiparalelo, fig.26.27(b), a exemplo dos compostos oxidados: FeO , CoO, NiO, MnO , etc. ; e finalmente, os chamados ferrimagnetismo ou ferrita , com momento magnético não nulo, fig.26.27(c), da qual faz parte a magnetita (Fe_3O_4) e os íons metálicos bivalentes, como Cu , Ni , Mg , Zn , Co, Mn , etc.

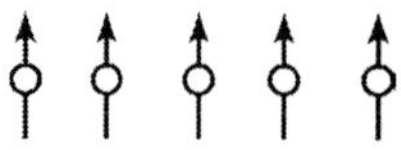

Fig.26.27 (a)

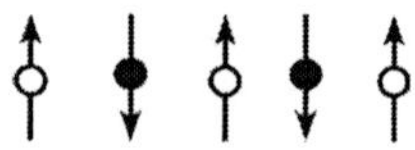

Fig.26.27 (b)

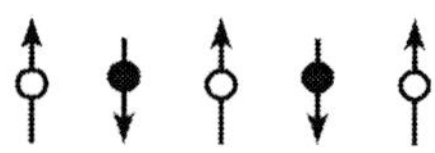

Fig.26.27 (c)

[7] Temperatura Curie

O ferromagnetismo é afetado pelo calor: submetendo um espécime a ação do calor, quando ele alcança uma temperatura critica, chamada de temperatura ou ponto Curie, o espécime perde sua magnetização espontânea e se torna paramagnético. A temperatura Curie é uma referência importante na interpretação do magnetismo terrestre.

Em 1895, físico francês Pierre Curie (1859-1906), divulgou uma lei experimental que diz que a magnetização espontânea de um espécime gasoso é diretamente proporcional a indução magnética aplicada e inversamente proporcional à temperatura absoluta. Posteriormente, Pierre Weiss (1865-1940), concluiu que as substâncias ferromagnéticas com temperatura acima do ponto Curie segue a lei de Curie, ora expressa em termos da suscetibilidade magnética, que passa a ser chamada de lei de Curie-Weiss, na forma,

$$\chi_m = \frac{C}{\theta - \theta_C} \qquad (26.19d)$$

onde C é uma constante e θ_C a temperatura Curie. Na tabela 26.3 listamos algumas substâncias ferromagnéticas e suas respectivas temperaturas críticas.

Substância ferromagnética	Temperatura Absoluta
Ferro	1.043
Cobalto	1.043
Níquel	630
Gadolpineo	290

Fig.26.27 (a)

26.6. Conduções de Contorno para Meios Magnéticos

De modo análogo ao caso elétrico, é útil conhecer como se comportam **B** e **H** ao atravessarem dois meios magnéticos contíguos, designados por 1 e 2 , de permeabilidades magnéticas, respectivas, μ_1 e μ_2, .

Usando o método de Gauss do cilindro de pequena altura, como na fig.26.28(a), temos,

$$\int_{s1} \mathbf{B}_1 \cdot d\mathbf{S}_1 + \int_{s2} \mathbf{B}_2 \cdot d\mathbf{S}_2 = 0$$

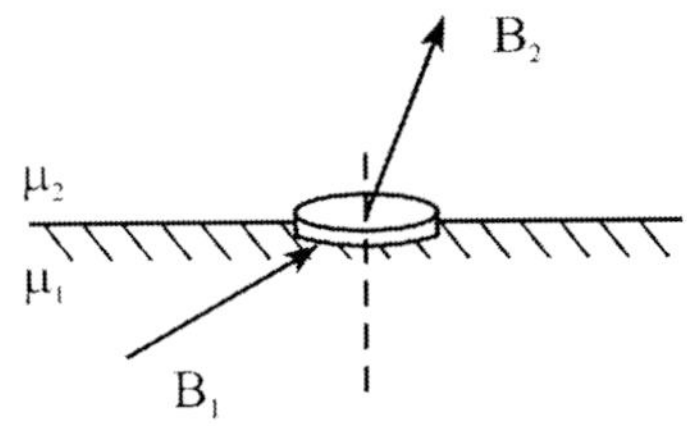

Fig.26.27 (b)

Como não existe fluxo magnético da superfície lateral e sendo, $d\mathbf{S}_1 = -\hat{\mathbf{e}}_n\, dS$ e $d\mathbf{S}_2 = \hat{\mathbf{e}}_n\, dS$, com $dS_1 = dS_2 = dS$, virá,

$$\int_s \mathbf{B}_1 \cdot (-\hat{\mathbf{e}}_n) dS + \int_s \mathbf{B}_2 \cdot (\hat{\mathbf{e}}_n) dS = 0$$

Donde podemos concluir que,

$$(\mathbf{B}_1 - \mathbf{B}_2) \cdot \hat{\mathbf{e}}_n = 0 \qquad (26.20a)$$

ou em componentes normais,

$$B_{1n} = B_{2n} \qquad (26.20b)$$

significando que a componente normal de **B** é contínua ao cruzar a fronteira. Ademais, como $B_{1n} = \mu_{r1}\mu_o H_{1n}$ e $B_{2n} = \mu_{r2}\mu_o H_{2n}$, segue-se que,

$$H_{1n} = \frac{\mu_{r2}}{\mu_{r1}} H_{2n} \qquad (26.20c)$$

indicando que a componente normal de **H** é descontínua ao atravessar a referida fronteira.

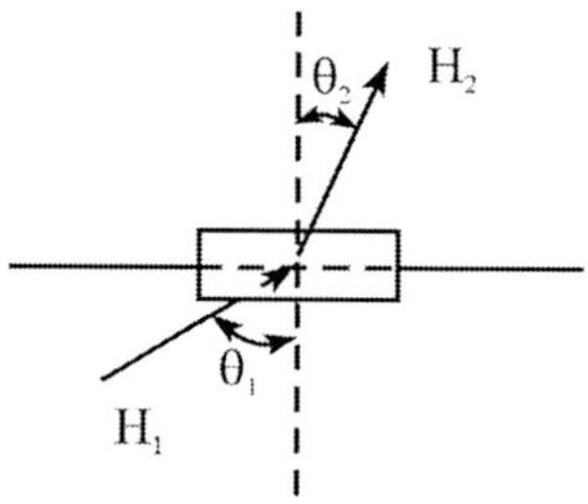

Fig.26.28 (b)

Para a análise das componentes tangenciais de **H**, delineamos um contorno retangular de pequena altura, fig.26.28(b), e, aplicando a lei de Ampère temos,

$$\int_A^B \mathbf{H}_1 \cdot d\mathbf{L}_1 + \int_C^D \mathbf{H}_2 \cdot d\mathbf{L}_2 = 0$$

onde a nulidade do 2º membro significa que não há corrente elétrica na interface. Sendo $d\mathbf{L}_1 = \hat{\mathbf{e}}_t\, dL$ e $d\mathbf{L}_2 = -\hat{\mathbf{e}}_t\, dL$, podemos concluir que,

$$(\mathbf{H}_1 - \mathbf{H}_2) \cdot \hat{\mathbf{e}}_t = 0 \qquad (26.21a)$$

ou em componentes tangenciais,

$$H_{1t} = H_{2t} \qquad (26.21b)$$

revelando que a componente tangencial de **H** é contínua através da superfície de separação. Ainda, com referência a fig.26.28(b), temos para as componentes tangenciais,

$$H_1 \,\text{sen}\theta_1 = H_2 \,\text{sen}\theta_2 \qquad (26.21c)$$

E para as componentes normais,

$$H_1 \cos\theta_1 = \frac{\mu_{r2}}{\mu_{r1}} H_2 \cos\theta_2 \qquad (26.21d)$$

Dividindo ordenadamente estes dois resultados, obtemos,

$$\frac{tg\theta_1}{tg\theta_2} = \frac{\mu_{r1}}{\mu_{r2}} \qquad (26.22a)$$

Por outro lado, $M_{1t} = \chi_{m1} H_{1t}$ e $M_{2t} = \chi_{m2} H_{2t} = \chi_{m2} H_{1t}$, vale concluir que:

$$M_{1t} = \frac{\chi_{m1}}{\chi_{m2}} M_{2t} \qquad (26.22b)$$

Exemplo 26.4

Seja uma esfera raio a, com magnetização uniforme, $\mathbf{M} = M\,\hat{e}_z$, fig.26.29(a). Achar o potencial magnético escalar da esfera para pontos externos e internos, assim como os campos magnético e de indução magnética interiores à mesma.

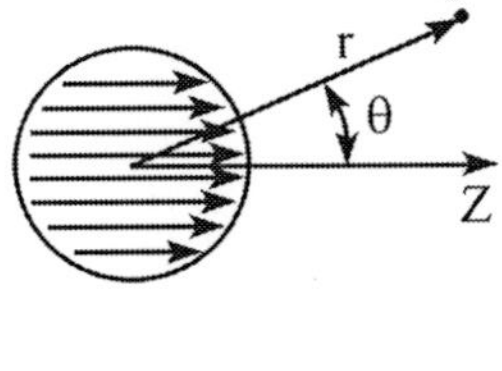

Fig.26.29 (a)

Definindo por $\rho_{SM}(\theta) = \hat{e}_n \cdot M\,\hat{e}_z = M\cos\theta$ a intensidade superficial de polo magnético, o potencial magnético da esfera pode ser adequado de (21.4b), em coordenadas esféricas,

$$V^{1}_{m}(r,\theta) = \frac{1}{4\pi} \oint \frac{M\cos\theta \, dS}{|\mathbf{r} - \mathbf{r}'|} \tag{26.23a}$$

Considerando que, $\cos\theta \, dS = a^2 \, d\Omega$, virá,

$$V_{m}(r,\theta) = \frac{1}{4\pi} M a^2 \int d\Omega \frac{1}{|\mathbf{r} - \mathbf{r}'|} \tag{26.23b}$$

Recorrendo-se ao método exposto no Capítulo 13.2[3] pode-se demonstrar, para o caso específico, que

$$\frac{1}{|\mathbf{r} - \mathbf{r}'|} = \frac{1}{3} \frac{r_1}{r_2^2} \cos\theta$$

com $r_2 \geq a \geq r_1$; substituindo acima e operando, após simplificação, obtemos,

$$V_{m}(r,\theta) = \frac{1}{3} Ma^2 \cos\theta \frac{r_1}{r_2^2} \tag{26.23c}$$

Então, para pontos exteriores à esfera , $r_1 = a$ e $r_2 = r$, e temos,

$$V_{m}(r,\theta) = \frac{1}{3} Ma^3 \cos\theta \frac{1}{r^2} \tag{26.23d}$$

E para pontos exteriores à esfera , $r_1 = a$ e $r_2 = a$, donde,

$$V_{m}(r,\theta) = \frac{1}{3} Ma \cos\theta = \frac{1}{3} M z \tag{26.23e}$$

Sendo o campo magnético interno, $H_i = -\partial V/\partial z$, virá,

$$H_i = -\frac{1}{3}M \tag{26.24a}$$

E em virtude de (26.12b), teremos,

$$B_i = \frac{2}{3}\mu_o M \tag{26.24b}$$

Na fig.26.29(b) estão esboçadas algumas linhas de **H**, que se originam e terminam na superfície, onde se tem ρ_{SM} , enquanto que na fig.26.29(c) as linhas de **B** que se fecham sobre si mesma.

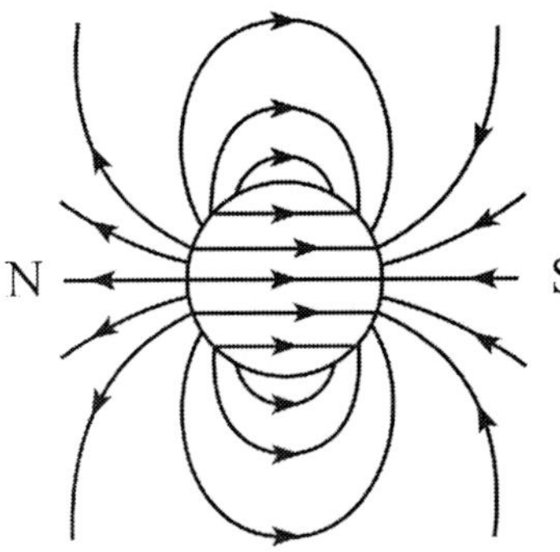

Fig.26.29 (b)

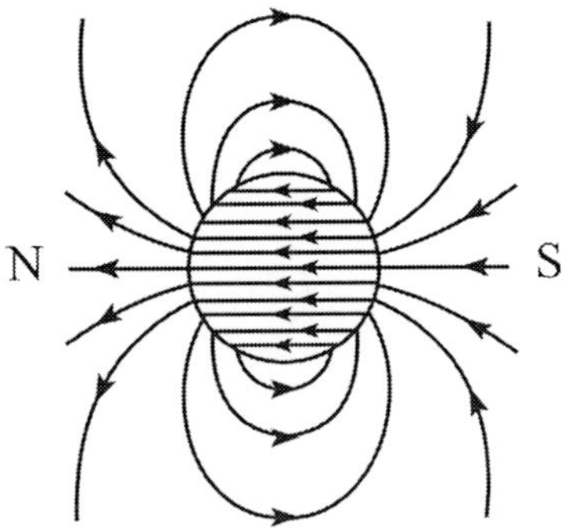

Fig.26.29 (c)

É interessante observar-se que, quando a esfera em tela for submetida a um campo magnético externo, $H_o = B_o/\mu_o$, ao campo interno da mesma ficará acrescido do campo aplicado, e as equações acima ficam ampliadas para,

$$H_i' = H_o - \frac{1}{3}M \tag{26.24c}$$

$$B_i' = \frac{B_o}{\mu_o} + \frac{2}{3}\mu_o M \qquad (26.24d)$$

No caso de uma esfera dia- ou para-magnética, de permeabilidade μ, teremos internamente, $B_i' = \mu H_i'$, ou substituindo os valores acima, virá,

$$\frac{B_o}{\mu_o} + \frac{2}{3}\mu_o M = \mu \left(H_o - \frac{1}{3} M\right) \qquad (26.24e)$$

Donde a magnetização,

$$M = 3\left(\frac{\mu_r - 1}{\mu_r + 2}\right) H_o \qquad (26.24f)$$

É instrutivo comparar este resultado com o símile da polarização elétrica de uma esfera dielétrica num campo externo, equação (13.32d).

Obviamente as equações ora deduzidas não valem para as substâncias ferromagnéticas devido a não linearidade entre B e H ; contudo, se a esfera se tornar um ímã permanente, podemos encontrar a relação entre os referidos campos internos pela eliminação de M das equações (26.24c) e (26.24d), de modo a termos,

$$B_i' + 2\mu_o H_i' = 3 B_o \qquad (26.24g)$$

Capítulo 27
Circuito Magnético

O fato de o fluxo magnético ficar confinado nos limites do material ferromagnético, como no caso do anel de Rowland, que desempenha o papel de núcleo , permite que tenhamos F percorrido um caminho fechado que recebe o nome de circuito magnético, por analogia ao circuito elétrico, no qual o fluxo magnético é perfeitamente análogo a corrente elétrica.

Na fig.27.1 , temos um núcleo formado por três materiais ferromagnéticos distintos; já na fig.27.2, o núcleo feito de um único material ferromagnético, apresentando, porém, uma interrupção na peça que recebe o nome de entreferro .

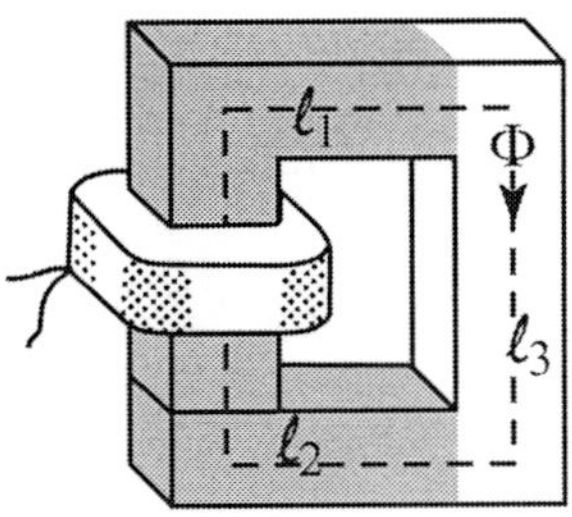

Fig.27.1

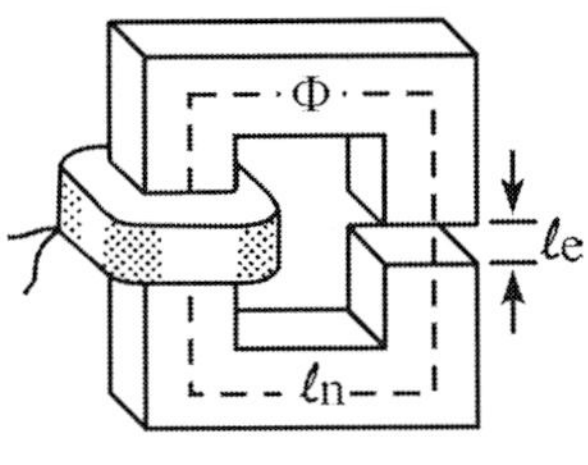

Fig.27.12

27.I. Lei de Ohm para o Circuito Magnético

Da analogia do circuito elétrico, temos para o circuito magnético:
[1] a relutância, Â, análoga à resistência elétrica, R =ℓ/σS, é definida por,

$$\Re = \frac{\ell}{\mu\, S} \qquad (27.1a)$$

onde ℓ é o perímetro médio do circuito magnético, S a área de seção reta do núcleo e $\mu = \mu_o \mu_r$, permeabilidade magnética do material ferromagnético.

A unidade SI de relutância é o Henry-inverso, anota-se por H^{-1} ou $^1/H$, que equivale ao Ampère/Weber , A/Wb . Dimensão: $| \Re | = M^{-1} L^{-2} I^2 T^2$.

[2] queda de força magneto-motriz (q fmm)

O produto $\Phi\Re$ é a queda de fmm entre dois pontos, análoga a IR , queda de tensão, de modo que a lei de Ohm do circuito magnético é dada por,

$$\Im_{AB} = \Phi\Re \tag{27.2a}$$

símile da elétrica, $V_{AB} = IR$.

Da definição de fmm dada em (22.5a), temos, $\Im = NI$ e $H\ell$ a queda de fmm para o trecho de $\Re$.

Para um circuito magnético simples da fig.27.3, temos a analogia com o circuito elétrico:

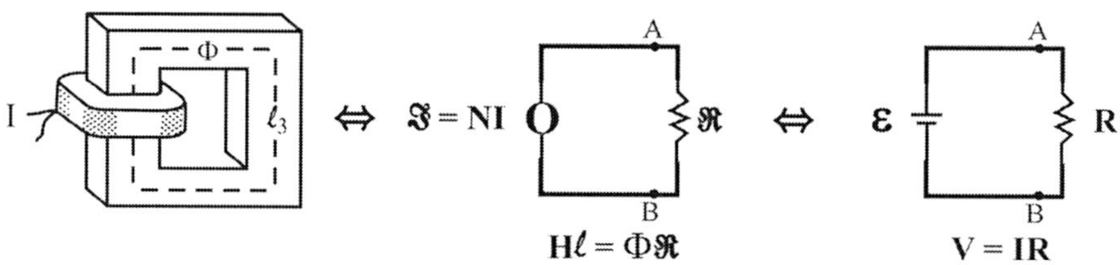

Fig.27.3

A analogia completa-se com definições seguintes:

(1) fmm

$$\Im = \oint \mathbf{H} \cdot d\mathbf{L}$$

(1') fem

$$\varepsilon = \oint \mathbf{E} \cdot d\mathbf{L}$$

(2) queda de fmm

$$\Im_{AB} = \int_{A}^{B} \mathbf{H} \cdot d\mathbf{L}$$

(2') queda de tensão

$$V_{AB} = \int_{A}^{B} \mathbf{E} \cdot d\mathbf{L}$$

Como **H** está desempenhando o mesmo papel que **E**, temos a análoga lei de Ohm microscópica:

(3) $\mathbf{B} = \mu\, \mathbf{H}$

(3') $\mathbf{J} = \sigma\, \mathbf{E}$

Ademais, também tiramos de (27.2a) ,

$$\Re = \frac{\Im}{\Phi} \qquad (27.1b)$$

que, a propósito, justifica a unidade A/Wb ou A-esp/Wb, aludida.

Com efeito, resolver um circuito magnético consiste no cálculo de força magnetomotriz, fmm , ou da corrente de magnetização, que produz o fluxo magnético no núcleo de ferro. A resolução de um circuito magnético pode ser feita por dois métodos, a saber:

(a) método das fmm parciais, no qual se usam curvas ou tabelas que fornecem valores de H versus de B ; e

(b) método das relutâncias, no qual recorre-se a tabelas que forneçam as permeabilidades relativas dos materiais que compõem o núcleo.

Exemplo 27.1.

No circuito magnético mostrado na fig.27.4 , o núcleo é de aço fundido e requer uma densidade de fluxo magnético de 0,80 Wb/m^2 , para uma corrente magnetizante de 2 A. Determinar o número de espiras necessárias para compor o enrolamento, sendo, $S_n = 9\ cm^2$, $\ell_n = 47{,}80$ cm e $\ell_e = 0{,}20$ cm .

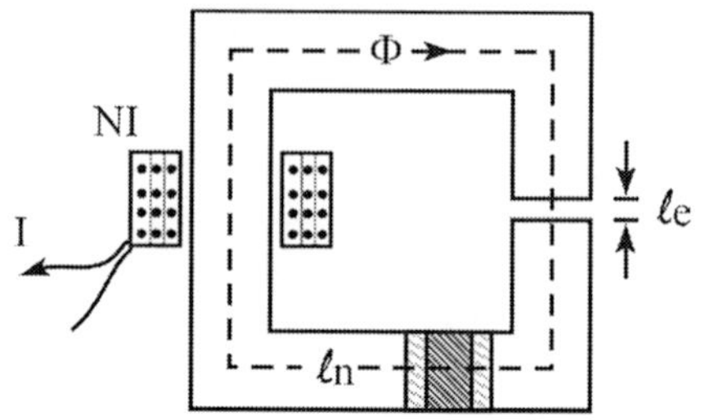

Fig.27.4

Usando o método das relutâncias, teremos os passos seguintes:

1) Cálculo do fluxo magnético:

No núcleo: $\Phi_n = B_n S_n = (0{,}80\ Wb/m^2)(9x10^{-4}\ m^2) = 7{,}2x10^{-4}\ Wb$

No entreferro: $\Phi_e \cong \Phi_n$, isto é, o fluxo magnético é aproximadamente o mesmo do núcleo, considerando desprezado o efeito de espraiamento entre as faces do entreferro, cuja seção reta tem área $S_e = S_n$.

2) Cálculo das relutâncias:

No núcleo, para $B_n = 0{,}80\ Wb/m^2$, recorrendo-se a tabela disponível, achamos para o aço fundido, μ_r=1.273, e portanto, $\mu_n = 1.273(4\pi x10^{-7}\ H/m) \cong 1{,}60x10^{-3}\ H/m$ (=Wb/Am).

No núcleo: $S_n = 9x10^{-4}\ m^2$ e $\ell_n = 47{,}80x10^{-2}\ m$, e temos,

$$\Re_n = \frac{1}{1{,}60x10^{-3}\ Wb/Am}\ \frac{47{,}80x10^{-2}\ m}{9x10^{-4}\ m^2} \cong 331.944\ \text{A-esp/Wb}$$

No entreferro: $\ell_e = 0{,}20x10^{-2}\ m$; e sendo $\mu_e = \mu_o$ e $S_e = S_n$, virá,

$$\Re_e = \frac{1}{4p\ x10^{-7}\ Wb/A.m}\ \frac{0{,}20x10^{-2}\ m}{9x10^{-4}\ m^2} \cong 1.768.388\ \text{A-esp/Wb}$$

3) Cálculo da fmm:

$$\Im = F(\Re_n + \Re_e)$$

$$\Im = (7{,}2x110^{-4}\ Wb)\ (331.944 + 1.768.388)\ A\text{-}esp/Wb$$

$$\Im \cong 1.512\ A\text{-}esp$$

4) Determinação do número de espiras, N :

$$N = \frac{\Im}{I} = \frac{1.512\ A\text{-}esp}{2\ A} = 756\ espiras$$

Aproveitemos este exemplo para fazermos o cálculo da quantidade de fios necessários à confecção do enrolamento em causa. Para isto vamos admitir que será usando fio de cobre nu de 1,5mm^2 , isolado com esmalte apropriado que oferece uma película de recobrimento de 0,05 mm e que ocupará uma altura de 37,3 cm da coluna, fig.27.4 , onde estão distribuídas as 756 espiras, acondicionadas por camadas. O diâmetro do fio de cobre é 1,38mm e o diâmetro com o isolante incluído, 1,38mm + 2(0,05mm) = 1,48 mm/fio. Na altura de 37,3 cm, podem ser alinhadas 373 mm/1,48 mm = 252 espiras, e portanto, teremos, 756 esp/252 esp = 3 camadas para compor o enrolamento em torno a coluna do núcleo. Entre a coluna e o enrolamento é usual colocar-se também uma camada de isolante de 1 mm de espessura., e então o perímetro passa a ser de 4x(30mm + 1mm) = 124 mm , e portanto, teremos:

- para a 1ª camada de espiras: 4x(31,00 mm + 1,48 mm) = 129,92 mm ;
- para a 2ª camada de espiras: 4x(31,00 mm + 2,96 mm) = 135,84 mm ;
- para a 3ª camada de espiras: 4x(31,00 mm + 4,44 mm) = 141,76 mm .

Por conseguinte, necessita-se de um de fio de cobre numa extensão de:

ℓ = (129,92 + 135,84 + 141,76) mm x 252 = 102.695,04 mm

ℓ = 102,695 m

Exemplo 27.2

Dado o circuito magnético, com núcleo de aço fundido, com $S_n = 20$ cm^2 e $\ell_n = 1{,}0m$, e enrolamento de entrada com 500 espiras, fig.27.5. Se o fluxo magnético é de 3,0 mWb, determinar a corrente de magnetização, usando os dois métodos preconizados.

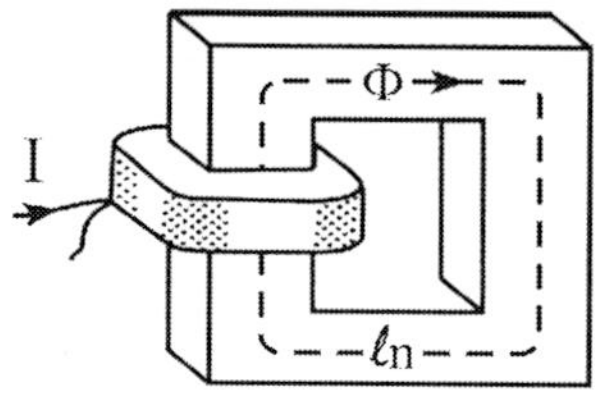

Fig.27.5

Método das fmm parciais.

1) Determinação de B :

$$B = \frac{3{,}0x10^{-3}\ Wb}{20x10^{-4}\ m^2} = 1{,}5\ Wb/m^2$$

2) Com o uso de tabela de magnetização (item H do apêndice) B x H, temos:

entrando com $B = 1{,}5\ Wb/m^2$, encontramos $H = 3.500$ A-esp/m .

3) Cálculo da fmm

$\Im = H\, l = (3500\ A\text{-}esp/m)\ (1{,}0\ m) = 3.500\ A\text{-}esp$.

Cálculo da corrente de magnetização

$$I = \frac{\Im}{N} = \frac{3.500\ A\text{-}esp}{500\ esp} = 7{,}0\ A$$

Método das Relutâncias:

1) Determinação de B

No caso, já encontrado acima, $B = 1{,}5\ Wb/m^2$.

2) Usando a tabela de permeabilidade relativa (item I do apêndice):

Para $B = 1{,}5\ Wb/m^2$, tem-se, $\mu_r = 340$ e, portanto,

$\mu = 340(12{,}56637x10^{-7}\ H/m) \cong 4{,}27x10^{-4}\ H/m\ \ (Wb/A.m)$

3) Cálculo da relutância

$$\Re = \frac{1{,}0\ m}{(4{,}27x10^{-4}\ Wb/A.m)(20x10^{-4}\ m^2)} = 1{,}17x10^{6}\ A/Wb$$

4) Cálculo da corrente de magnetização:

Sendo $\Im = \Phi\Re = NI$, tiramos,

$$I = \frac{\Phi\Re}{N} = \frac{(3x10^{-3}\ Wb)(1{,}17x10^{-6}\ A\text{-}esp/Wb)}{500\ esp} = 7\ A$$

Exemplo 27.3

Seja um toroide com enrolamento de 90 espiras e núcleo composto por dois materiais ferromagnéticos, 1 e 2, de comprimentos respectivos, $\ell_1 =$ 30 cm e $\ell_n = 60$ cm, seção reta constante $S = 25\ cm^2$, fig.27.6. Se o fluxo magnético é de 1,25 mWb, determinar a corrente de magnetização, a fmm, as permeabilidades relativas e as relutâncias dos materiais.

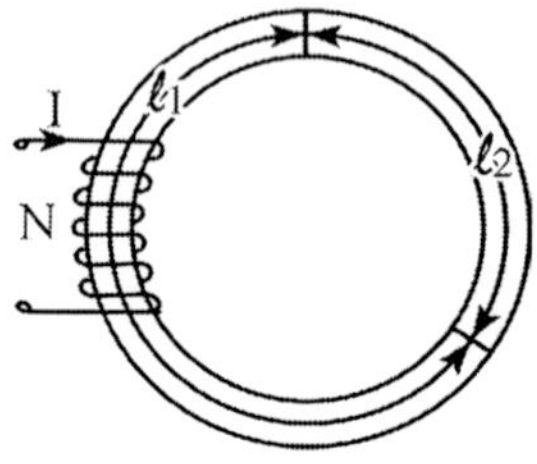

Fig.27.6

De F = B S , virá,

$$B_1 = B_2 = \frac{1{,}25\ \text{x}10^{-3}\ \text{Wb}}{25\text{x}10^{-4}\ \text{m}^2} = 0{,}5\ \text{Wb/m}^2$$

Vamos supor que, para este valor, as curvas dos materiais forneçam os valores, $H_1 = 275$ A/m e $H_2 = 65$ A/m . Sendo a fmm total, Á $= H_1\ell_1 + H_2\ \ell_2$, teremos,

$$\Im = (275\ \text{A-esp/m})(30\text{x}10^{-2}\text{m}) + (65\ \text{A-esp/m})\ (60\text{x}10^{-2}\text{m})$$

$$\Im = 82{,}5\ \text{A-esp} + 39\ \text{A-esp} = 121{,}5\ \text{A-esp}$$

E como $\Im = NI$, virá a corrente de magnetização,

$$I = \frac{\Im}{N} = \frac{121{,}5\ \text{A-esp}}{90\ \text{esp}} = 1{,}35\ \text{A}$$

Cálculos das permeabilidades:

$$\mu_1 = \frac{B_1}{H_1} = \frac{0{,}5\ \text{Wb/m}^2}{275\ \text{A/m}} \cong 0{,}0018\ \text{H/m e}\ \mu_{r1} = \frac{1{,}8\text{x}10^{-3}\ \text{H/m}}{4\text{p}.10^{-7}\ \text{H/m}} \cong 1.432$$

$$\mu_2 = \frac{B_2}{H_2} = \frac{0{,}5\ \text{Wb/m}^2}{65\ \text{A/m}} \cong 0{,}0077\ \text{H/m e } \mu_{r2} = \frac{7{,}7\text{x}10^{-3}\ \text{H/m}}{4\text{p}.10^{-7}\ \text{H/m}} \cong 6.127$$

Cálculos das relutâncias:

$$\Re_1 = \frac{\Im_1}{F} = \frac{82{,}5\ \text{A-esp}}{1{,}25\ \text{x}10^{-3}\ \text{Wb}} = 66.000\ \text{A-esp/Wb}$$

$$\Re_2 = \frac{\Im_2}{F} = \frac{39{,}0\ \text{A-esp}}{1{,}25\ \text{x}10^{-3}\ \text{Wb}} = 31.200\ \text{A-esp/Wb}$$

27.2. Perda de Energia por Histerese

Como vimos no processo de magnetização, o material ferromagnético recebe energia que é utilizada na orientação dos domínios e fica nele armazenada como energia potencial magnética; já no processo de desmagnetização, devido ao fenômeno da retentividade, apenas parte dessa energia é recuperada, e a restante é perdida por histerese.

Para fazermos uma avaliação da energia em jogo, vamos considerar a magnetização inicial, que corresponde ao laço de histerese AO, fig.27.7 ; e sendo D a projeção do ponto A sobre o eixo de B , temos delineado a área OAD, que, numericamente, dá o trabalho realizado pelo campo magnético, de $H = 0$ até o valor de saturação, $H = H_m$. Procedendo-se a desmagnetização, tem-se o laço AR , e, numericamente, a área ADR representa a energia que é recuperada e devolvida à fonte, enquanto que a área ARO representa a energia que fica retida no seio do material ferromagnético e, por conseguinte, considerada perdida por efeito histerese.

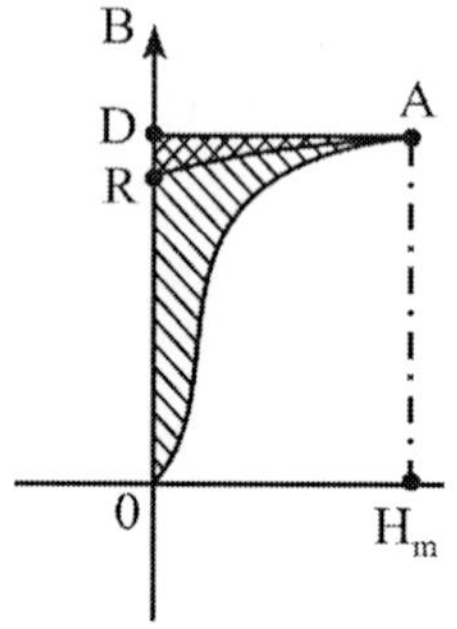

Fig.27.7

Esta análise pode ser estendida ao meio ciclo de H positivo, como na fig.27.8 , onde a diferença de áreas (ADR'A) - (ADRA) = (ARR'A), representa a perda por histerese. Por simetria, durante o semi-ciclo de H negativo, também resulta a perda por histerese dada pela área (A'R'RA') ; obviamente a perda total por histerese será a área contida no ciclo completo de histerese, que é dada, simbolicamente, como,

$$W_{AA'} = \oint HdB \tag{27.3a}$$

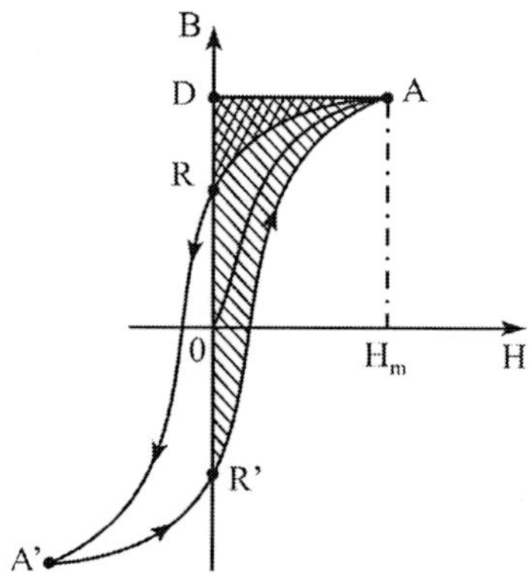

Fig.27.8

Na prática, contudo, esta via não é usada e recorre-se a fórmula empírica, estabelecida por Steinmetz, dada em potência (Watt) ,

$$P_h = k_h\, f\, B_m^{\ n} \qquad (27.4a)$$

onde k_h é uma constante característica do material ferromagnético, f a frequência com que B_m (max) varia ciclicamente de $+B_m$ a $-B_m$ e o expoente n está no intervalo (1,5 ; 2,5); para a maioria dos casos usa-se n = 1,6 . Para amenizarem-se as perdas por histerese o núcleo é laminado, isto é, formados por chapas de material ferromagnético, sendo as de silício as que oferecem menor perda.

27.3. Perda por Correntes Parasitas

Como o núcleo de material ferromagnético é também um condutor, a presença nele de fluxo magnético variável gera fem induzida, que por sua vez, provoca o aparecimento de correntes elétricas induzidas, que passam a circular no seio do material, em trajetórias fechadas. Essas correntes são frequentemente chamadas de correntes de Foucault ou parasitas, porque danosas para os equipamentos elétricos, provocando neles, aquecimento.

O Cálculo da perda por corrente parasita é também dado por fórmula empírica, em potência (Watt),

$$P_f = k_f\, f^2\, B_m^{\ 2} \qquad (27.4b)$$

onde k_f é também uma constante característica do material ferromagnético.

Para minimizar os efeitos de correntes parasitas, além da prática habitual da laminação das chapas, recorre-se ao processo de isolamento das mesmas com verniz adequado ou com películas de óxido. Obviamente, a soma das duas perdas de energia é a perda total do núcleo, $P_t = P_h + P_f$.

27.4. Eletroímã e Ímã

[1] Eletroímã

Em 1823 por William Sturgeon (1783-1850), físico inglês, inventa o 1° eletroímã enrolando um solenoide num núcleo de material ferromagnético em forma de ferradura, e fazendo passar nela uma corrente elétrica; núcleo torna-se ímã durante o tempo em que a corrente de magnetização estiver ativa. Quando essa corrente é cortada, o núcleo perde a propriedade de imantação. O eletroímã de Sturgeon levantava 4 kg que era 20 vezes o seu próprio peso. A fig.27.9 ilustra um eletroímã da espécie, com uma parte móvel chamada de armadura, que é magnetizada por indução, e fica acoplada aos polos, fechando o circuito magnético. Os eletroímãs em geral funcionam intermitentemente, por isso devem ter núcleo de material especial que requeira pouca retentividade.

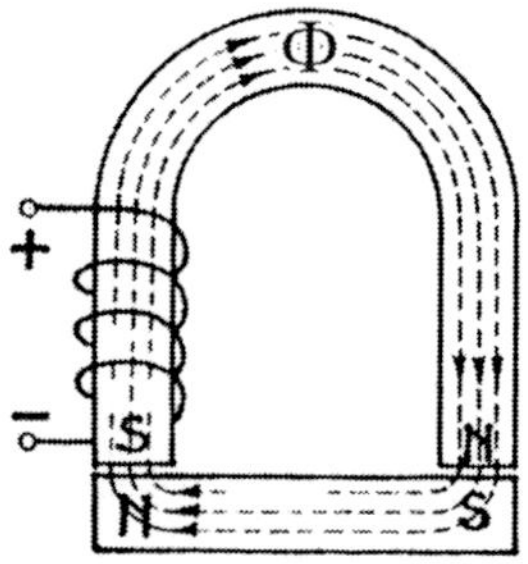

Fig.27.9

Os eletroímãs entram na composição de um grande número de dispositivos elétricos, como relés, disjuntores, campainhas, etc. , assim como nas máquinas elétricas, representadas por motores, geradores e transformadores; como também em equipamentos com fins específicos, como guindastes magnéticos, micorscópicos eletrônicos, aceleradores de partículas, etc.

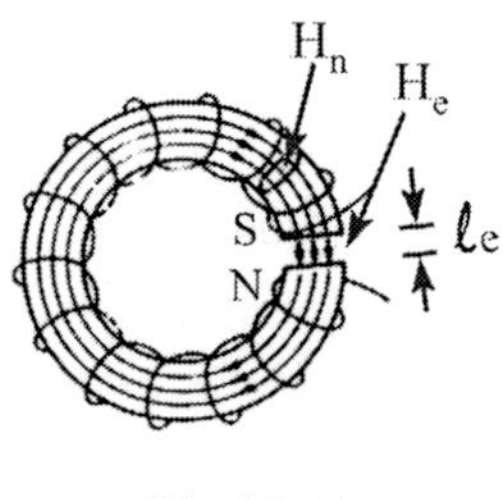

Fig.27.10

Um anel de Rowland cujo núcleo possui entreferro, converte-se num eletroimã, fig.27.10 . O fluxo magnético concatenado pelo núcleo tende a ser contínuo ao cruzar o entreferro, não obstante, ele ali sofrer algum espraiamento, aumentando de volume. As faces que limitam o entreferro são polos magnéticos de campo magnético, H_e , com sentido oposto ao de H_n . Desprezando-se o espraiamento no entreferro, vale a aproximação, $S_e = S_n$; e pelas condições de contorno, tem-se, $B_n = B_e$, de modo que podemos escrever,

$$F = \frac{\Im}{\Re_n + \Re_e} \tag{27.5a}$$

E sendo, $\Re_n + \Re_e = (\ell_n/\mu_r + \ell_e)/\mu_o S$, $F = B\ S$ e $\Im = NI$, podemos concluir que,

$$B_n = B_e = \frac{\mu_o\ NI}{\ell_n/\mu_r + \ell_e} \tag{27.5b}$$

onde μ_r é a permeabilidade relativa do núcleo. Segue-se daí que,

$$H_e = \frac{NI}{\ell_n/\mu_r + \ell_e} \tag{27.5c}$$

Mas,

$$H_n = \frac{NI}{\ell_n + \mu_r\ \ell_e} \tag{27.5d}$$

Entre os polos de um eletroímã estão presentes forças magnéticas portantes, que podem ser deduzidas a partir da equação (25.16d). Com efeito, se um eletroímã tem comprimento médio total, $l = \ell_n + \ell_e$ e volume total, $v = S\,l$, então,

$$W_m = F\ell = \frac{\ell}{2\mu_o} B^2\ S\ \ell$$

Donde a força portante, por polo,

$$F = \frac{1}{2\mu_o} B^2 S \qquad (27.6a)$$

Num eletroímã em forma de ferradura, por exemplo, a força portante é a que sustenta a armadura, encontrando-se aí o principio das muitas aplicações do mesmo.

Exemplo 27.4

Um eletroímã em forma de ferradura, de núcleo de ferro, e área de seção reta de 36 cm^2, sustenta 187 kgf pela armadura. Tendo por ℓ_n = 60 cm e ℓ_e = 0,05mm , determinar o número de espiras do enrolamento que é percorrido pela corrente de magnetização de 1,5 A .

A força portante fornecida pelos dois polos vale,

F = (187 kgf)(9,8 N/kgf) = 1.832,60 N

De (27.6a), tiramos,

$$B = \sqrt{\frac{2\mu_o F}{S}} = \sqrt{\frac{2\,(4\pi x10^{-7}\ H/m)\,(1.832,60\ N)}{36x10^{-4}\ m^2}} \cong 1{,}1 Wb/m^2$$

Entrando na tabela de magnetização (Apêndice H) com esse valor, encontramos para H_n = 270 A-esp/m , que fornece a queda de fmm,

$H_n \ell_n$ = (270 A-esp/m) (0,60 m) = 162 A-esp

Com o mesmo valor de B para o entreferro, resulta H_c = 636.618 A-esp/m e a queda de fmm no entreferro será,

$H_e \ell_e$ = (636.618 A-esp/m) (0,05x10^{-3} m) = 32 A-esp

E, portanto,

$NI = (162 + 32)$ A-esp $= 194$ A-esp

Donde,

$$N = \frac{194 \text{ A-esp}}{1{,}5 \text{ A}} \cong 129 \text{ espiras}$$

[2] Ímã

Quando se retira o enrolamento de um eletroímã e o núcleo retém magnetização, tem-se um ímã permanente. Para um ímã, a lei circuital de Ampère tem a forma particular,

$$\oint \mathbf{H} \cdot d\mathbf{l} = 0 \qquad (27.7a)$$

E explicitando o caminho e integrando, obtemos,

$$H_n \ell_n + H_e \ell_e = 0 \qquad (27.7b)$$

Donde,

$$H_n \ell_n = - H_e \ell_e \qquad (27.7c)$$

indicando que H_n e H_e têm sentidos opostos.

27.5. Transformador Monofásico

Os conjuntos de dois enrolamentos que se interligam magneticamente por mútua indução, constitui um transformador[1] particular de núcleo de ar , fig.27.11, para o qual o autofluxo e o fluxo mútuo gerados sofrem dispersões

[1] Com base no princípio de mútua indução, de Faraday, em 1883 Josiah Willard Gibbs (1839-1903), físico norte-americano, projetou o 1° transformador monofásico. Contudo ele só se tornaria prático com Nikola Tesla (1856-1943), físico croata-norte-americano, que desenvolveu projetos de transformadores (elevadores e abaixadores), geradores e motores elétricos trifásicos, em corrente alternada, que foram construídos, na época, pela Westinghouse.

significativas. Essa dispersão de fluxo pode ser evitada introduzindo-se nos enrolamentos um núcleo de ferro e o dispositivo assim estruturado passa a ser denominado de transformador de núcleo de ferro. E como esse tipo tornou-se de uso consagrado, ele será doravante chamado simplesmente de transformador, que pode ser monofásico, a seguir estudado, e trifásico.

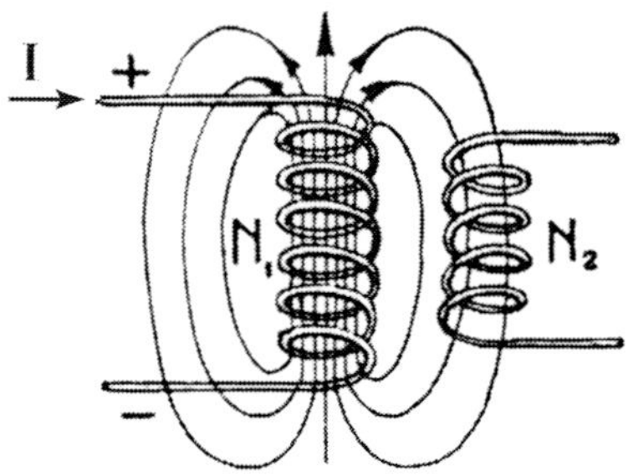

Fig.27.11

O transformador é uma máquina elétrica, estática, que tem a capacidade de transformar a tensão e a corrente elétrica alternadas recebidas na entrada, em proporções adequadas (elevando ou baixando as mesmas) na saída, sem alterar a frequência. No aspecto construtivo, o transformador consiste de um núcleo de ferro sobre o qual estão enrolados dois conjuntos de espiras, ligados em série e eletricamente isoladas, chamadas respectivamente de enrolamento primário e enrolamento secundário, fig.27.12. Esses enrolamentos compõem os dois circuitos elétricos do transformador: o de entrada, que funciona como indutor, e o de saída, que funciona com induzido, os quais se interligam magneticamente, através dum circuito magnético proporcionado pelo núcleo que lhe serve de suporte. O núcleo apresenta perdas por correntes parasitas ou de Foucault, e perdas por histerese; e para minimizar esses efeitos ele é fabricado em finas lâminas de ferro-silício, isoladas e prensadas.

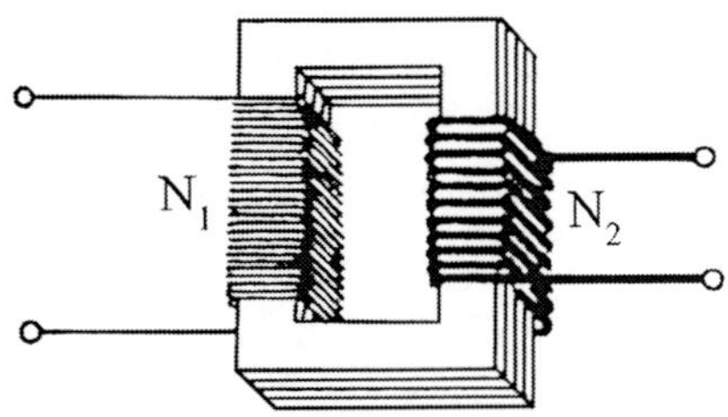

Fig.27.12

[1] Representação do Transformador Ideal e do Real

Um transformador é dito ideal, quando: (1) todo o fluxo magnético fica confinado no núcleo de ferro; (2) as resistências dos enrolamentos são desprezadas; (3) o efeito capacitor é desprezado; (4) as perdas de energia no núcleo são negligenciadas; e (5) a permeabilidade do núcleo é suficientemente elevada para que a fmm seja pequena. É simbolizado por } || { , no circuito elétrico.

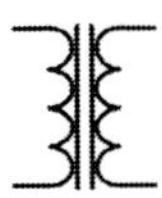

Um transformador real pode ser concebido como um transformador ideal acrescido das perdas dos enrolamentos e do núcleo. A sua representação gráfica é dada na fig.27.13, onde estão indicados os parâmetros dos enrolamentos, R_1, jX_1, R_2 e jX_2, do núcleo, R_f e jX_f, e os dois pontos · que assinalam que as tensões induzidas estão em fase.

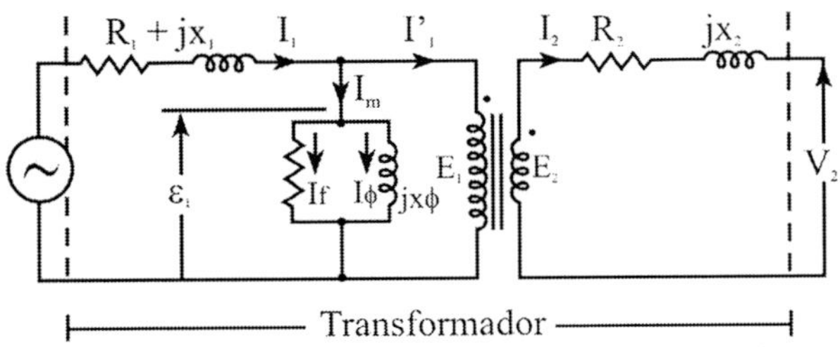

Fig.27.13

Nos enrolamentos temos as perdas no cobre, $P_c = \varepsilon_1 I_1 = R_{e1} I_1^2$, e no ramo em paralelo: (a) a resistência R_f e a corrente I_f, em fase com ε_1, produzem as perdas no ferro, $P_f = \varepsilon_1 I_f = R_f I_f^2$; (b) e a reatância de magnetização ou parasita, X_j, e a corrente parasita, I_j, em atraso de 90° elétricos com ε_1, causam as perdas por histerese, $P_j = \varepsilon_1 I_j = X_j I_\varphi^2$; note que a corrente de magnetização, I_m, é a soma das duas correntes em shunt, $I_m = I_f + I_j$.

Como a saída e a entrada do transformador podem ser permutadas, dizemos que ele é máquina elétrica reversível. No transformador de transferência de potência, primário e secundário são chamados, respectivamente, de alta tensão (AT) e baixa tensão (BT). Se o transformador eleva a tensão do secundário, ele é dito transformador elevador; e se ao contrário, ele diminui a tensão da saída ele é chamado de transformador abaixador.

[2] Funcionamento do Transformador

O funcionamento do transformador é bastante simples: aplicando-se uma tensão elétrica alternada no primário, v_1, com o secundário aberto, surge no enrolamento primário uma corrente de excitação ou magnetização, atrasada de 90° elétricos com relação a mesma, fig.27.14 ; essa corrente produz uma indução magnética que origina um fluxo magnético alternado no núcleo que enlaça o enrolamento secundário, que responde com uma fcem induzida, ε_2, em oposição com a tensão aplicada, conforme a lei de Lenz, completando o ciclo de mútua-indução. No transformador da fig.27.15, o fluxo magnético total, estabelecido no núcleo, compõe-se de duas parcelas: o fluxo magnético próprio total ou autofluxo total, $\Phi_{11} + \Phi_{22}$, dos enrolamentos, que apresenta efeito dispersivo, e o fluxo magnético mútuo total, $F = \Phi_{12} + \Phi_{21}$, que predomina no circuito magnético.

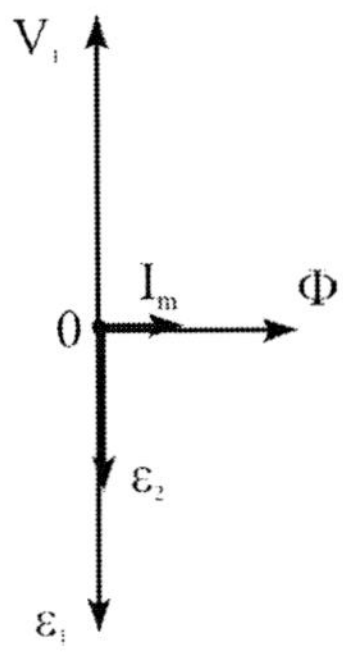

Fig.27.14

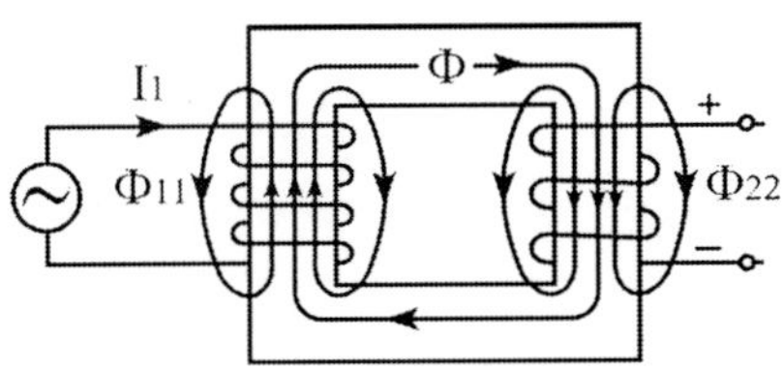

Fig.27.15

[3] Razão de Transformação

Seja o transformador monofásico com N_1 espiras no enrolamento primário e N_2 espiras no enrolamento secundário, em vazio, como o da fig.27.15. Aplicando-lhe uma tensão alternada na entrada, v_1, origina-se no enrolamento primário a corrente de magnetização I_m, que produz o fluxo magnético alternado, $f = \Phi_m$ senωt, cuja fem induzida instantânea, ε_1 é dada pela lei de Faraday-Lenz,

$$\varepsilon_1 = - N_1 \frac{df}{dt} = \omega N_1 \Phi_m \text{sen}(\omega t - \frac{\pi}{2})$$

sendo o valor máximo, $\varepsilon_{1max} = \omega N_1 \Phi_m$, e o valor eficaz, $\varepsilon_{1max}/\sqrt{2}$, virá,

$$\varepsilon_1 = \frac{\omega N_1 \Phi_m}{\sqrt{2}} \cong 4{,}44\, f\, N_1 \Phi_m \tag{27.8a}$$

onde aplicamos, $\omega = 2\pi f$. De modo análogo, temos para o enrolamento secundário,

$$\varepsilon_2 \cong 4{,}44\, f\, N_2 \Phi_m \tag{27.8b}$$

Dividindo ordenadamente as relações supra, resulta,

$$\frac{\varepsilon_1}{\varepsilon_2} = \frac{N_1}{N_2} \tag{27.9a}$$

significando que as fem induzidas são diretamente proporcionais aos seus respectivos números de espiras. O 2º membro é chamado de razão de transformação, sendo usualmente denotada por $N_1 : N_2$ ou $a = N_1/N_2$ ou $a : 1$. No transformador ideal as perdas são desprezadas e temos, $V_1 \cong \varepsilon_1$ e $V_2 \cong \varepsilon_2$, donde a transformação de tensão,

$$\frac{V_1}{V_2} = \frac{N_1}{N_2} = a \tag{27.9b}$$

No transformador ideal a lei da conservação da energia prescreve que a potência elétrica recebida no primário $\mathbf{V}_1\mathbf{I}_1^*$ seja igual a potência elétrica absorvida pelo secundário, $\mathbf{V}_2\mathbf{I}_2^*$, o que permite concluir a transformação de corrente,

$$\frac{I_2}{I_1} = \frac{N_1}{N_2} = a \tag{27.9c}$$

onde vemos que a razão das correntes dos enrolamentos é inversamente proporcional a razão dos respectivos números de espiras. Alternativamente esta conclusão também é obtida pela consideração das fmm geradas, como se segue: a corrente de carga, I_2, produz no núcleo a fmm N_2I_2, desequilibrando o fluxo magnético e ε_1, estabelecidos; por reação, no enrolamento primário surge a corrente de reação I_r, em oposição de fase com I_2, que gera a fmm, N_1I_r, que tende a neutralizar os efeitos retro, restaurando o equilíbrio do fluxo magnético original que deve se manter invariável. Então, no primário temos a corrente, $\mathbf{I}_1 = \mathbf{I}_m + \mathbf{I}_r$, fig.27.16 ; e como $I_r >> I_m$, considera-se a aproximação, $I_1 \cong I_r$, e portanto, temos, $N_1I_1 = N_2I_2$, que conduz a (27.9c). E em resumo, tendo em conta (27.9b), podemos concluir que,

$$\frac{V_1}{V_2} = \frac{I_2}{I_1} = a \qquad (27.9d)$$

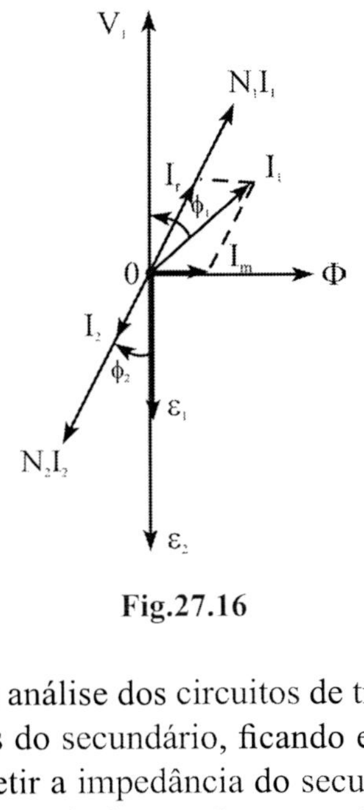

Fig.27.16

Outro recurso útil na análise dos circuitos de transformador é trazer para o primário os parâmetros do secundário, ficando eles referidos ou refletidos àquele terminal. Para refletir a impedância do secundário no primário, faz-se $\mathbf{Z}_2' = \mathbf{Z}_1$, e a operação é chamada de transformação de impedância. Recorrendo a (27.9b), temos,

$$\frac{\mathbf{Z}_2'\mathbf{I}_1}{\mathbf{Z}_2\ \mathbf{I}_2} = a$$

daí podemos concluir que,

$$\mathbf{Z}_2' = a^2\ \mathbf{Z}_2 \qquad (27.9e)$$

significando o valor da impedância do secundário vista do primário, de modo que o circuito do transformador da fig.27.17(a) equivale ao da fig.27.17(b) ou da fig.27.17(c), já que eles são indistinguíveis. Usando um transformador ideal, $\mathbf{Z}_1 = \mathbf{Z}_s$ é a impedância da fonte enquanto $\mathbf{Z}_2 = \mathbf{Z}_L$ é a impedância de carga.

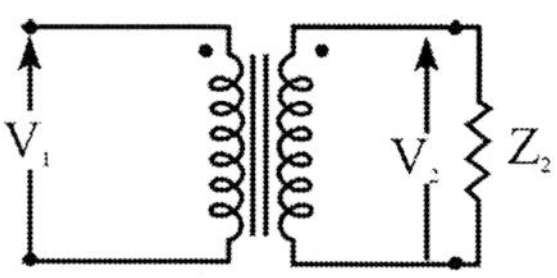

Fig.27.17 (a)

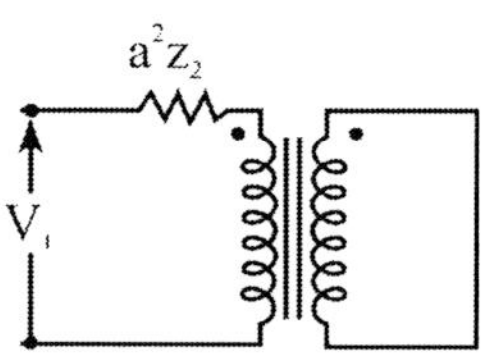

Fig.27.17 (b)

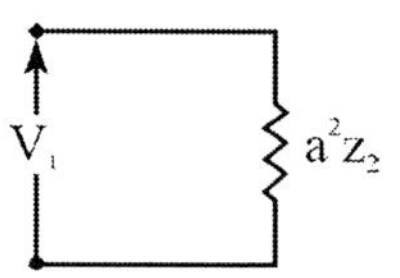

Fig.27.17 (c)

De igual modo, o valor da corrente do secundário vista do primário é dada por $\mathbf{I}_2' = \mathbf{I}_2/a$; a tensão do secundário vista do primário, $\mathbf{V}_2' = a\mathbf{V}_2$, assim como a tensão induzida do secundário vista do primário, $\varepsilon_2' = a\varepsilon_2$.

Exemplo 27.5

Determinar o número de espiras do secundário do transformador da fig.27.18, cuja tensão elétrica do primário, 120 V, é elevada, no secundário, para 6 kV

De (27.9b) virá,

$$N_2 = N_1 \frac{V_2}{V_1} = 100 \text{ esp} \frac{6.000 \text{ V}}{120 \text{ V}} = 5.000 \text{ esp}$$

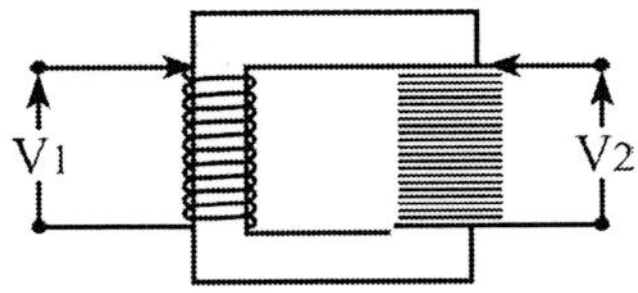

Fig.27.18

Exemplo 27.6

Calcular a corrente elétrica no secundário do transformador da fig.27.19, cuja corrente elétrica no primário é 10 A e a razão de transformação é 20:1.

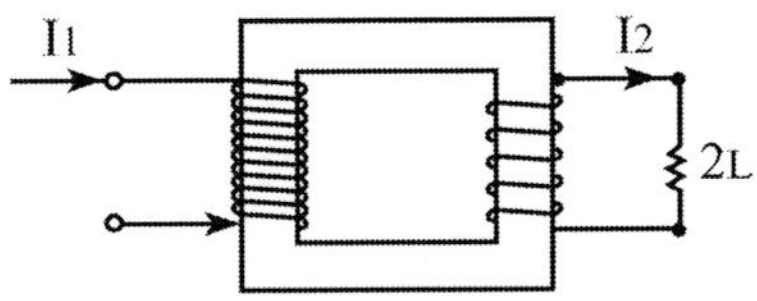

Fig.27.19

De (27.9c) temos,

$I_2 = a\, I_1 = 20\ (10\ A) = \ 200\ A$

Exemplo 27.7

Achar a relação de transformação do transformador ideal da fig.27.20(a), que casa a resistência da fonte de $r_s = 60$ kW com a resistência de saída de $R_L = 50$ W , se a tensão da fonte é $V_s = 120$ V. Calcular a tensão no primário e no secundário.

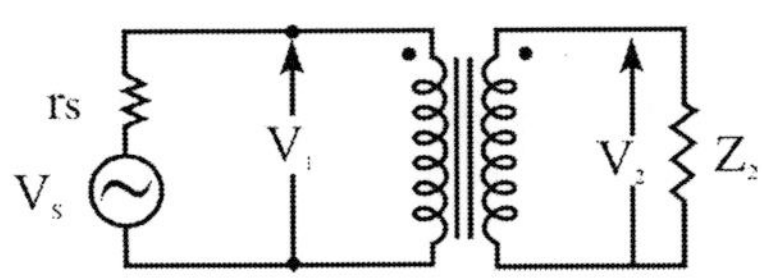

Fig.27.20 (a)

Sendo, $Z_1 = r_s = 60$ kW e $Z_2 = R_L = 150$ W , de (27.9c) virá,

$$\frac{N_1}{N_2} = \sqrt{\frac{60.000\ \Omega}{150\ \Omega}} = 20$$

Então,

$$Z_2' = (20)^2\ 150\ W = 60\ kW$$

significando que a resistência de 150 W referida ao primário vale 60 kW; daí o casamento das resistências (em geral de impedâncias). Usando o divisor de tensão sobre Z_2', fig.27.20(b), virá,

$$V_1 = \frac{Z_2'}{Z_2' + Z_s} V_s = \frac{60\ k\Omega}{(60 + 60)\ k\Omega} (120\ V) = 55\ V$$

$$V_2 = \frac{V_1}{a} = \frac{55\ V}{20} = 2{,}75\ V$$

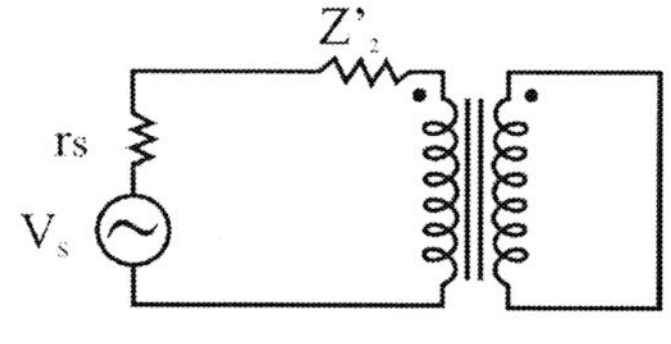

Fig.27.20 (b)

A análise do transformador real da fig.27.13 envolve alguma complexidade, convindo simplificá-lo para a representação da fig.27.21, onde temos nos terminais dos enrolamentos as equações dos circuitos:

$$\mathbf{V}_1 = \mathbf{Z}_1\mathbf{I}_1 + \varepsilon_1 \qquad (27.10a)$$

$$\mathbf{V}_2 = \varepsilon_2 - \mathbf{Z}_2\mathbf{I}_2 \qquad (27.10b)$$

onde a fem induzida ε_1 é considerada uma queda de tensão, enquanto que ε_2 como uma elevação de tensão, e portanto, um gerador. Coloca-se dois pontos juntos aos enrolamentos para indicar que as tensões induzidas estão em fase. O diagrama de fasores das tensões alternadas é dado na fig.27.22.

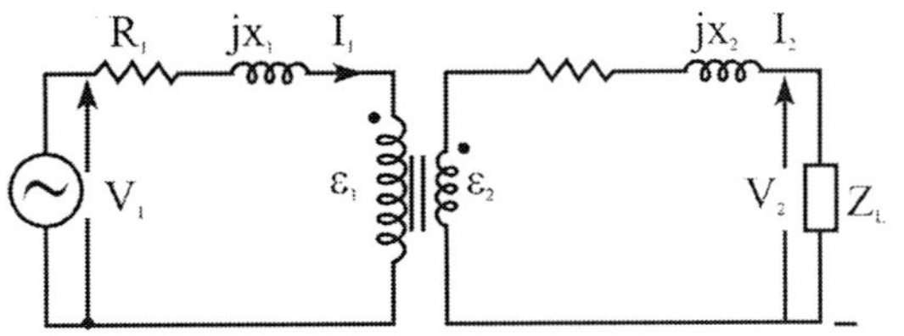

Fig.27.21

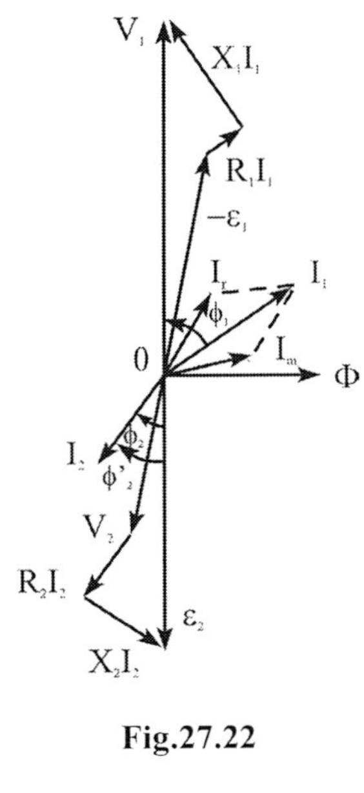

Fig.27.22

Usando a transformação de impedância, temos,

$$\mathbf{Z}_e = R_1 + R_2' + j(X_1 + X_2') + \mathbf{Z}_{L1} \qquad (27.11a)$$

indicado na fig.27.23, ou simplesmente,

$$\mathbf{Z}_e = R_{e1} + jX_{e1} + \mathbf{Z}_{L1} \qquad (27.11b)$$

onde o transformador fica reduzido a uma impedância equivalente de entrada.

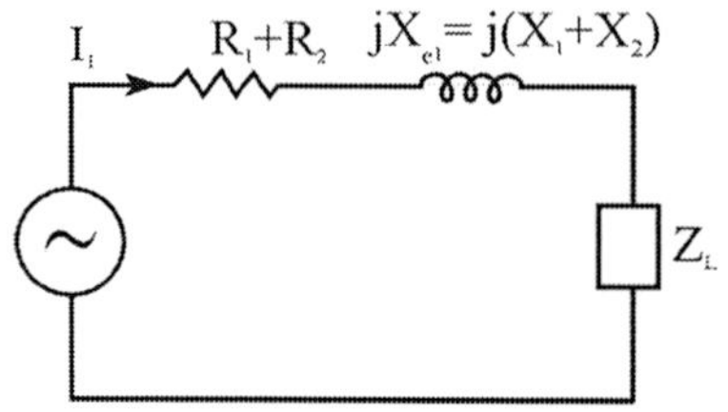

Fig.27.23

Exemplo 27.8

Dado um transformador de distribuição de 75 kVA, 6.600/240 V, 60 Hz . Achar a corrente e a impedância de carga, referidas ao lado de AT.

Temos a corrente de carga do enrolamento do secundário,

$$I_2 = \frac{75.000 \text{ VA}}{240 \text{ V}} = 312,5 \text{ A}$$

E a impedância de de carga,

$$Z_L = \frac{240 \text{ V}}{312,5 \text{ A}} \cong 0,768 \text{ W}$$

Sendo a razão de transformação, 6.600/240 = 27,5 , temos, com relação ao lado de AT:

$$I_2' = \frac{312,5 \text{ A}}{27,5} = 11,36 \text{ A}$$

$$Z_L' = (27,5)^2 \, (0,768 \text{ W}) = 580,8 \text{ W}$$

[4] Rendimento do Transformador

O transformador é a máquina elétrica que apresenta grande rendimento, geralmente em torno de 94 % nos pequenos, e de 99 % nos de grande porte. O seu rendimento ou eficiência é definido como a razão da potência elétrica de saída pela potência elétrica de entrada, ou seja,

$$\eta = \frac{P_{saída}}{P_{entrada}} \tag{27.12a}$$

sendo, $P_{saída} = N(kVA).(f.p.)$ e $P_{entrada} = P_{saída} + \sum perdas$; e como $P_{saída} = P_{entrada} - \sum perdas$, temos a definição alternativa,

$$\eta = 1 - \frac{\sum perdas}{P_{entrada}} \tag{27.12b}$$

onde, $\sum perdas$ = perda no cobre + perda no ferro = $R_{ej}I_j^2 + X_jI_\varphi^2$.

A perda no ferro é cerca de 2% ; já a perda no cobre varia de 1% a 5% (a plena carga). Na prática ambas são obtidas mediante ensaios de curto-circuito e circuito aberto com o transformador. A potência elétrica da perda no cobre é lida diretamente no wattimetro intercalado nos terminais do transformador, através do ensaio em vazio ou em circuito aberto; a potência elétrica da perda no ferro ou núcleo é igualmente dada pela leitura de um wattimetro, quando se procede a prova ou ensaio do transformador em curto-circuito. Vejamos cada um desses ensaios através dos exemplos que se seguem.

Exemplo 27.9

Num transformador de 60 kVA , 2.600/130 V, 60 Hz , o ensaio em vazio é feito deixando a AT em circuito aberto, fig.27.24 , com os instrumentos de medidas intercalados na BT. Admitamos que eles fornecem as leituras: 384 W, $V_2 \cong \varepsilon_2 = 130$ V e $I_m = 9{,}4$ A .

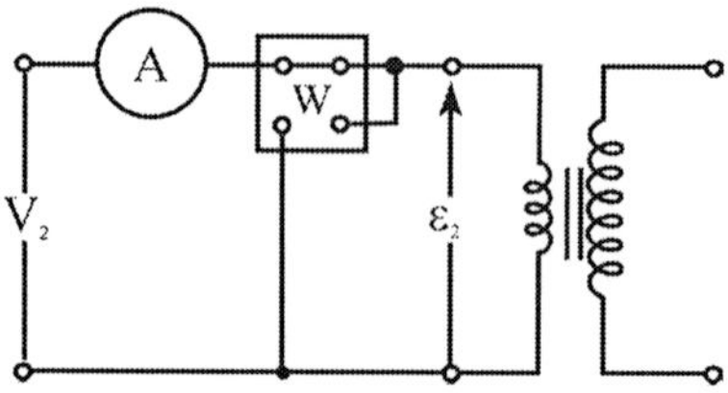

Fig.27.24

O fator de potência do vazio, $\cos\theta_o$, é obtido dos dados fornecidos,

$$\cos\theta_o = \frac{P_f}{V_2 I_m} = \frac{384\ W}{(130V)(9{,}4\ A)} \cong 0{,}3142$$

donde, $\theta_o \cong 71{,}69°$. O diagrama fasorial das correntes é dado na fig.27.25 onde $\theta_o = 90$ - a ; daí tiramos as relações:

$$I_f = I_m \cos\theta_o = (9{,}4\ A)(\cos 71{,}69°) \cong 2{,}95\ A$$

$$I_j = I_m \cos\theta_o = (9{,}4\ A)(\text{sen } 71{,}69°) \cong 8{,}92\ A$$

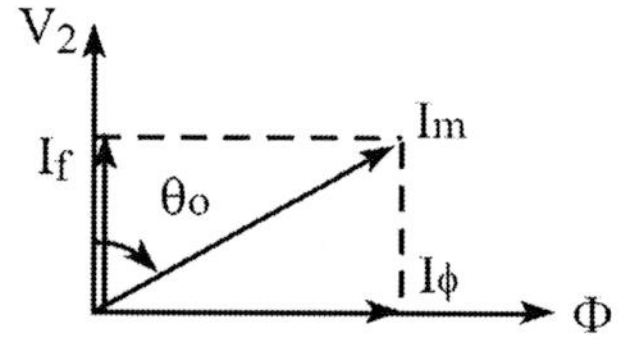

Fig.27.25

A resistência das perdas no ferro, vale,

$$R_f = \frac{P_f}{I_f^2} = \frac{384\ W}{(2{,}95\ A)^2} \cong 44{,}13\ \Omega$$

E referindo ao lado de AT, virá,

$R_f' = a^2 R_f = (20)^2 (44{,}13W) = 17.652\ \Omega$

A reatância das perdas no núcleo,

$$X_j = \frac{V_2}{I_j} = \frac{130\ V}{8{,}92\ A} \cong 14{,}574\ \Omega$$

E referindo-a ao lado de AT,

$X_j' = a^2 X_j = (20)^2 (14{,}574\ W) = 5.829{,}6\ \Omega$

Exemplo 27.10

O ensaio de curto-circuito, com o mesmo transformador é feito deixando a BT em curto-circuito, fig.27.26(a) ; aplicando-se uma tensão reduzida na AT , por exemplo, de 100 V , temos $I_1 = I_2' \cong 23{,}1$ A e $P_C = 920$ W (perdas nos enrolamentos).

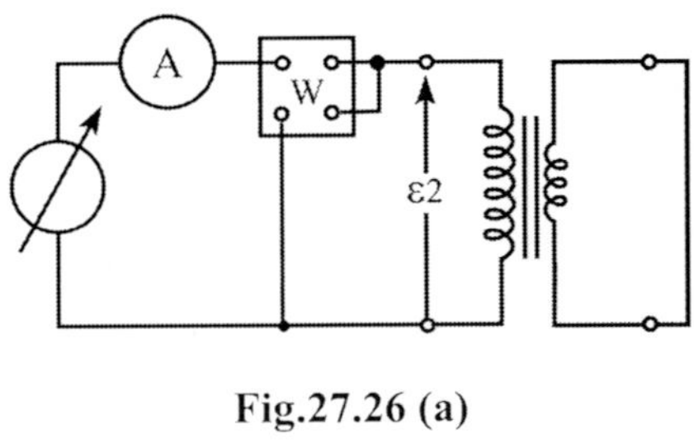

Fig.27.26 (a)

Do circuito equivalente do transformador, fig.27.26 (b), temos,

$$Z_{e1} = \frac{V_{1(red)}}{I_1} = \frac{100\ V}{23{,}1\ A} = 4{,}33\ \Omega$$

$$R_{e1} = \frac{P_f}{I_1} = \frac{920\ W}{(23{,}1\ A)^2} = 1{,}72\ \Omega$$

donde a reatância equivalente da AT,

$$X_{el} = \sqrt{Z_{el}^2 - R_{el}^2} = \sqrt{(4{,}33\Omega)^2 - (1{,}72\ \Omega)^2} \cong 3{,}97\ \Omega$$

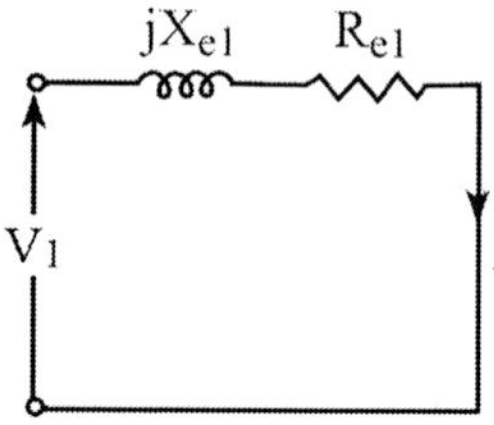

Fig.27.26 (b)

Exemplo 27.11

Considerando as perdas dos ex.27.9 e 27.10, calcular o rendimento do transformador, quando neste é conectada uma carga com 0,8 de f.p.

Temos, $\sum$ perdas = 384 W + 920 W = 1.304 W $\cong$ 1,3 kW ;

$P_{saí}$ = 60 kVA (0,8) = 48 kW e P_{ent} = 48 kW + 1,3 kW = 49,3 kW

Então, por (27.13a),

$$\eta = \frac{48\ kW}{49{,}3\ kW} \cong 0{,}974 \text{ ou } 97{,}4\%$$

[5] Regulação de Tensão

O transformador deve funcionar com as tensões reguladas, isto é, sem variações significativas. Contudo, quando lhe é conectada bruscamente uma carga significativa a tensão varia, e se ela for pequena, diz-se que ela está regulada.

Seja dado o diagrama fasorial da fig.27.27 , onde temos, com referência ao lado de AT , a corrente de carga, $I_2' \underline{|-\theta_2}$, a impedância, $R_{el} + j\, X_{el}$ e a tensão, V_2' , quando, então, V_1 é a tensão do primário.

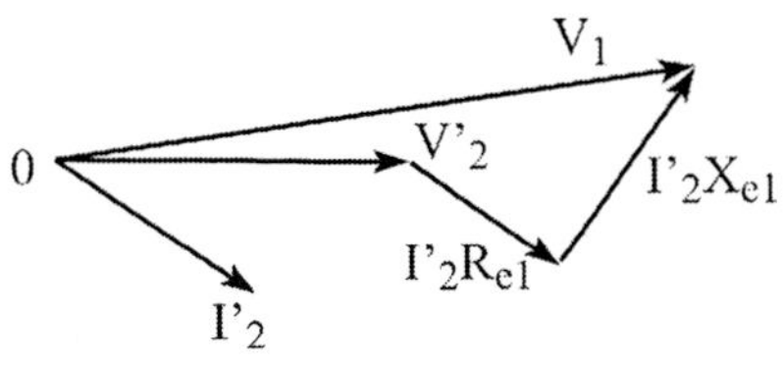

Fig.27.27

Então, define-se regulação de tensão, $\Re_V$, de um transformador, como a relação da variação da tensão $V_1 - V_2'$, introduzida pela carga plena, e a tensão V_2' , nos terminais da mesma, ou seja,

$$\Re_V = \frac{V_1 - V_2'}{V_2'} \qquad (27.13)$$

Para o transformador do ex.27.9 e 27.10 , introduz-se uma impedância de carga com f.p = 0,8 e ângulo $\theta_z = 66{,}58°$, tem-se, $\theta_2 = 36{,}87°$ para a corrente de carga, e portanto,

$$V_2' = (23{,}1\ \angle\underline{-36{,}87°}\ \text{A})\ (4{,}33\ \angle\underline{66{,}58}\ \text{W}) \cong 100\ \angle\underline{29{,}71°}\ \ (\text{V})$$

$$V_1 = 2.600\text{V} + (86{,}85 + j\ 49{,}56)\text{V} = 2.687{,}3\ \angle\underline{1{,}057°}\ (\text{V}) \cong 2.686{,}9\ (\text{V})$$

e, por conseguinte, a regulação de tensão será,

$$\Re_V = \frac{2.686{,}9\ \text{V} - 2600\ \text{V}}{2.600\ \text{V}} \cong 0{,}0334 \text{ ou } 3{,}34\ \% .$$

[6] Resposta de Frequência

Num transformador real a tensão variável de saída é afetada pelas reatâncias indutiva e capacitiva que dependem da frequência, f . A relação V_2/V_1 é chamada função de transferência de tensão, e a forma como ela varia em função da frequência, f , delineia uma resposta do transformador à frequência, dada pela curva típica da fig.27.28. A resposta à frequência tem grande importância para os transformadores que operam a médias e altas frequências, assim como os acoplados a circuito eletrônicos e de controle, mas tem pouca importância para transformadores que operam a baixas frequências.

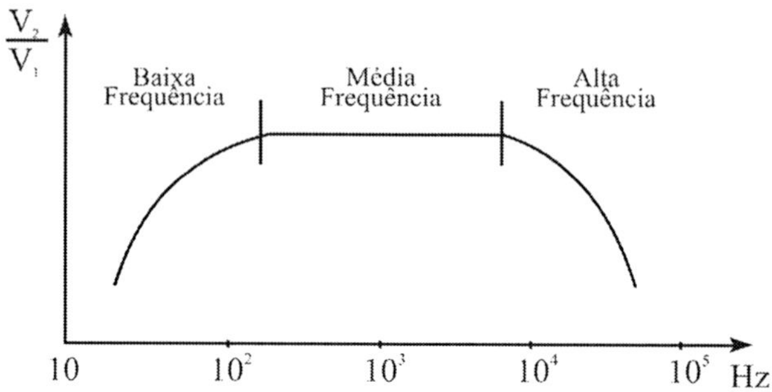

Fig.27.28

Num transformador de transferência de potência, que opera na frequência industrial (50 ou 60 Hz), as reatâncias de seus enrolamentos são desprezadas (equivale dizer que as indutâncias de dispersão são desprezadas) assim como a resistência em shunt, R_f, o que resulta para ele o circuito equivalente da fig.27.29(a); para um transformador que opera em média de frequência (os de audiofrequência e rádiofrequência) as suas indutâncias de dispersão e magnetização são desprezadas, resultando para ele o circuito equivalente dado na fig.27.29(b). E finalmente, um transformador que opera com frequência elevada, as suas reatâncias de magnetização são desprezadas, e para ele tem-se o circuito equivalente da fig.27.29(c).

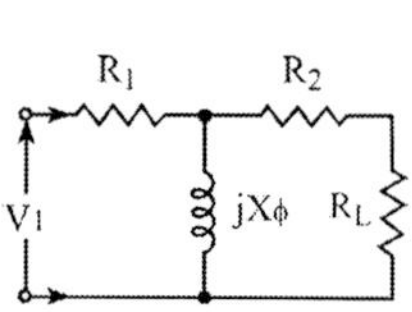

Fig.27.29 (a)

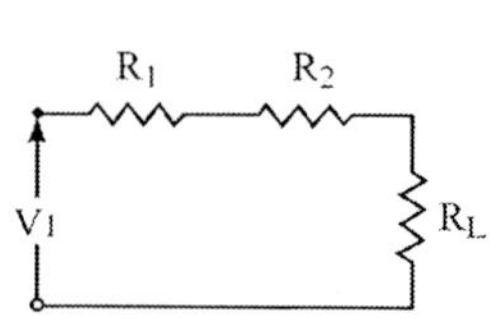

Fig.27.29 (b)

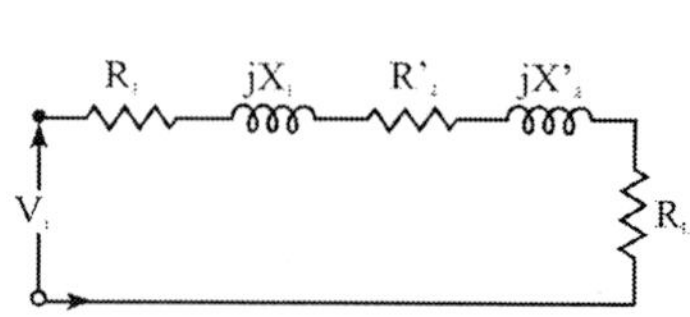

Fig.27.29 (c)

Exemplo 27.12

Um transformador de audiofrequência que tem as indutâncias de dispersão, $L_1 = 8$ mH e $L_2 = 0{,}5$ mH , com a = $\sqrt{30}$, ligado a uma fonte de 6 V em série com uma resistência de 1,2 kW. Com o acoplamento de uma carga de 80 W o circuito passa a operar à frequência de 10.000 Hz. Calcular as correntes e as tensões do primário e do secundário.

No caso, o circuito é o da fig.27.29(c), ora adequado ao da fig.27.30, onde temos: $X_1 = 2p(10^4\ Hz)(8x10^{-3}\ H) \cong 503$ W e $X_2 = 2p(10^4\ Hz)(5x10^{-4}\ H) \cong 31{,}4$ W , ou referido ao primário, $X_2' = (\sqrt{30})^2\ (31{,}4\ W) \cong 942$ W ; então,

$$\mathbf{Z}_{e1} = (1.600 + j942 + 2.400)\ W \cong 4.109\ \underline{|13{,}25°}\ \Omega$$

Donde as correntes e tensões no primário e secundário:

$$I_1 = \frac{6\ V}{4.109\ \underline{|13{,}25°}\ \Omega} \cong 0{,}00146\ \underline{|-13{,}25°}\ A$$

$$V_1 = (1.600 + j943)W\ (\ 0{,}00146\ \underline{|-13{,}25°}\ A) \cong 2{,}71\ \underline{|17{,}24°}\ V$$

$$I_2 = (\sqrt{30})\ 0{,}00146\ \underline{|-13{,}25°}\ A \cong 0{,}008\ \underline{|-13{,}24°}\ A$$

$$V_2 = \frac{2{,}71\ \underline{|17{,}24°}\ V}{(\sqrt{30})} \cong 0{,}5\ \underline{|17{,}24°}\ V$$

ONDAS ELETROMAGNÉTICAS

Capítulo 28
Ondas Eletromagnéticas

[1] Introito

Maxwell

Este capítulo pertence ao legado científico de James Clerk Maxwell (1831-1879), matemático e físico escocês, que entre 1864 e 1873, formula a teoria eletromagnética que unifica definitivamente a eletricidade e o magnetismo, inaugurando o fenômeno eletromagnético. Como coroamento da sua síntese, está a predição da existência de *ondas eletromagnéticas* propagando-se no espaço, independentemente das fontes que as geraram. Esta descoberta inédita, constituiu-se no caso excepcional em que a teoria orientou a experiência.

[2] Correção da Lei de Ampère. Corrente de Deslocamento

Consideremos o caso de um capacitor num circuito com fonte de tensão variável no tempo, fig.28.1, inicialmente tratado no item 15.7. Aplicando-se a lei de Ampère ao resistor tem-se,

$$\oint_L \mathbf{H} \cdot d\mathbf{l} = I \tag{1}$$

sendo I a correntre elétrica no circuito. Mas, quando ela é aplicada ao capacitor, temos,

$$\oint_L \mathbf{H} \cdot d\mathbf{l} = 0 \tag{2}$$

indicando descontinuidade do campo magnético e, como fisicamente isto não é possível, a lei de Ampère falha, neste caso. Na análise de Maxwell ela não foi corretamente aplicada e argumentou que, como a corrente elétrica arrasta consigo um fluxo elétrico, Y(t), variável, que deve ser contínuo entre as armaduras do capacitor, propôs que a fmm deveria ser produzida pelo referido fluxo, ou seja,

$$\oint_L \mathbf{H} \cdot d\mathbf{l} = \frac{\partial \Psi}{\partial t} \qquad (28.1a)$$

da mesma forma que um fluxo magnético variável no tempo produz uma fem-i,

$$\oint_L \mathbf{E}_i \cdot d\mathbf{l} = - \frac{\partial \Phi}{\partial t} \qquad (28.1b)$$

Em consequência, a lei de Ampère deve ser corrigida para incluir esse aspecto, e passa a ser formulada como,

$$\oint_L \mathbf{H} \cdot d\mathbf{l} = I + \frac{\partial \Psi}{\partial t} \qquad (28.1c)$$

E no caso do capacitor, $E_n = Q/\varepsilon S$, donde, $Q = \varepsilon E_n S = \varepsilon \Psi$, que, derivada temporalmente oferece a corrente de deslocamento, I_D ,

$$I_D = \varepsilon \frac{\partial \Psi}{\partial t} = \varepsilon \frac{\partial E}{\partial t} S \qquad (28.2a)$$

ficando assim preservada a continuidade da corrente elétrica entre as placas do capacitor e a lei de Ampère toma a forma geral,

$$\oint_L \mathbf{H} \cdot d\mathbf{l} = I + I_D \qquad (28.1d)$$

(na realidade, para os materiais ferromagnéticos, ainda devemos lhe acrescentar a corrente de magnetização, I_M , por agora dispensável).

De (28.2a) virá a densidade de corrente de deslocamento,

$$\mathbf{J}_D = \varepsilon \frac{\partial \mathrm{E}}{\partial t} \qquad (28.2b)$$

E a lei de Ampère assume a forma alternativa,

$$\oint_L \mathbf{H} \cdot d\mathbf{L} = \int_S (\mathbf{J} + \mathbf{J}_D) \cdot d\mathbf{S} \qquad (28.1e)$$

Em termos de densidade de fluxo magnético, $\mathbf{B} = \mu \mathbf{H}$, e temos,

$$\oint_L \mathbf{B} \cdot d\mathbf{L} = \mu \int_S (\mathbf{J} + \mathbf{J}_D) \cdot d\mathbf{S} \qquad (28.1f)$$

da qual resulta a correspondente forma diferencial,

$$\mathbf{rot\ B} = \mu \mathbf{J} + \mu \mathbf{J}_D \qquad (28.1g)$$

28.1. Equações de Maxwell

Maxwell reuniu, como um sistema de equações simultâneas, as quatro leis básicas do eletromagnetismo, ora dadas nas suas formas diferenciais e integrais que lhe dão origem:

Lei de Gauss (elet.): $\mathrm{div}\ \mathbf{E} = \rho/\varepsilon \qquad \oint_S \mathbf{E} \cdot d\mathbf{S} = 1/\varepsilon \int_v \rho\, dV \qquad (28.2a)$

Lei de Gauss (mag.): $\mathrm{div}\ \mathbf{B} = 0 \qquad \oint_S \mathbf{B} \cdot d\mathbf{S} = 0 \qquad (28.2b)$

Lei de Faraday: $\mathbf{rot\ E} = -\frac{\partial}{\partial t}\mathbf{B} \qquad \oint_L \mathbf{E} \cdot d\mathbf{L} = -\int_S \frac{\partial}{\partial t}\mathbf{B} \cdot d\mathbf{S} \qquad (28.2c)$

Lei de Ampère : $\mathbf{rot\ B} = \mu(\mathbf{J} + \varepsilon \frac{\partial \mathbf{E}}{\partial t}) \qquad \oint_L \mathbf{B} \cdot d\mathbf{L} = \int_S m(\mathbf{J} + \varepsilon \frac{\partial \mathbf{E}}{\partial t}) \cdot d\mathbf{S}$

(28.2d)

Estas equações compõem um sistema autocompatível e serão, doravante, chamadas de equações de Maxwell e referendadas na ordem dada como respectivamente 1^a, 2^a, 3^a e 4ª equações de Maxwell. Obviamente, elas podem assumir outras formas alternativas, tendo em conta que **D** = e**E** e **B** = m**H**, dependendo da conveniência da questão. Ao sistema em tela, juntamos as equações auxiliares:

Equação de continuidade: $\text{div}\,\mathbf{J} = -\dfrac{\partial \rho}{\partial t}$ ou $\oint_S \mathbf{J}\cdot d\mathbf{S} = -\int_v \dfrac{\partial \rho}{\partial t}\, dv$ (28.2e)

Lei de Ohm microscópica: $\mathbf{J} = \sigma\,\mathbf{E}$ (28.2f)

Exemplo 28.1

Mostrar que a equação de continuidade é compatível com a lei de Ampère.

Introduzindo a Lei de Gauss na equação de continuidade, temos,

$$\text{div}\,\mathbf{J} = -\frac{\partial}{\partial t}\,\text{div}(\varepsilon\,\mathbf{E})$$

Permutando a ordem dos operadores do termo do 2º membro e transpondo-o para o 1º membro, chegamos à forma homogênea,

$$\text{div}\left(\mathbf{J} + \varepsilon\frac{\partial}{\partial t}\mathbf{E}\right) = 0 \qquad (1)$$

onde a expressão entre parênteses é a densidade de corrente elétrica total, e o 2º termo é a densidade de corrente de deslocamento.

Por sua parte, tomando a divergência de (28.2d) na forma diferencial, virá,

$$\text{div}\,\textbf{rot}\,\mathbf{B} = \text{div}\,\mu\left(\mathbf{J} + \varepsilon\frac{\partial}{\partial t}\mathbf{E}\right) = 0$$

E por ser nulo o 1º membro acima, temos,

$$\text{div}\,\mu\left(\mathbf{J} + \varepsilon\frac{\partial}{\partial t}\mathbf{E}\right) = 0 \qquad (2)$$

E portanto, são compatíveis os resultados (1) e (2).

Como veremos a seguir, Maxwell, estabeleceu por via dedutiva as equações de ondas eletromagnéticas (OEM), postulando que nelas os campos elétrico e magnético viajam juntos, e sugeriu que tais ondas deveriam ser geradas através de um circuito oscilante, a exemplo de um circuito RC paralelo. Nesse circuito, mediante chaveamento, oscilações são produzidas no processo de troca de energia entre o capacitor e o indutor; se postas no ritmo de chaveamento, parte dela escapará do circuito sob a forma de radiações que são as ondas eletromagnéticas. E como as oscilações podem tomar quaisquer valores, Maxwell também observou que deveria existir uma família de radiações eletromagnéticas, na qual estaria incluída a luz visível, e que no espaço livre, tais ondas eletromagnéticas deveriam se deslocar com a velocidade da luz.

Experimento de Hertz

Coube a Henrich Rudolf Hertz (1857-1894), físico alemão, a comprovação experimental da existência de ondas eletromagnéticas (OEM), em 1887-8, através de experimento histórico que passamos a descrever:

Hertz

Hertz idealizou inicialmente um oscilador constituído de dois segmentos metálicos, de alguns decímetros, cada um com duas esferas metálicas nas extremidades (uma pequena e outra maior, com diâmetros de alguns centímetros), e ambos ligados a uma fonte de tensão variável, com uma bobina acoplada a uma máquina eletrostática, esquema ilustrado na fig.28.2(a). O oscilador de Hertz, ora chamado de emissor, produzia elevada frequência e operava da seguinte forma: a medida que uma ddt crescente era estabelecida nos segmentos, as esferas maiores íam acumulando cargas elétricas de sinais contrários, e num determinado instante, os segmentos se tornavam sede de oscilações elétricas, quando entre as esferas menores saltavam faíscas elétricas, e neste instante o sistema emitia a radiação eletromagnética. Para detectar tais ondas, Hertz também idealizou um anel de cobre (comprimento da ordem do dm) com duas pequenas esferas metálicas nas extremidades (com espaço entre elas de alguns mm) como elemento receptor, que batizou de ressoador; Hertz verificou que só ocorria centelhamento neste, quando o seu plano estava colocado em posição perpendicular ao plano do emissor, que é a posição em que ele concatena máximo fluxo magnético, que gera a fem que provocava a faísca elétrica, revelando assim, a presença e direção do campo magnético.

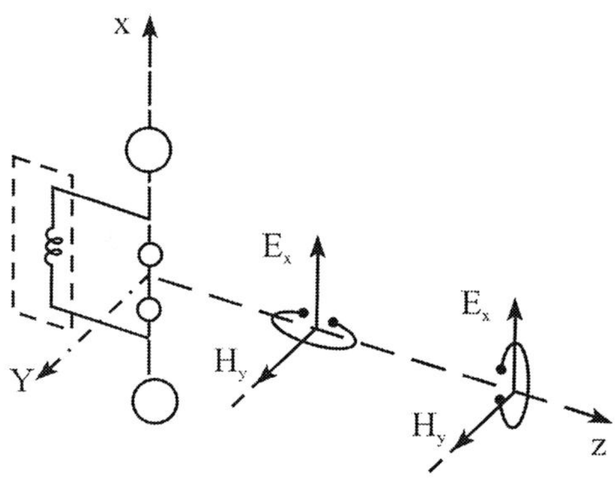

Fig.28.2 (a)

Numa fase seguinte, Hertz colocou um anteparo metálico, aterrado, na direção de propagação das radiações; e regulando a distância daquele com o emissor, conseguiu obter ondas eletromagnéticas estacionárias, fig.28.2(b), detectadas pelo anel receptor, como pontos de ventres, quando a faísca se tornava mais forte, e pontos de nodos, quando nada acontecia. Hertz pode assim confirmar a previsão de Maxwell, para a velocidade de propagação das ondas eletromagnéticas: quando produzia uma chispa numa frequência de 5 $\times 10^8$ c/s, ele estimou um comprimento de onda cerca de 60 cm, coroando de êxito a previsão teórica de Maxwell.

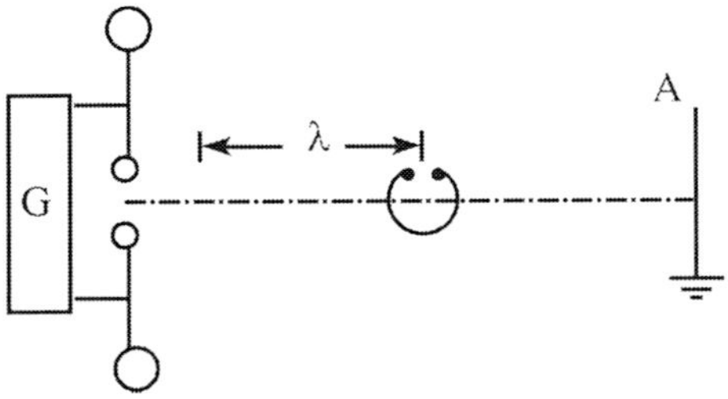

Fig.28.2 (b)

Hertz também comprovou que as ondas eletromagnéticas possuíam as mesmas propriedades da luz visível: reflexão, refração, interferência e polarização, e que elas eram de natureza transversal. Contudo, a hipótese de Maxwell de que as ondas eletromagnéticas se propagariam no vazio com a velocidade da luz, somente foi consagrada em 1895, após uma série de experiências, que culminou em fazer com que a ótica física passasse a ser um capítulo da teoria eletromagnética. O espectro eletromagnético é dado no apêndice C.

28.2. Equações Gerais de Ondas Eletromagnéticas

As equações de ondas eletromagnéticas que iremos estabelecer são aplicáveis a meios homogêneos (propriedade de não variar com a posição), isotrópico (de não variar com a direção), lineares, referidos a um referencial fixo, e por enquanto, infinitos (para excluir a reflexão e a refração).

Aplicando **rot** a 3ª equação de Maxwell, na forma diferencial, virá,

$$\mathbf{rot}\,(\mathbf{rot}\,\mathbf{E}) = \mathbf{rot}\,\left(-\frac{\partial \mathbf{B}}{\partial t}\right)$$

o 1º membro, por sua vez, pode ser desenvolvido segundo identidade conhecida, que oferece, **grad** (div **E**) - ∇^2 **E** ; e sendo div **E** = r/e , passamos a ter,

$$\frac{1}{\varepsilon}\ \mathbf{grad}\ \rho - \nabla^2\ \mathbf{E} = \frac{\partial}{\partial\ t}(\mathbf{rot\ B})$$

onde no 2º membro permutou-se o operador espacial pelo temporal. Dando significado a **rot B** no 2º membro acima, e tendo em conta (28.2f), virá,

$$\frac{1}{\varepsilon}\ \mathbf{grad}\ \rho - \nabla^2\ \mathbf{E} = \frac{\partial}{\partial\ t}(\mu\ \sigma\ \mathbf{E} + \mu\varepsilon\frac{\partial \mathbf{E}}{\partial\ t})$$

Operando e reordenando o resultado, chegamos a forma geral não homogênea da equação de ondas eletromagnéticas, em termos de **E**:

$$\nabla^2\ \mathbf{E} - \mu\varepsilon\frac{\partial^2 \mathbf{E}}{\partial\ t^2} - \mu\ \sigma\frac{\partial\ \mathbf{E}}{\partial\ t} = \frac{1}{\varepsilon}\ \mathbf{grad}\ \rho \tag{28.3a}$$

Como se pode notar, os 2º e 3º termos do 1º membro representam as contribuições das respectivas correntes de deslocamento e de condução.

Em geral a OEM propaga-se em meios em que r = 0, e a equação supra se torna,

$$\nabla^2\ \mathbf{E} = \mu\varepsilon\frac{\partial^2 \mathbf{E}}{\partial\ t^2} + \mu\sigma\frac{\partial\ \mathbf{E}}{\partial\ t} \tag{28.4a}$$

De modo análogo, aplicando **rot** a 4ª equação de Maxwell, em função de **H** , usando os mesmos procedimentos e tendo em conta que div **H** = 0 , concluímos,

$$\nabla^2\ \mathbf{H} = \mu\varepsilon\frac{\partial^2 \mathbf{H}}{\partial\ t^2} + \mu\sigma\frac{\partial\ \mathbf{H}}{\partial\ t} \tag{28.4b}$$

Uma OEM propagando-se num meio não condutor, s = 0, as equações estabelecidas simplificam-se, respectivamente, para,

$$\nabla^2 \mathbf{E} = \mu\,\varepsilon \frac{\partial^2 \mathbf{E}}{\partial t^2} \qquad (28.5a)$$

$$\nabla^2 \mathbf{H} = \mu\,\varepsilon \frac{\partial^2 \mathbf{H}}{\partial t^2} \qquad (28.5b)$$

E como se pode verificar m e tem dimensão do inverso do quadrado de velocidade, ou seja, $\mu\,\varepsilon = {}^1/v^2$, o que permite concluirmos que,

$$v = \frac{1}{\sqrt{\mu\varepsilon}} \qquad (28.6a)$$

que é chamada de velocidade de fase. Em especial, se o meio é o espaço livre ou vazio temos, $\mu_o = 4p \times 10^{-7}$ H/m (exato) e $\varepsilon_o = 8{,}854\ 187\ 817 \times 10^{-12}$ F/m, que levados à equação acima, resulta, $v = c = 2{,}997\ 924\ 58 \times 10^{8}$ m/s (exato), que é o encontro do valor da velocidade da luz no vazio como previsto teoricamente por Maxwell. Com v = c tem-se a relação de concatenação de Maxwell,

$$c^2\,\mu_o\varepsilon_o = 1 \qquad (28.6b)$$

A preferência de se usar **H** em vez de **B** , na dedução acima , resulta da conveniência de termos **E x H** com dimensão de energia, além do que a relação E/H , tem dimensão de impedância, conforme será visto adiante.

Para a solução da equação (28.5a) ou (28.5b) recorre-se ao método de separação de variáveis, visto que o 1° membro de cada uma depende somente de coordenadas espaciais, enquanto que o 2º membro, de coordenadas temporais, resultando assim em duas equações diferenciais vetoriais que podem ser tratadas separadamente, como será visto logo mais. Matematicamente, as equações vetoriais de OEM estabelecidas, admitem um grande número de soluções possíveis, contudo somente convém ao fato físico aquelas que atendam requisitos das equações de Maxwell.

28.3. Ondas Eletromagnéticas num Meio sem Perdas

Uma onda eletromagnética, propagando-se distante da fonte, a cada instante pode ser imaginada como uma frente de onda representada por uma superfície, onde **E** e **H** são tangentes no ponto de intercepção da direção de propagação com a mesma, fig.28.3. E como vetores campos estão em fase de tempo, uma frente de onda são superfícies de fase ou equifásicas. Quando as equifásicas são planas, a OEM é plana e os vetores campos **E** e **H** mutuamente perpendiculares e pertencem ao plano de fase. A OEM plana se diz uniforme quando não mudar de forma durante a propagação, progressiva por avançar no tempo com sentido crescente da propagação. A seguir estaremos tratando de OEM plana, ficando subentendido que ela é também uniforme e progressiva.

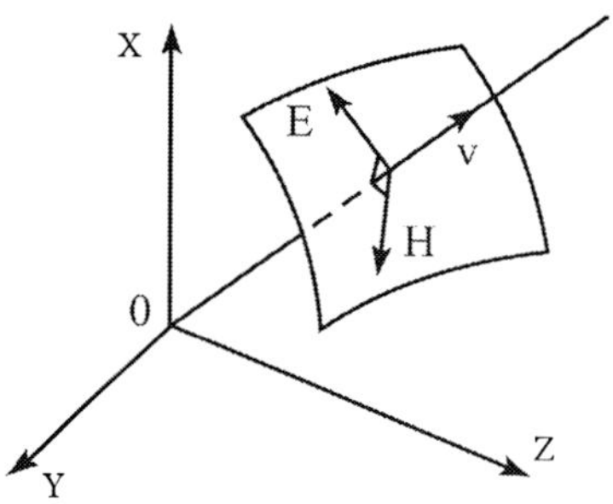

Fig.28.3

[1] Propagação de OEM plana

Seja o caso especial da OEM plana, referendada a um sistema de eixos cartesianos, propaga-se na direção do eixo Z. O vetor **E** transladará no plano XZ , tendo apenas uma componente na direção X ($E_x \neq 0$, $E_y = 0$ e $E_z = 0$), enquanto que o vetor **H** transladará no plano YZ, tendo apenas componente na direção Y ($H_x = 0$, $H_y \neq 0$ e $H_z = 0$). Como os dois vetores **E** e **H** estão em fase de tempo e são perpendiculares entre si, eles cumprem a condição $\mathbf{E} \cdot \mathbf{H} = 0$, fig.28.4 , e onde, ademais, **E x H** , oferece o sentido da propagação da OEM plana.

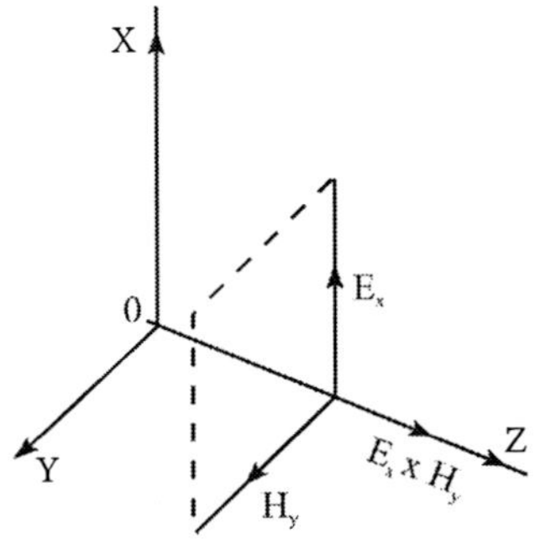

Fig.28.4

A distribuição da OEM plana no vazio ($\sigma = 0$ e $\rho = 0$) virá dada pelas pela análise das equações de Maxwell, a seguir particularizadas para o caso:

$\nabla \cdot \mathbf{E} = 0$:

$$\frac{\partial E_x}{\partial x} = 0 \qquad (28.7a)$$

$\nabla \cdot \mathbf{H} = 0$:

$$\frac{\partial H_y}{\partial y} = 0 \qquad (28.7b)$$

$\nabla \mathbf{x} \mathbf{E} = -\mu_o \, \partial \mathbf{H}/\partial t$:

$$\frac{\partial E_x}{\partial z} = -\mu_o \frac{\partial H_y}{\partial t} \qquad (28.7c)$$

$\nabla \mathbf{x} \mathbf{H} = \varepsilon_o \, \partial \mathbf{E}/\partial t$:

$$-\frac{\partial H_y}{\partial z} = \varepsilon_o \frac{\partial E_x}{\partial t} \qquad (28.7d)$$

As duas primeiras equações informam que E_x e H_y são constantes em qualquer ponto do plano de fase, portando, é com as duas últimas que iremos obter as equações de OEM plana em causa. Derivando (28.7c) em relação a z e (28.7d) em relação a t, e confrontando os resultados, obtemos a equação de onda, escalar, em termos de campo elétrico,

$$\frac{\partial^2 E_x}{\partial t^2} = \frac{1}{\mu\varepsilon} \frac{\partial^2 E_x}{\partial z^2} \qquad (28.8a)$$

Com procedimento análogo, fazendo as derivações na ordem inversa, em t e em z , das mesmas, obtemos a equação de onda, escalar, em termos de campo magnético,

$$\frac{\partial^2 H_y}{\partial t^2} = \frac{1}{\mu\varepsilon} \frac{\partial^2 H_y}{\partial z^2} \qquad (28.8b)$$

onde em ambos os casos, temos, $\mu\, \varepsilon = \frac{1}{v^2}$. A semelhança das equações obtidas indicam que os campos se comportam de maneira similar, ou que a OEM plana é uniforme. Como soluções das equações (28.8a) e (28.8b), vamos eleger as expressões, respectivas,

$$E_x = F(z - vt) \qquad (28.9a)$$

$$H_y = G(z - vt) \qquad (28.9b)$$

onde F e G são funções arbitrárias que definem a forma de onda, e v a velocidade de propagação de onda ou velocidade de fase. Derivando (28.9a) em relação a t , temos,

$$\frac{\partial E_x}{\partial t} = - v F'(z - vt)$$

Substituindo em (28.7d), obtemos,

$$\frac{\partial H_y}{\partial z} = \varepsilon\, v\, F'(z - vt)$$

Integrando e tendo em conta que, e, $v = \sqrt{\varepsilon / \mu}$, teremos,

$$H_y = \sqrt{\varepsilon / \mu}\; F(z - vt) \tag{28.9c}$$

onde a constante arbitrária foi desprezada por não participar do movimento da onda.

Dividindo (28.9a) por (28.9c), podemos concluir que,

$$E_x / H_y = \sqrt{\frac{\mu}{\varepsilon}} \tag{28.10a}$$

E como se pode verificar, o 2°membro tem dimensão de impedância $[M\, L^2 T^{-3} I^{-2}]$, sendo chamado doravante de impedância intrínseca do meio não condutor.

Alternativamente, temos,

$$E_x = \sqrt{\frac{\mu}{\varepsilon}}\; H_x \tag{28.10b}$$

Usando do mesmo procedimento com as equações (28.9b) e (28.7c), chegaremos ao mesmo resultado. Caso tivéssemos tomando como argumento, (z + vt), obteríamos também os mesmos resultados, com a OEM plana viajando no sentido regressivo ou negativo do eixo Z.

[2] Propagação de OEM plana harmônica

Vamos considerar uma OEM plana propagando-se com a frequência angular w, por isso chamada de harmônica. Neste caso podemos tomar a função arbitrária F como uma cossenoide, e eleger como solução possível para (28.8a), a função representativa de campo elétrico,

$$E_x = E_m \cos \omega(t - z/v) \tag{28.11a}$$

onde E_m é o valor máximo ou amplitude, (t - z/v) é o lapso de tempo decorrido para que a OEM se encontra em dada posição, e, $\omega(t - z/v) = [(\omega t - \omega z/v)]$ é o ângulo de fase, que é constante no tempo. Então, pondo $\beta = \omega/v$, passamos a ter $(\omega t - \beta z)$, que derivado no tempo, oferece,

$$\omega - \beta \frac{dz}{dt} = 0 \qquad (1)$$

E sendo dz/dt = v, velocidade de fase, segue que,

$$\beta = \omega/v \qquad (2)$$

Seguem-se as demais definições: comprimento de onda, $\lambda = v/f = vT = 2\pi/\beta$, que é o avanço que a onda faz durante um período de tempo, $T = 2\pi/\omega$. Isto posto, a solução (28.11a) fica expressa como,

$$E_y = E_m \cos(\omega t - \beta z) \qquad (V/m) \tag{28.11b}$$

Analogamente, teremos para o campo magnético,

$$H_y = H_m \cos(\omega t - \beta z) \qquad (A/m) \tag{28.11c}$$

Notemos que E_x e H_y possuem a mesma forma e o mesmo argumento, $(\omega t - \beta z)$, significando que a OEM plana é uniforme e estão em fase (os vetores campos elétrico e magnético alcançam seus valores máximos ou mínimos num mesmo instante), além de ser progressiva. A fig. 28.5 ilustra o caso da OEM plana harmônica estar viajando com velocidade v . Resta-nos agora verificar se as soluções propostas conferem com as equações de Maxwell. A comprovação é feita derivando (28.11b) em relação a z e (28.11c) em relação a t , e então obtemos,

$$\frac{d E_x}{d z} = \beta E_m \text{ sen } (\omega t - \beta z)$$

$$\frac{d H_y}{d t} = -\omega E_m \text{ sen } (\omega t - \beta z)$$

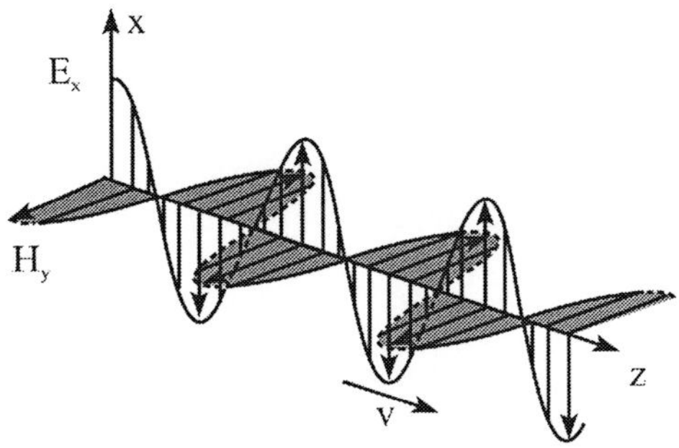

Fig.28.5

Levando estes resultados na equação (28.7c), e tendo em conta que $\omega\mu/\beta = \mu v = \sqrt{\mu / \varepsilon}$, obtemos a relação das amplitudes das ondas como em (28.10a),

$$E_m / H_m = \sqrt{\frac{\mu}{\varepsilon}} \qquad (\Omega) \qquad (28.10c)$$

Relação esta que depende dos parâmetros do meio não condutor, que é traduzida pela impedância intrínseca, como já fizemos notar. Obviamente, a relação supra vale igualmente para os valores instantâneos e eficazes dos campos, ou seja

$$E / H = \sqrt{\frac{\mu}{\varepsilon}} \qquad (\Omega) \qquad (28.10d)$$

Costuma-se por $\sqrt{\mu / \varepsilon} = \eta$, e a expressão supra fica simplificada para,

$$\frac{E}{H} = \eta \qquad (28.10e)$$

donde,

$$E = \eta\ H \qquad (28.10f)$$

Se a propagação da onda acontece no espaço livre , v = c e teremos,

$$\eta_o = 120\pi \cong 377 \quad (\Omega) \qquad (28.12a)$$

Dessas considerações também se segue que E = c B , como visto no item 24.1.

Opcionalmente poderíamos ter adotado como solução, a função seno, sen(ωt - βz) e neste caso teríamos uma solução igualmente aceitável. Isto nos leva a possibilidade de termos uma solução mais geral com a soma de seno e coseno, que pode ser mais adequadamente expressa sob forma exponencial, como,

$$\mathbf{E}(z,t) = E_m\, e^{j(\omega t - \beta z)}\ \hat{e}_x \qquad (28.13a)$$

$$\mathbf{H}(z,t) = H_m\, e^{j(\omega t - \beta z)}\ \hat{e}_y \qquad (28.13b)$$

onde Em é o valor máximo, e $j = \sqrt{-1}$. Como é sabido, a parte real de qualquer uma dessas equações, oferece a função cos, enquanto que a parte imaginária, a função sen. Convindo expressá-las pelos seus valores eficazes, divide-se cada uma delas por $\sqrt{2}$, e tem-se, $E_{ef} = E_m/\sqrt{2}$ e $H_{ef} = H_m/\sqrt{2}$

Numa situação mais geral a OEM plana senoidal pode se propagar numa direção arbitrária (independente da orientação dos eixos coordenados), com o plano de fase definido pelo produto escalar $\mathbf{n} \cdot \mathbf{r}$ = cte. , sendo $\mathbf{n} = \hat{e}_x \cos\hat{A} + \hat{e}_y \cos B + \hat{e}_z \cos C$, vetor unitário normal ao referido plano, que indica o sentido da propagação com $\hat{A}$, B e C , cosenos diretores, e $\mathbf{r} = x\,\hat{e}_x + y\,\hat{e}_y + z\,\hat{e}_z$, o vetor posição de um ponto P sobre o plano de fase, fig.28.6, de modo que $\mathbf{n}.\,\mathbf{r} = x \cos\hat{A} + y \cos B + z \cos C$ é interpretado como a projeção de **r** sobre a normal ON , constante para todo os pontos do plano de fase.

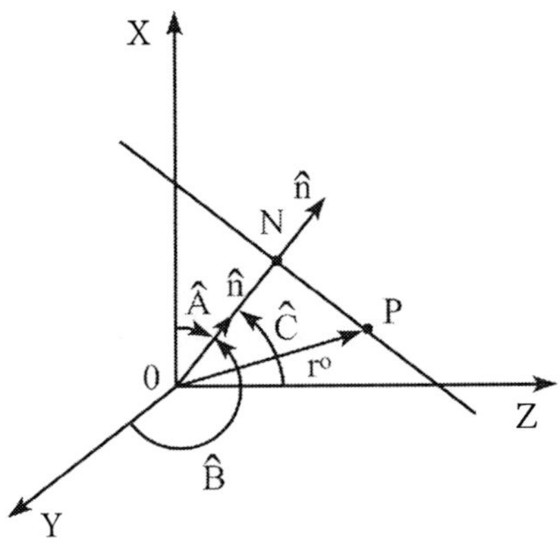

Fig.28.6

Convindo definir k = βn, chamado de vetor propagação, e tem-se para o argumento(ωt – βn.r) = etc. Então podemos escrever as equações dos campos elétrico e magnético sob as formas exponenciais,

$$\mathbf{E}(\mathbf{r},t) = \mathbf{E}_m\, e^{j(\omega t - k.r)} \tag{28.13c}$$

$$\mathbf{H}(\mathbf{r},t) = \mathbf{H}_m\, e^{j(\omega t - k.r)} \tag{28.13d}$$

onde cada campo é composto da parte temporal, exp ωt , e da parte espacial,exp k•r. Este entendimento faculta representar cada campo como um fasor; por exemplo, fazendo em (28.13c), a separação das partes temporal e espacial, temos,

$$\mathbf{E}(\mathbf{r},t) = [\mathbf{E}_m\, e^{-j\, k.r)}]\, e^{j\omega t}$$

Por sua vez, anota-se o termo entre chaves por, $E_o = E_m$ e - j k•r, e tem-se o fasor campo elétrico

$$\mathbf{E}(\mathbf{r},t) = \mathbf{E}_o\, e^{j\omega t} \tag{28.13e}$$

De modo análogo, tem-se para o campo magnético, $H_o = H_m$ e -j k•r, e sua representação fasorial,

$$\mathbf{H}(\mathbf{r},t) = \mathbf{H}_o \, e^{j\omega t} \qquad (28.13f)$$

[3] Equações de Maxwell para a OEM plana harmônica

Introduzindo (28.13e) e (28.13f), respectivamente, nas 3ª e 4ª equações de Maxwell, nas formas diferenciais referendadas a (28.2c) e (28.2d), para o caso em que $s = 0$, teremos o sistema seguinte:

$$\nabla \cdot \mathbf{E} = 0 \qquad (28.14a)$$

$$\nabla \cdot \mathbf{H} = 0 \qquad (28.14b)$$

$$\nabla \times \mathbf{E} = -j\,\omega\mu\,\mathbf{H} \qquad (28.14c)$$

$$\nabla \times \mathbf{H} = j\omega\varepsilon\,\mathbf{E} \qquad (28.14d)$$

[4] Equações Gerais de OEM plana harmônica

Introduzindo em (28.5a) e (28.5b) as equações (28.13e) e (28.13f), teremos para as equações da onda plana harmônica, sob as formas:

$$\nabla^2 \mathbf{E} = -\omega^2\mu\,\varepsilon\,\mathbf{E} \qquad (28.15a)$$

$$\nabla^2 \mathbf{H} = -\omega^2\mu\,\varepsilon\,\mathbf{H} \qquad (28.15b)$$

Convindo por $-\omega^2\mu\,\varepsilon = j^2\,\omega^2/v^2 = |j\beta|^2 = \beta^2$, que doravante será chamada de constante de defasagem. Introduzindo β^2 nas equações supra e explicitando os primeiros membros das equações supra, podemos anotá-las como,:

$$\frac{\partial^2 \mathbf{E}}{\partial x^2} + \frac{\partial^2 \mathbf{E}}{\partial y^2} + \frac{\partial^2 \mathbf{E}}{\partial z^2} = \beta^2\,\mathbf{E} \qquad (28.15c)$$

$$\frac{\partial^2 \mathbf{H}}{\partial x^2} + \frac{\partial^2 \mathbf{H}}{\partial y^2} + \frac{\partial^2 \mathbf{H}}{\partial z^2} = \beta^2 \ \mathbf{H} \qquad (28.15d)$$

Exemplo 28.2

Particularizar a equação (28.15c) para uma OEM plana senoidal propagando-se na direção Z e definir os respectivos parâmetros de propagação.

Neste caso, temos,

$$\frac{\partial^2 \mathbf{E}_x}{\partial z^2} = \beta^2 \ \mathbf{E}_x$$

Tomando $\mathbf{E}_x = E_m \, e^{-j\beta z} \, \hat{e}_x$ para solução, definimos os seguintes parâmetros: (a) constante de defasagem: $\beta = \omega\sqrt{\mu\varepsilon}$ (rad/m); (b) velocidade de fase, $v = \omega/\beta = 1/\sqrt{\mu\varepsilon}$ (m/s); (c) comprimento de onda: $\lambda = v/f = 2\pi/\beta$ (m); e (d) impedância intrínseca, $\eta = \sqrt{\mu/\varepsilon}$ (W).

Exemplo 28.3

Expressar a equação (28.13d) em função de (28.13c).

A relação entre os dois fasores está dada pela 3ª equação de Maxwell, ou seja,

$$\nabla \times [\mathbf{E}_m \, e^{j(\omega t - \mathbf{k}..\mathbf{r})}] = -j\,\omega m\,\mathbf{H}$$

Desenvolvendo o 1º membro, segundo identidade conhecida [Apêndice/E(11)], virá,

$$\nabla \times [\mathbf{E}_m \, e^{j(\omega t - \mathbf{k}..\mathbf{r})}] = e^{j(\omega t - \mathbf{k}..\mathbf{r})} \, \nabla \times \mathbf{E}_m + \nabla\,[e^{j(\omega t - \mathbf{k}..\mathbf{r})}] \times \mathbf{E}_m$$

E como $\mathbf{E}_m$ é constante, o seu rotacional é nulo; e operando o gradiente indicado e levando o resultado na equação acima, obtemos,

$$- j\, \mathbf{k}\, e^{j(\omega t - \mathbf{k}.\mathbf{r})} \times \mathbf{E}_m = - j\, \omega\mu\, \mathbf{H}$$

E, portanto, podemos concluir que:

$$\mathbf{H} = \frac{1}{\omega\mu}\, \mathbf{k} \times \mathbf{E}_m\, e^{j(\omega t - \mathbf{k}.\mathbf{r})} \qquad (28.16a)$$

Este resultado pode ser expresso em função da impedância intrínseca, tendo em conta que $\mathbf{k} = \beta\, \mathbf{n} = \omega(\mu\varepsilon)^{1/2}\, \mathbf{n}$; que introduzido acima, virá,

$$\mathbf{H} = \frac{1}{\eta}\, \mathbf{n} \times \mathbf{E} \qquad (28.16b)$$

28.4. Ondas Eletromagnéticas Planas num Meio com Perdas

Um meio com $\sigma \neq 0$ representa uma situação geral que se aproxima de um meio real, para a qual temos:

[1] Equações de Maxwell para a OEM plana harmônica

$$\nabla \cdot \mathbf{E} = 0 \qquad (28.17a)$$

$$\nabla \cdot \mathbf{H} = 0 \qquad (28.17b)$$

$$\nabla \times \mathbf{E} = - j\, \omega\mu\, \mathbf{H} \qquad (28.17c)$$

$$\nabla \times \mathbf{H} = (\sigma + j\omega\varepsilon)\, \mathbf{E} \qquad (28.17d)$$

Na 4ª equação de Maxwell, temos as densidades de corrente de condução, $\sigma\, \mathbf{E}$, e de deslocamento, $j\omega\varepsilon\mathbf{E}$, cuja relação $J / J_D = \sigma / \omega\varepsilon$, terá importância mais adiante.

[2] Equações de OEM plana harmônica

Introduzindo (28.13e) e (28.13f) nas equações (28.4a) e (28.4b), virão as equações gerais da onda plana harmônica para um meio com perdas:

$$\nabla^2 \mathbf{E} = (-\omega^2\mu\,\varepsilon + j\,\omega\sigma\mu)\,\mathbf{E} \qquad (28.18a)$$

$$\nabla^2 \mathbf{H} = (-\omega^2\mu\,\varepsilon + j\,\omega\sigma\mu)\,\mathbf{H} \qquad (28.18b)$$

que são chamadas de equações vetoriais de Helmholtz, em homenagem a Hermann Ludwing Ferdinand vom Helmholtz (1821-1894), fisiologista e físico alemão. Explicitando o 1º membro de cada equação acima, teremos:

$$\frac{\partial^2 \mathbf{E}}{\partial x^2} + \frac{\partial^2 \mathbf{E}}{\partial y^2} + \frac{\partial^2 \mathbf{E}}{\partial z^2} = (-\omega^2\mu\,\varepsilon + j\,\omega\sigma\mu)\,\mathbf{E} \qquad (28.18c)$$

$$\frac{\partial^2 \mathbf{H}}{\partial x^2} + \frac{\partial^2 \mathbf{H}}{\partial y^2} + \frac{\partial^2 \mathbf{H}}{\partial z^2} = (-\omega^2\mu\,\varepsilon + j\,\omega\sigma\mu)\,\mathbf{H} \qquad (28.18d)$$

[3] Constante de Propagação

Com vista a uma simplificação mais adequada, introduz-se a nova constante, γ, chamada de constante de propagação, definida por,

$$\gamma^2 = (-\omega^2\mu\,\varepsilon + j\,\omega\sigma\mu) \qquad (28.19a)$$

e o seu valor compatível com o fato físico é a raiz quadrada positiva,

$$\gamma = +j\omega\sqrt{\mu\varepsilon\,(1 - j\,\sigma / \omega\varepsilon)} \qquad (28.19b)$$

onde γ tem por unidade o radiano por metro, abrevia-se por rad/m. De igual modo, introduzindo γ^2 nas equações (28.18c) e (28.18d), teremos:

$$\frac{\partial^2 \mathbf{E}}{\partial x^2} + \frac{\partial^2 \mathbf{E}}{\partial y^2} + \frac{\partial^2 \mathbf{E}}{\partial z^2} = \gamma^2 \, \mathbf{E} \qquad (28.18e)$$

$$\frac{\partial^2 \mathbf{H}}{\partial x^2} + \frac{\partial^2 \mathbf{H}}{\partial y^2} + \frac{\partial^2 \mathbf{H}}{\partial z^2} = \gamma^2 \, \mathbf{H} \qquad (28.18f)$$

Para uma onda plana uniforme propagando-se na direção Z, podemos eleger como soluções viáveis:

$$\mathbf{E}_x(z) = E_{mx} \, e^{-\gamma z} \, \hat{e}_x \qquad (28.20a)$$

$$\mathbf{H}_y(z) = H_{my} \, e^{-\gamma z} \, \hat{e}_y \qquad (28.20b)$$

Na realidade, a constante de propagação é um número complexo que tem a forma algébrica, $\gamma = \alpha + j\,\beta$, de modo que as equações precedentes são reescritas como,

$$\mathbf{E}_x(z) = E_{mx} \, e^{-\alpha z} \, e^{j\beta z} \, \hat{e}_x \qquad (28.20c)$$

$$\mathbf{H}_y(z) = H_{my} \, e^{-\alpha z} \, e^{j\beta z} \, \hat{e}_y \qquad (28.20d)$$

onde o fator $e^{-\alpha z}$ indica que a onda sofre atenuação exponencial ao se propagar, por isso α é chamada de constante de atenuação, que traduz perda de energia. Por exemplo, para um deslocamento de $z = {}^1/\alpha$, a amplitude da onda atenua-se do fator $e^{-1} \cong 0{,}368$ ou decai de cerca de 36,7 % do valor de pico. Por razão histórica, a unidade de a é a unidade logarítmica natural (sem dimensão) por metro, designa-se por, Napier/metro, Np/m; e β a constante de defasagem, já definida, de unidade, radiano/metro, rad/m .

Explicitando o domínio do tempo, as equações supra serão expressas por,

$$\mathbf{E}(\mathbf{z},t) = e^{-\alpha z} \, E_{mx} \, e^{j(\omega t - \beta z)} \quad \hat{e}_x \qquad (28.20e)$$

$$\mathbf{H}(\mathbf{z},t) = e^{-\alpha z} \, H_{my} \, e^{j(\omega t - \beta z)} \quad \hat{e}_y \qquad (28.20f)$$

E tomando a parte real de cada uma delas e teremos,

$$E_x = e^{-\alpha z} E_{mx} \cos(\omega t - \beta z) \tag{28.20g}$$

$$H_y = e^{-\alpha z} H_{my} \cos(\omega t - \beta z) \tag{28.20h}$$

Exemplo 28.4.

Achar os valores de α e β em função dos parâmetros do meio com perdas.

Adotemos a definição de $\gamma = \alpha + j\,\beta$, mas agora β será função também de σ,

$$(-\,\omega^2\mu\,\varepsilon + j\,\omega\sigma\mu) = (\alpha + j\beta)^2$$

Desenvolvendo o 2º membro e impondo as condições de identidade, teremos,

$$\alpha^2 - \beta^2 = -\,\omega^2\mu\varepsilon \qquad (1)$$

$$2\alpha\beta = \omega\mu\sigma \qquad (2)$$

Tirando o valor de β na equação (2) e levando em (1), após as transformações necessárias, obtemos,

$$4\,\alpha^4 + (4\,\omega^2\mu\varepsilon)\alpha^2 - (\omega\sigma\mu)^2 = 0$$

Desta equação bi-quadrada tiramos a raiz positiva compatível,

$$\alpha = \omega[\frac{\mu\varepsilon}{2}\left(\sqrt{1+\left(\frac{\sigma}{\omega\mu}\right)^2} - 1\right)]^{1/2} \qquad \text{(Np/m)} \tag{28.21a}$$

De modo análogo, encontramos,

$$\beta = \omega[\frac{\mu\varepsilon}{2}\left(\sqrt{1+\left(\frac{\sigma}{\omega\mu}\right)^2} - 1\right)]^{1/2} \qquad \text{(rad/m)} \tag{28.21b}$$

Exemplo 28.5.
Achar a impedância intrínseca para o caso do meio com perdas.

Calculando a compnente Ex de (28.17c), obtemos,

$$\hat{e}_y \frac{\partial}{\partial z} E_{mx} e^{-\gamma z} = - j \omega\mu H_y \hat{e}_y$$

Efetuando a derivação e tirando o valor de H_y podemos concluir que,

$$H_y = \frac{\gamma}{j \omega\mu} E_x \qquad (28.22a)$$

De igual modo, com (28.17d), obtemos H_y, e concluímos,

$$E_x = \frac{\gamma}{\sigma + j \omega\varepsilon} H_y \qquad (28.22b)$$

Dividindo ordenadamente o 1° resultado pelo 2° e tendo em conta que $E_x/H_y = \eta$, podemos concluir que,

$$\eta^2 = \frac{j \omega\mu}{\sigma + j \omega\varepsilon} \qquad (28.23a)$$

E tomando a raiz quadrada positiva, virá finalmente,

$$\eta = \sqrt{\frac{j\omega\mu}{\sigma + j\omega\varepsilon}} \quad (\Omega) \qquad (28.23b)$$

onde podemos notar que a impedância intrínseca do meio com perdas, resultou num número complexo. Este resultado pode ser colocado sob a forma polar exata,

$$\eta = \sqrt{\frac{\mu}{\varepsilon}}\left(1 + \frac{\sigma}{2\omega\varepsilon}\right)\underline{|\theta} \qquad (28.23c)$$

sendo $\theta = \frac{1}{2}$ arc tg $(\sigma/\omega\varepsilon)$ é o ângulo de fase.

Também podemos por (28.23b) com a proximação,

$$\eta \cong \sqrt{\frac{\mu}{\varepsilon}\left(\frac{1}{1 + \sigma / j\omega\varepsilon}\right)} \qquad (28.23d)$$

Capítulo 29
Classificação dos Meios Segundo a Frequência

A frequência com que a OEM se propaga, afeta o meio material. Por exemplo, a Terra é considerada condutora para ondas a baixa frequência (radiofrequência, ordem de 10^5 Hz); é semicondutora, para ondas que se propagam nas faixas de média e alta frequências (radiofrequência, da ordem de 10^8 Hz); e passa a se comportar como um dielétrico para ondas que se propagam na frequência de microondas (ordem de 10^{10} Hz).

29.1. Natureza do Meio com a Frequência

Como em geral σ e ε dependem da frequência, ω, o meio material é afetado pela frequência da onda que nele se propaga. E o critério de classificação do meio é dado pela relação das densidades de correntes, $\sigma/\omega\varepsilon$, de modo que temos:

(a) Para um meio bom condutor, quando, $\sigma/\omega\varepsilon >> 1$, significando que a densidade de corrente de condução prevalece sobre a densidade de corrente de deslocamento ou sobre os fatores ε e ω . Na pratica, usa-se tomar; $\sigma/\omega\varepsilon > 10^2$.

(b) Para um meio bom dielétrico, quando, $\sigma/\omega\varepsilon << 1$, caso em que prevalece a densidade de deslocamento. Na prática, usa-se tomar, $\sigma/\omega\varepsilon < 10^{-2}$. Para um grande número de compostos σ e ε são funções da frequência; contudo, para os materiais de interesse técnico, eles não dependem da frequência.

(c) um meio quase condutor, fica inscrito nos limites, $10^{-2} < \sigma/\omega\varepsilon < 10^2$.

Exemplo 29.1

A Terra é um bom condutor, em geral. Estabelecer para qual frequência ela se comporta como um dielétrico. Dados: $\sigma_Z = 5\times10^{-3}$ mho/m e $\varepsilon_r = 10$.

Temos,

$$\frac{5x10^{-3}\ \text{mho/m}}{\omega\ (10)(8{,}854\ 2x10^{-12}\ \text{F/m})} \leq 10^{-2}$$

Donde podemos concluir que,

$\omega \geq 5{,}6x10^{10}$ (rad/s)

e em termos de frequência, $f = \omega/2\pi$, obtemos, $f \geq 9x10^{9}$ Hz , portanto nas transmissões na faixa de microondas.

À vista da classificação retro, passaremos a analisar a propagação de OEM num meio bom condutor, num bom dielétrico e num quase condutor.

29.2. Parâmetros de uma OEM num Meio Bom Condutor

No meio bom condutor uma OEM plana harmônica se distribui conforme as equações (28.20a) e (28.20b), e sob o critério de se ter, $\sigma/\omega\varepsilon >> 1$, podemos calcular os parâmetros de propagação como se segue:

[1] Constante de propagação

A equação (28.19a) pode ser expressa como

$\gamma^2 = -\ \omega^2\mu\varepsilon(1 - j\sigma/\omega\varepsilon)$, obtemos

Aplicando o critério $\sigma/\omega\varepsilon >> 1$,obtemos,

$\gamma^2 = -j\omega\mu\sigma$

Considerando a raiz positiva e tendo em conta que $-j = e^{-j\pi/4} = \sqrt{1/2}$

$$\gamma = \left(\frac{\omega\mu\sigma}{2}\right)^{1/2}(1-j) \qquad (29.1a)$$

E, portanto, temos,

$$\alpha = \beta = \sqrt{\frac{\omega\mu\sigma}{2}} \qquad \text{(Np/m)} \qquad (29.1b)$$

E (29.1a) pode ser colocada sob a forma polar,

$$\gamma = \sqrt{\omega\mu\sigma}\ \underline{|\pi/4} \qquad \text{(rad /m)} \qquad (29.1c)$$

onde $\theta = \pi/4$ é o ângulo de defasagem.

[2] Velocidade de fase

$$v = \frac{\omega}{\beta} = \sqrt{\frac{2\omega}{\mu\sigma}} \qquad \text{(m/s)} \qquad (29.1d)$$

[3] Comprimento de onda

$$\lambda = \frac{2\pi}{\beta} = 2\pi\sqrt{\frac{2\omega}{\omega\mu\sigma}} \qquad \text{(m)} \qquad (29.1e)$$

[4] Impedância Intrínseca

De (28.23d) obtemos,

$$\eta \cong \sqrt{\frac{j\omega\mu}{\sigma}} \qquad (29.1f)$$

ou sob a forma polar,

$$\eta = \sqrt{\frac{\omega\mu}{\sigma}}\ \underline{|\pi/4} \qquad (\Omega) \qquad (29.1g)$$

Para um condutor perfeito, $\sigma = \infty$, que implica na nulidade de η.

29.3. Parâmetros de OEM num Meio Bom Dielétrico

Para uma OEM plana harmônica as equações serão (28.20c) e (28.20d) sob o critério de se ter, $\sigma/\omega\varepsilon << 1$; então, virão os parâmetros de propagação:

[1] Constante de propagação

Tomando a aproximação,

$$[\,1 + (\frac{\sigma}{\omega\varepsilon})^2\,]^{1/2} \cong [\,1 + \frac{1}{2}\,(\frac{\sigma}{\omega\varepsilon})^2\,]$$

e introduzindo em (28.21a), obtemos,

$$\alpha = \frac{\sigma}{2}\sqrt{\frac{\mu}{\varepsilon}} \qquad \text{(Np/m)} \qquad (29.2a)$$

Usando da mesma sequência de procedimento, com (28.21b), virá,

$$\beta = \omega\,\sqrt{\mu\varepsilon}\,[\,1 + \tfrac{1}{4}(\frac{\sigma}{\omega\varepsilon})^2\,]^{1/2}$$

reiterando a aproximação, temos finalmente,

$$\beta = \omega\,\sqrt{\mu\varepsilon}\,[\,1 + \tfrac{1}{8}(\frac{\sigma}{\omega\varepsilon})^2\,] \qquad \text{(rad /m)} \qquad (29.2b)$$

onde o termo entre colchetes é interpretado como um fator de correção.

[2] Velocidade de fase

$$v = \frac{\omega}{\beta} = \frac{1}{\sqrt{\mu\varepsilon}}\,[\,1 + \frac{1}{8}\,(\frac{\sigma}{\omega\varepsilon})^2\,]^{-1} \quad \text{(m/s)} \qquad (29.2d)$$

Fazendo a aproximação do binômio entre colchetes, e pondo $v_o = 1/\sqrt{\mu\varepsilon}$, velocidade da onda do dielétrico, quando $\sigma = 0$, virá finalmente,

$$v = v_o\left[1 - \frac{1}{8}\left(\frac{\sigma}{\omega\varepsilon}\right)\right] \quad \text{(m/s)} \qquad (29.2e)$$

onde o termo entre colchetes é o fator corretivo.

(c) Comprimento de onda:

$$\lambda = \frac{2\pi}{\beta} = \frac{2\mu}{\omega\sqrt{\mu\varepsilon}}\left[1 + \frac{1}{8}\left(\frac{\sigma}{\omega\varepsilon}\right)^2\right] \quad \text{(m)} \qquad (29.2f)$$

(d) Impedância intrínseca:

A expressão geral, (28.23b), pode ser rearrumada para,

$$\eta = \sqrt{\frac{\mu}{\varepsilon}}\sqrt{\frac{1}{1+\frac{\sigma}{j\omega\varepsilon}}}$$

Efetuando a aproximação binomial na 2ª raiz quadrada e simplificando, teremos,

$$\eta = \sqrt{\frac{\mu}{\varepsilon}}\left(1 + j\frac{\sigma}{2\omega\varepsilon}\right) \quad (\Omega) \qquad (29.2g)$$

Para o dielétrico perfeito, $\sigma = 0$, que implica em termos, $\alpha = 0$, $[\beta = \omega\sqrt{\mu\varepsilon}]$, $v = 1/\sqrt{\mu\varepsilon}$, $\lambda = 2\pi/\omega\sqrt{\mu\varepsilon}$ e $\eta = \sqrt{\mu/\varepsilon}$.

29.4. Parâmetros de OEM num Meio Quase Condutor

Num meio quase condutor ondas de frequências diferentes, têm velocidades diferentes. Sob a condição prescrita, $10^{-2} < \sigma/\omega\varepsilon < 10^2$, teremos as constantes de propagação:

[1] Constante de propagação

Não cabendo aproximação, o valor de γ é dado pela composição de (28.21a) e (28.21b), ou seja,

$$\gamma = \omega\sqrt{\frac{\mu\varepsilon}{2}}[\sqrt{1+\left(\frac{\sigma}{\omega\varepsilon}\right)^2} - 1]^{1/2} + j\omega\sqrt{\frac{\mu\varepsilon}{2}}[\sqrt{1+\left(\frac{\sigma}{\omega\varepsilon}\right)^2} + 1]^{1/2} \qquad (29.3a)$$

[2] Velocidade de fase

$$v = \sqrt{\frac{2}{\mu\varepsilon}}[\sqrt{1+\left(\frac{\sigma}{\omega\varepsilon}\right)^2} + 1]^{-1/2} \quad (m/s) \qquad (29.3b)$$

[3] Comprimento de onda

$$\lambda = 2\pi\sqrt{\frac{2}{\mu\varepsilon}}[\sqrt{1+\left(\frac{\sigma}{\omega\varepsilon}\right)^2} + 1]^{-1/2} \quad (m) \qquad (29.3c)$$

nos dois itens acima, o termo $(\sigma/\omega\varepsilon)^2$ causa o efeito dispersivo da onda propagada.

[4] Impedância Intrínseca

$$\eta = \sqrt{\frac{j\omega\mu}{\sigma + j\omega\varepsilon}} \quad (\Omega) \qquad (29.3d)$$

29.5. Profundidade de Penetração

Quando uma OEM atinge um meio bom condutor ela refrata-se com grande atenuação, produzindo a perdas. Se na fronteira a amplitude é máxima, a medida que a onda penetra no meio, ela vai decaindo exponencialmente segundo o fator $e^{-\alpha}$. Então, define-se profundidade de penetração ou pelicular,

δ, como a distância z = $^1/\alpha$, de penetração, na qual a onda sofre a atenuação de e^{-1} , ou seja,

$$\delta = \frac{1}{\alpha} = \sqrt{\frac{2}{\omega\sigma\mu}} \qquad (29.4a)$$

Substituindo ω por $2\pi f$, temos,

$$\delta = \frac{1}{\sqrt{f\pi\sigma\mu}} \quad (m) \qquad (29.4b)$$

Na realidade, a penetração de uma OEM num meio bom condutor é de apenas alguns milímetros, e considera-se que ela se anula após z = 5δ. Exemplificando com o cobre, que tem σ =5,8x10^7 mho/m e μ_r = 1 , temos,

$$\delta = \frac{0{,}066}{\sqrt{f}} \quad (m) \qquad (29.4c)$$

Para f = 60 Hz na fórmula acima, oferece, $\delta \cong 8{,}52$ mm; contudo para f = 600 kHz, encontramos, $\delta \cong 0{,}0852$ mm.

Como $\alpha = \beta = {}^1/\delta$, podemos reescrever (29.1d) e (29.1e) em função de δ , como,

$$v = \omega\,\delta \qquad (29.5a)$$

$$\lambda = 2\pi\,\delta \qquad (29.5b)$$

Para o caso mais geral usar α de (28.21.a)

Exemplo 29.2

Seja uma OEM plana senoidal, $\mathbf{E}_x(z,t) = 10\text{sen}(4\pi x 10^6\, t)\,\hat{e}_x$ propagando-se no espaço livre, com z ≤ 0 , e penetra num meio bom condutor com interface, z = 0, onde incide perpendicularmente. Achar a expressão do campo magnético e determinar os parâmetros de propagação.

Colocando o campo elétrico dado sob a forma exponencial, teremos:

$$\mathbf{E}_x(z,t) = 10\, e^{-a\, z}\, e^{j(\omega t - \beta z)} \qquad (V/m)$$

E, portanto,

$$\mathbf{H}_y(z,t) = \frac{10}{|\eta|}\, e^{-\alpha\, z}\, e^{j(\omega t - \beta z - \pi/4)} \qquad (A/m)$$

dados: $\omega = 4\pi \times 10^6$ rad/s, $\sigma = 5{,}8\text{x}10^7\ \Omega^{-1}/m$, $\mu_r = 1$ e $\mu_o = 4\pi\text{x}10^{-7}$ H/m; donde.

(a) Constante de propagação:

No caso, $\alpha = \beta$, e temos por (29.1a),

$$\alpha = \beta = \sqrt{\frac{(4\pi \times 10^6 \text{rad/s})(4\pi \times 10^{-7}\,\text{H/m})(5{,}8 \times 10^{-7}\,\text{W}^{-1}/\text{m})}{2}} \cong 2{,}14\text{x}10^4 \text{ (Np/m, rad/m)}$$

Então,

$$\gamma = \beta(1+j) = \beta\sqrt{2}\ \underline{|\pi/4}$$

$$\gamma \cong 3{,}03\text{x}10^4\ \underline{|\pi/4}\ \text{(rad/m)}$$

(b) Penetração:

$$\delta = \frac{1}{\alpha} = \frac{1}{2{,}14\text{x}10^4\ \text{Np/m}} \cong 4{,}67\text{x}10^{-5}\ \text{m}$$

(c) Velocidade de fase:

$v = \omega\,\delta = (4\pi \times 10^{6}\ rd/s)(\ 4{,}67 \times 10^{-4}\ m) \cong 587\ m/s$

(d) Comprimento de onda:

$\lambda = 2\pi\,\delta = 2\pi\,(4{,}67 \times 10^{-4}\ m) \cong 2{,}93 \times 10^{-4}\ m$

(e) Impedância Intrínseca:

Usando (29.1g), temos,

$$|\eta| = \sqrt{\frac{(4\pi \times 10^{6}\,\text{rad}/\text{s})(4\pi \times 10^{-7}\,\text{H}/\text{m})}{5{,}8 \times 10^{7}\,\Omega^{-1}/\text{m}}}\ \underline{|\pi/4} \cong 5{,}22 \times 10^{-4}\ \underline{|\pi/4}\quad (\Omega)$$

Sendo, $10/\,|\,\eta\,| \cong 1{,}92 \times 10^{4}\ \Omega^{-1}$, podemos tomar Im $\{\mathbf{H}_y\}$ e virá, finalmente,

$$\mathbf{H}_y(z,t) = 1{,}92 \times 10^{4}\ e^{-\alpha z}\ \text{sen}(4\pi \times 10^{6}\,t - \pi/4)\ \hat{e}_y \quad (A/m)$$

Capítulo 30
Energia Eletromagnética. Vetor de Poynting

[1] Energia Eletromagnética

Uma OEM ao se propagar da fonte geradora, ponto emissor, transporta energia eletromagnética até um ponto receptor, onde é captada. Vejamos como essa energia eletromagnética é calculada.

Efetuando o produto escalar de **E** com a 4ª equação de Maxwell na forma diferencial, referendada a (28.2d), tendo em conta que J = σE, temos,

$$\mathbf{E} \cdot (\nabla \times \mathbf{H}) = \sigma\,(\mathbf{E} \cdot \mathbf{E}) + \varepsilon\,\mathbf{E} \cdot \frac{\partial}{\partial t}\mathbf{E}$$

O 1º membro decorre de identidade vetorial conhecida (Apêndice E(11) e temos,

$$\mathbf{H} \cdot (\nabla \times \mathbf{E}) - \nabla \cdot (\mathbf{E} \times \mathbf{H}) = \sigma E^2 + \frac{\varepsilon}{2}\frac{\partial}{\partial t}E^2$$

já que

$$\mathbf{E} \cdot \mathbf{E} = E^2 \quad \text{e} \quad \mathbf{E} \cdot \frac{\partial}{\partial t}\mathbf{E} = \frac{1}{2}\frac{\partial}{\partial t}E^2 .$$

Substituindo o 1º parêntese do 1º membro acima,, pelo o que concerne a 3ª equação de Maxwell, virá,

$$\mathbf{H}\cdot\left(-\mu \frac{\partial}{\partial t}\mathbf{H}\right) - \nabla\cdot(\mathbf{E}\times\mathbf{H}) = \sigma E^2 + \frac{\varepsilon}{2}\frac{\partial}{\partial t}E^2$$

Donde,

$$-\frac{\mu}{2}\frac{\partial}{\partial t}H^2 - \nabla\cdot(\mathbf{E}\times\mathbf{H}) = \sigma E^2 + \frac{\varepsilon}{2}\frac{\partial}{\partial t}E^2$$

Este resultado pode ser convenientemente reordenado de modo a termos,

$$-\nabla\cdot(\mathbf{E}\times\mathbf{H}) = \frac{\partial}{\partial t}\left(\tfrac{1}{2}\varepsilon E^2 + \tfrac{1}{2}\mu H^2\right) + \sigma E^2$$

onde no 2º membro a quantidade entre parênteses é a soma das densidades de energias elétrica e magnética. Para darmos o significado físico deste resultado matemático, vamos considerar um volume V, limitado pela superfície S , no qual a onda eletromagnética transita, e façamos a integração no referido volume, isto é,

$$-\int_V \nabla\cdot(\mathbf{E}\times\mathbf{H})\,dV = \int_V \frac{\partial}{\partial t}\left(\tfrac{1}{2}\varepsilon E^2 + \tfrac{1}{2}\mu H^2\right)dV + \sigma\int_V E^2\,dV \qquad (30.1a)$$

Aplicando o teorema da divergência, convertemos o 1º membro numa integral de superfície,

$$-\oint_S (\mathbf{E}\times\mathbf{H})\cdot d\mathbf{S} = \int_V \frac{\partial}{\partial t}\left(\tfrac{1}{2}\varepsilon E^2 + \tfrac{1}{2}\mu H^2\right)dV + \sigma\int_V E^2\,dV \qquad (30.1b)$$

À luz do princípio da conservação da energia, este resultado é assim interpretado: (1) no 2º membro: a 1ª integral de volume é a energia eletromagnética transportada pela OEM que transita dentro do volume V , na unidade de tempo; e a última integral de volume é a potência dissipada dentro do volume em causa ; (2) a integral de superfície do 1° membro é a taxa de fluxo de energia total que entra na superfície que limita ao volume, por isso, o sinal (-) ; por consequência, a taxa de energia total, ora chamada de potência eletromagnética, que sai da referida superfície é o 1° membro com o sinal trocado, ou seja,

$$P = + \oint_S (\mathbf{E} \times \mathbf{H}) \cdot d\mathbf{S} \qquad (W) \qquad (30.2a)$$

[2] Vetor de Poynting

O produto vetorial, **E** x **H**, por um lado, indica o sentido da propagação da OEM conforme já ficou estabelecido, por outro, deve ser posto em destaque porque oferece a medida da potência eletromagnética instantânea por unidade de área, revelando-se expressão útil na análise de propagação da OEM e vale ser tomado em separado, definido por um novo vetor, **S**,

$$\mathbf{S} = \mathbf{E} \times \mathbf{H} \qquad (30.2b)$$

que é chamado de vetor de Poynting, em homenagem a John Henry Poynting (1852-1914), físico inglês que o divulgou em 1884. De módulo,

$$S = E\,H\,\mathrm{sen}\theta \qquad (30.2c)$$

sendo q o ângulo entre **E** e **H** ; com direção e sentido da propagação da OEM . Obviamente, quando $\theta = \pi/2$, ele tem valor máximo,

$$S = E\,H \qquad (30.2d)$$

A unidade SI do vetor de Poynting é o watt/metro^2 = W/m^2. Dimensão $| S | = MT^{-3}$.

Uma situação de particular interesse é aquela em que $\sigma = 0$, e tem-se o fluxo de energia eletromagnética fluindo através de um cilindro imaginário de volume V, base S e comprimento ℓ, que permite adequar a (30.1b) para,

$$\int_S (\mathbf{E} \times \mathbf{H})\cdot ds = \int_V \frac{\partial}{\partial t}\left(\frac{1}{2}\varepsilon E^2 + \frac{1}{2}\mu H^2\right) dV$$

Como $dV = \ell\cdot d\mathbf{S} = (\mathbf{v} \cdot d\mathbf{S})\, dt$, sendo v a velocidade de propagação da OEM no tubo cilíndrico, a expressão em causa se torna,

$$\int_S (\mathbf{E} \times \mathbf{H})\cdot d\mathbf{S} = \int_S \frac{d}{dt}\left(\frac{1}{2}\varepsilon E^2 + \frac{1}{2}\mu H^2\right) \mathbf{v}\cdot d\mathbf{S}\, dt$$

E sendo d**S** arbitrária e **v** tem o mesmo sentido do vetor de Poynting, podemos concluir que,

$$\mathbf{S} = \frac{1}{2}(\varepsilon E^2 + \mu H^2)\, \mathbf{v} \qquad (30.2e)$$

Neste particular **v** é frequentemente chamado de velocidade de energia. Pondo, $S/v = w_{em}$, teremos a densidade de energia eletromagnética ,

$$w_{em} = \frac{1}{2}(\varepsilon E^2 + \mu H^2) \qquad (30.2f)$$

Exemplo 30.1

Dado um cabo coaxial, de raios respectivos a e b, calcular a transferência de potência eletromagnética, na resistência R (as resistências dos condutores são desprezadas).

Em qualquer seção transversal do cabo coaxial, o campo elétrico está dirigido radialmente enquanto que o campo magnético transversalmente, fig.30.1, de sorte que o vetor de Poynting está dirigido axialmente, e o fluxo de potência eletromagnética, fluirá apenas na região anelar entre os dois condutores. Então, temos,

$$P = \int_a^b (\mathbf{E} \times \mathbf{H}) \cdot d\mathbf{S}$$

E sendo, $\mathbf{E} = \dfrac{V}{r \ln b/a}\,\hat{\mathbf{e}}_r$, $\mathbf{H} = \dfrac{I}{2\pi r}\,\hat{\mathbf{e}}_\varphi$ e $d\mathbf{S} = 2\pi\, r\, dr\, \hat{\mathbf{e}}_z$, virá,

$$P = \frac{VI}{\ln b/a} \int_a^b \frac{dr}{r} = V\,I \qquad (W)$$

como era de se esperar.

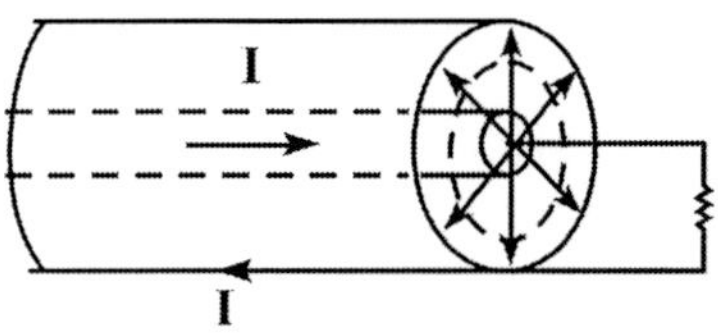

Exemplo 30.2

Mostrar que numa OEM plana e uniforme, a densidade de energia elétrica é igual à densidade de energia magnética e depois, concluir o módulo do vetor de Poynting.

Designando por w_e e w_m, respectivamente, as densidades de energias elétrica e magnética, temos, por (30.2f),

$$w_e = ½\, \varepsilon\, E^2 \qquad (30.3a)$$

$$w_m = ½\, \mu H^2 \qquad (30.3b)$$

Alternativamente, as expressões supra podem ser colocadas em função da velocidade de fase, $v = 1/\sqrt{\mu\varepsilon}$, e obtemos, respectivamente,

$$w_e = \frac{1}{2v} EH \tag{30.3c}$$

$$w_m = \frac{1}{2v} EH \tag{30.3d}$$

Desta forma fica evidenciado que $w_e = w_m$, e por conseguinte, a densidade de energia eletromagnética será, $w_{em} = w_e + w_m = 2\,w_e = 2\,w_m$

Da igualdade das densidades das energias, também se segue que, $\varepsilon\, E^2 = \mu\, H^2$. Sob este aspecto, o módulo do vetor de Poynting será,

$$S = ½\,(\varepsilon\, E^2)v = ½\,(\mu\, H^2)v \tag{30.4a}$$

Outro aspecto de interesse é o valor médio do vetor de Poynting , definido como,

$$S_{med} = ½\,\mathrm{Re}\,(\mathbf{E} \times \mathbf{H}^*) \tag{30.5a}$$

onde $\mathbf{H}^*$ é o conjugado de $\mathbf{H}$.

Considerando $\mathbf{E} = E_m\, e^{j(\omega t - \beta z)}\, \hat{\mathbf{e}}_E$ e $\mathbf{H} = H_m\, e^{-j(\omega t - \beta z - \delta)}\, \hat{\mathbf{e}}_H$, onde δ o ângulo de defasagem entre **E** e **H**, podemos concluir as seguintes formas particulares:

$$\mathbf{S}_{med} = ½\,\mathrm{Re}\,(E_m\, H_m)\, e^{j\delta}\, \hat{\mathbf{e}}_z \tag{30.5b}$$

com $\hat{\mathbf{e}}_z = \hat{\mathbf{e}}_x \times \hat{\mathbf{e}}_y$; e ½ decorre do valor médio do cos2 em (18.21), e temos,

$$\mathbf{S}_{med} = ½\,(E_m\, H_m)\hat{\mathbf{e}}_z \tag{30.5c}$$

Para um não condutor, E e H estão em fase, e temos

$$\mathbf{S}_{med} = ½\,\eta\, E_m^{\,2}\, \hat{\mathbf{e}}_z \tag{30.5d}$$

Por outra parte, sendo, $H_m = 1/\eta\, E_m$, segue-se

$$\mathbf{S}_{med} = \tfrac{1}{2}\, \eta\, H_m^{\,2}\, \hat{\mathbf{e}}_z \qquad (30.5e)$$

E comparando esses dois últimos resultados podemos ver que as densidades de energia elétrica e magnética são iguais, ou seja,

$$\tfrac{1}{2}\, \varepsilon\, E_m^{\,2} = \tfrac{1}{2}\, \mu\, H_m^{\,2} \qquad (30.5f)$$

Por sua parte, a potência eletromagnética média que flui através de uma área S normal à direção de propagação, será,

$$\mathbf{P}_{med} = \tfrac{1}{2}\, \mathrm{Re}\, (\, \mathbf{E} \times \mathbf{H}^{*})\cdot S\, \hat{\mathbf{e}}_n \qquad (30.6a)$$

ou em função de S_{med}

$$P_{med} = S_{med}\, S \qquad (30.6b)$$

Exemplo 30.3

Uma OEM, com $E_x = 60 \cos(\omega t - \beta z)$ (V/m), no vácuo, atravessa uma área circular de 1,0 m de raio, perpendicularmente à direção de propagação. Calcular os valores médios do vetor de Poynting e da potência eletromagnética através da referida área.

Usando diretamente, (30.6a) e (30.6b) , teremos,

$$S_{med} = \frac{1}{2}\,\frac{1}{120\pi(\Omega)}\,(60\ \mathrm{V/m})^2 = \frac{15}{\pi}\ (\mathrm{W/m^2})$$

$$P_{med} = \frac{15}{\pi}\,(\mathrm{W/m^2})\,(\pi\ 1^2\ \mathrm{m^2}) = 15\ (\mathrm{W})$$

Exemplo 30.4

Um feixe de raios laser de 1 mm de raio, tem um campo magnético de amplitude 5,8 M A/m . Calcular a amplitude do campo elétrico a ele associado, o vetor de Poynting e a potência eletromagnética média que o laser transporta.

Sendo $E_m = \eta_o H_m$, virá ,

$$E_m = (120\pi \text{ V/A})(5{,}8\text{x}10^6 \text{ A/m}) \cong 2{,}19\text{x}10^9 \quad (\text{V/m})$$

Donde,

$$S_{med} = \frac{1}{2(120\pi \text{ V/A})}(2{,}19\text{x}10^9 \text{ V/m})^2 \cong 6{,}36\text{x}10^{15} \quad (\text{W/m}^2)$$

Donde a potência média,

$$P_{med} = \tfrac{1}{2}(6{,}36\text{x}10^{15} \text{ W/m}^2)(\pi\ 1\text{x}10^{-6} \text{ m}^2) \cong 20\text{ x}10^9 \quad (\text{W})$$

Com este exemplo, fica claro que o laser transporta uma potência eletromagnética média da ordem do GW= 10^9 W, decorrente de campos intensos que o compõe.

Capítulo 31
Polarização de Ondas Eletromagnéticas

Vimos que a onda eletromagnética é de natureza transversal e os campos elétrico e magnético que a compõem são mutuamente perpendiculares à direção de propagação, conferindo-lhe a característica de onda plano-polarizada. Convenciona-se tomar o plano do vetor campo elétrico para referendar a polarização de uma OEM. Mais especificamente, para uma OEM plana e uniforme, o vetor campo elétrico e a direção de propagação determinam o plano XZ , no qual E_x , tem sentido $\hat{e}_x$ e as suas vibrações, todas paralelas entre si, deslocam-se na direção de propagação Z ; de forma similar, o vetor campo magnético, H_y , com sentido $\hat{e}_y$, vibra no plano YZ , conferindo-lhe igualmente o caráter de onda plano-polarizada. Assim sendo, quando afirmamos que uma OEM está polarizada, deve ficar subentendido que estamos tomando como referência a orientação do plano de **E** , a exemplo da fig.28.5 ora repetida como fig.31.1.

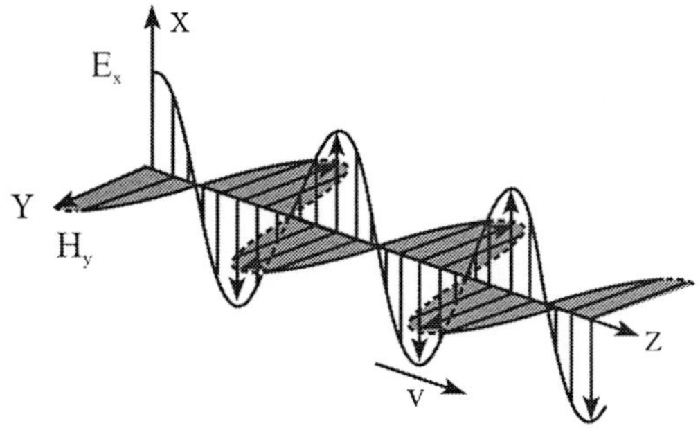

Fig.31.1

O vetor $\mathbf{E}_x$ está polarizado linearmente; contudo, numa situação mais geral, podemos ter vetor campo elétrico, **E** , com as componentes E_1 e E_2 em fase, numa direção constante no tempo, referida ao eixo X, dada pelo ângulo,[$\varnothing = \text{arc tg}\,(E_2/E_1)$], fig.31.2(a), e a onda diz-se polarizada linearmente. Numa 2ª situação, as componentes E_1 e E_2 não estão em fase, e a extremidade do vetor **E** com a direção variando no tempo, gira descrevendo uma elipse, fig.31.2(b), e a onda encontra-se polarizada elipticamente. Uma 3ª situação, as componentes E_1 e E_2 são iguais mas defasadas de $^{\pi}/_{2}$, e a extremidade de **E** gira descrevendo uma circunferência de círculo, fig.31.2(c), e a onda é dita polarizada circularmente.

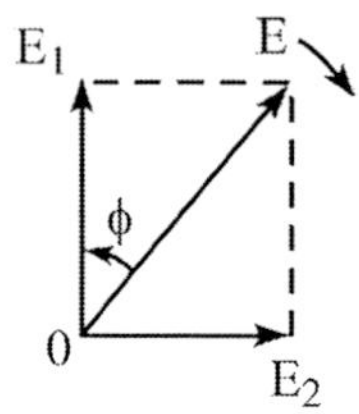

Fig.30.2 (a)

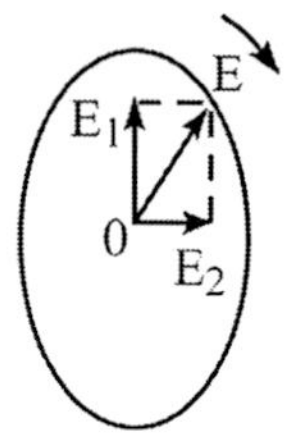

Fig.30.2 (b)

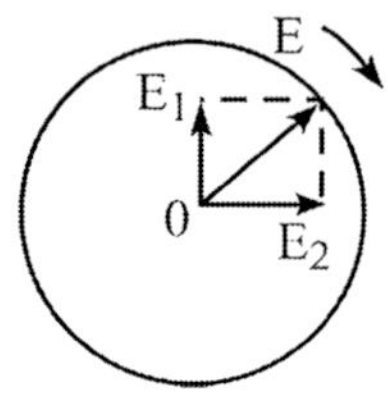

Fig.30.2 (c)

Exemplo 31.1

Para o vetor campo elétrico $\mathbf{E}(z,t) = \mathbf{E}_1 + \mathbf{E}_2$, que vibra no plano XY , mostrar que ele girando em torno do eixo de propagação determina uma polarização elíptica ou circular, segundo as suas amplitudes em quadratura sejam diferentes ou iguais.

Explicitando as componentes, temos, respectivamente,

$$\mathbf{E}_1(z,t) = \mathbf{E}_{m1}\, e^{j(\omega t - \beta z)} \qquad (31.1a)$$

$$\mathbf{E}_2(z,t) = \mathbf{E}_{m2}\, e^{j(\omega t + \pi/2 - \beta z)} \qquad (31.1b)$$

onde a 2° equação informa que $\mathbf{E}_2$ está adiantada de $\pi/2$ em relação a $\mathbf{E}_1$. Em z = 0 e tomando as partes reais respectivas, temos,

$$E_1(0,t) = E_{m1} \cos \omega t \qquad (30.1c)$$

$$E_2(0,t) = E_{m2} \cos(\omega t + \pi/2) = - E_{m2} \text{ sen } \omega t \qquad (31.1d)$$

Dividindo ordenadamente cada equação pela respectiva amplitude, elevando ao quadrado cada uma e somando os resultados, obtemos:

$$\frac{E_1^2}{E_{m1}^2} + \frac{E_2^2}{E_{m2}^2} = 1 \qquad (31.2a)$$

que é a equação da elipse, descrita pela extremidade do vetor **E** que gira em torno do eixo de propagação. Com a igualdade das componentes, teremos, $E_{m1} = E_{m2} = E_m$, e a equação acima assume a forma,

$$E_1^2 + E_2^2 = E_m^2 \qquad (31.2b)$$

que é a equação da circunferência de raio E_m.

Capítulo 32
Ondas Eletromagnéticas em Meios Semi-Infinitos

Neste tópico estaremos considerando dois meios de propriedades distintas, ambos semi-infinitos, por isso separados por uma superfície plana ideal, chamada de interface, fronteira ou contorno, onde a OEM propaga-se num dos meios encontra o outro através da interface, onde ocorrerão os fenômenos de reflexão, refração e transmissão da onda incidente. Define-se plano de incidência, o plano perpendicular à interface, com orientação dada pelo versor normal n, e que contém os versores de propagação n_1, n'_1 e n_2, que dão as direções e sentidos das respectivas ondas incidente, refletida, e refratada, e fazem, com o eixo normal N paralelo a Z, os ângulos, θ_1, θ_1' e θ_2 a ele referidos fig.32.1

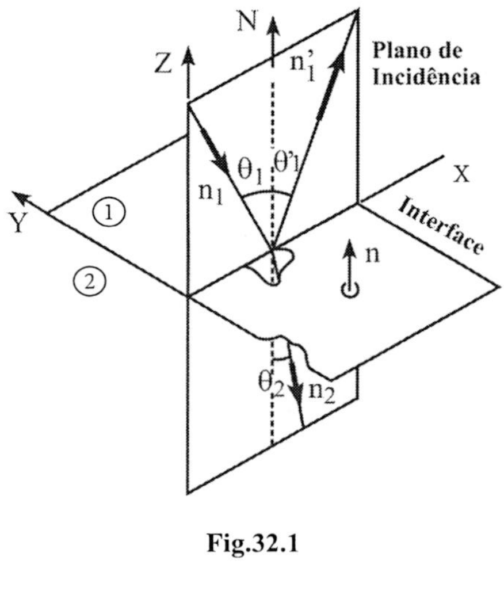

Fig.32.1

A reflexão e a refração da luz visível são propriedades cinemáticas estudadas na ótica geométrica, cujas leis serão ora consolidadas no fenômeno da propagação de ondas eletromagnéticas. Ademais, como a OEM transporta energia eletromagnética, implicitamente ela detém um aspecto dinâmico que deve obedecer ao princípio da conservação da energia.

Inicialmente vamos tratar da questão da reflexão e refração de uma OEM plana e uniforme, polarizada linearmente em meios não condutores e em seguida serão apreciados os casos de meios dielétrico condutor e de condutor.

Nas situações a serem examinadas, os vetores campo elétrico e campo magnético são funções idênticas do tempo e de suas posições no espaço, de modo que a frequência da OEM não muda durante o processo de propagação e tem-se, $\omega_1 = \omega'_1 = \omega_2 = \omega$.

32.1. Reflexão e Refração de OEM em Meios não Condutor

[1] Com Incidência Normal

Seja uma OEM plana e uniforme, que vem do meio 1 , de constantes ε_1 , μ_1 , reflete-se para o mesmo meio e transmite-se para o meio 2, dielétrico perfeito, $\sigma = 0$ e $\alpha = 0$, de constantes ε_2 , μ_2 , cujo plano de incidência é o plano XZ, está ilustrado na fig. 32.2 . Observe-se que na equação (12.11) estabelecemos a continuidade das componentes tangenciais de E, ou seja, $E_{t1} = E_{t2}$; de igual modo, como a corrente elétrica é nula no limite da interface, tem-se a continuidade das componentes tangenciais de H, isto é, $H_{t1} = H_{t2}$

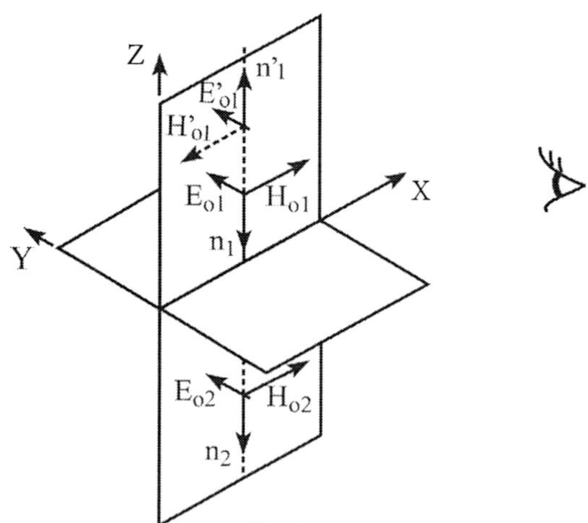

Fig.32.2

Seja o campo elétrico polarizado pependicularmente ao plano de incidência e os vetores de propagação, de incidência, reflexão e transmissão, designados respectivamente, por, $\mathbf{k}_i = \beta_1 \hat{e}_z$, $\mathbf{k}_r = -\beta_1 \hat{e}_z$ e $\mathbf{k}_t = \beta_2 \hat{e}_z$, com o vetor posição, $\mathbf{r} = x\,\hat{e}_x + y\,\hat{e}_y + z\,\hat{e}_z$, podemos tomar os produtos escalares, pertinentes, $\mathbf{k}_i\cdot\mathbf{r} = \beta_1 z$, $\mathbf{k}_r\cdot\mathbf{r} = -\beta_1 z$ e $\mathbf{k}_t\cdot\mathbf{r} = \beta_2 z$.

Então, temos para as ondas:

incidente : $\mathbf{E}_i = E_{mi}\, e^{j\beta_1 z}\,\hat{e}_x$ $\qquad$ $\mathbf{H}_i = {}^1/\eta_1\, E_{mi}\, e^{j\beta_1 z}\,\hat{e}_y$

refletida : $\mathbf{E}_r = E_{mr}\, e^{-j\beta_1 z}\,\hat{e}_x$ (1) $\qquad$ $\mathbf{H}_r = -{}^1/\eta_1\, E_{mr}\, e^{-j\beta_1 z}\,\hat{e}_y$ (2)

transmitida: $\mathbf{E}_t = E_{mt}\, e^{j\beta_2 z}\,\hat{e}_x$ $\qquad$ $\mathbf{H}_t = {}^1/\eta_2\, E_{mt}\, e^{j\beta_2 z}\,\hat{e}_y$

Na equação (2), $\eta_j = \beta_j/\omega\mu_j$; e na reflexão de **H** sofreu mudança de fase de p radianos.

No ponto de incidência, z = 0, temos a continuidade das componentes tangenciais de E e H, e obtemos

$$E_{o1} + E'_{o1} = E_{o2} \qquad (32.1a)$$

$$\frac{1}{\eta_1}(E_{o1} - E'_{o1}) = \frac{1}{\eta_2} E_{o2} \qquad (32.1c)$$

Resolvendo este sistema de equações em relação a E_{mi} e E_{mr} obtemos,

$$E_{mi} = \frac{\eta_1 + \eta_2}{2\,\eta_2} E_{mt} \qquad (32.1c)$$

$$E_{mr} = \frac{\eta_2 - \eta_1}{2\,\eta_2} E_{mt} \qquad (32.1d)$$

Relacionando-se as amplitudes das ondas refletida e transmitida com a incidente, estabelecemos, respectivamente, os coeficientes de ondas refletida e transmitida:

$$\frac{E_{mr}}{E_{mi}} = \frac{\eta_2 - \eta_1}{\eta_1 + \eta_2} \quad (32.2a)$$

$$\frac{E_{mt}}{E_{mi}} = \frac{2\eta_2}{\eta_1 + \eta_2} \quad (32.2b)$$

$$\frac{H_{mr}}{H_{mi}} = \frac{\eta_1 - \eta_2}{\eta_1 + \eta_2} \quad (32.2c)$$

$$\frac{H_{mt}}{H_{mi}} = \frac{2\eta_1}{\eta_1 + \eta_2} \quad (32.2d)$$

No caso de termos $\eta_1 < \eta_2$, a razão E'_{o1}/E_{o1} será negativa.

Para meios não magnéticos, $\mu_{r1} \cong \mu_{r2} \cong 1$, e tem-se $\eta_j = \eta_o/\sqrt{\varepsilon_{rj}}$. Introduzindo este requisito nas expressões acima, e fazendo as simplificações devidas, obtemos:

$$\frac{E_{mr}}{E_{mi}} = \frac{\sqrt{\varepsilon_{r1}} - \sqrt{\varepsilon_{r2}}}{\sqrt{\varepsilon_{r1}} + \sqrt{\varepsilon_{r2}}} \quad (32.3a)$$

$$\frac{E_{mt}}{E_{mi}} = \frac{2\sqrt{\varepsilon_{r1}}}{\sqrt{\varepsilon_{r1}} + \sqrt{\varepsilon_{r2}}} \quad (32.3b)$$

$$\frac{H_{mr}}{H_{mi}} = \frac{\sqrt{\varepsilon_{r2}}\sqrt{\varepsilon_{r1}}}{\sqrt{\varepsilon_{r1}} + \sqrt{\varepsilon_{r2}}} \quad (32.3c)$$

$$\frac{H_{mt}}{H_{mi}} = \frac{2\sqrt{\varepsilon_{r2}}}{\sqrt{\varepsilon_{r1}} + \sqrt{\varepsilon_{r2}}} \quad (32.3d)$$

Na tabela 32.1 damos valores de εr para alguns meios.

Tabela 32.1

Meio Não Magnético	ε_r
Vazio	1
Ar Seco	≅ 1
Água	80,0
Borracha	3,5
Cera	2,2
Madeira	4,0
Mica	4,0 a 7,0
Parafina	4,0
Rocha	5,0
Solo Seco	10 a 14
Vidro	3,8 a 6,8
Metais (Alimínio, Cobre, Ferro, Prata, Ouro)	≅1

Exemplo 32.1

Uma OEM viajante do espaço livre, $\varepsilon_{r1} = 1$, incide normalmente no ponto, $Z = 0$, da interface, é refletida e transmitida para o meio de $\varepsilon_{r2} = 2$. Determinar as razões de refração e de transmissão.

$$\frac{E_{mr}}{E_{mi}} = \frac{\sqrt{1}-\sqrt{2}}{\sqrt{1}+\sqrt{2}} = -0{,}172 \quad ; \quad \frac{H_{mr}}{H_{mi}} = \frac{\sqrt{2}-\sqrt{1}}{\sqrt{1}+\sqrt{2}} = 0{,}172$$

$$\frac{E_{mt}}{E_{mi}} = \frac{2\sqrt{1}}{\sqrt{1}+\sqrt{2}} = 0{,}829 \quad ; \quad \frac{H_{mt}}{H_{mi}} = \frac{\sqrt{2}}{\sqrt{1}+\sqrt{2}} = 1{,}716$$

A potência eletromagnética média por unidade de área relativa das ondas incidente, refletida e refratada, é dada pela lei da conservação da energia, que estabelece, em qualquer instante, que:

$$\mathbf{E_i \times H_i = E_r \times H_r + E_t \times H_t} \qquad (32.4a)$$

ou melhor, $S_{i(med)} = S_{r(med)} + S_{t(med)}$, e em face de (30.6d), temos,

$$\frac{1}{2\eta_1} E_{mi}^2 = \frac{1}{2\eta_1} E_{mr}^2 + \frac{1}{2\eta_2} E_{mt}^2 \tag{32.4b}$$

Sendo $|S_{r(med)} / S_{i(med)}| = R$ e $|S_{t(med)} / S_{i(med)}| = T$, os respectivos coeficientes de reflexão e de transmissão, após as substituições devidas, temos:

$$R = \left[\frac{\eta_2 - \eta_1}{\eta_1 + \eta_2}\right]^2 \tag{32.5a}$$

$$T = \frac{4\,\eta_1\eta_2}{(\eta_1 + \eta_2)^2} \tag{32.5b}$$

onde, obviamente, temos, $R + T = 1$.

Considerando, $\eta_j = \eta_o\sqrt{\varepsilon_{rj}}$ e temos,

$$R = \frac{\left(\sqrt{\varepsilon_{r1}} - \sqrt{\varepsilon_{r2}}\right)^2}{\left(\sqrt{\varepsilon_{r1}} + \sqrt{\varepsilon_{r2}}\right)^2} \tag{32.5c}$$

$$T = \frac{4\sqrt{\varepsilon_{r1}}\sqrt{\varepsilon_{r2}}}{\left(\sqrt{\varepsilon_{r1}} + \sqrt{\varepsilon_{r2}}\right)^2} \tag{32.5d}$$

Exemplo 32.2

Para o caso típico de separação ar-vidro, onde $\varepsilon_{r1} = 1$ e $\varepsilon_{r2} = 5$, achar os coeficientes de reflexão e de transmissão.

Temos, com efeito,

$$R = \frac{\left(\sqrt{1}-\sqrt{5}\right)^2}{\left(\sqrt{1}+\sqrt{5}\right)^2} \cong 0,15$$

$$T = \frac{4\sqrt{1}\sqrt{5}}{\left(\sqrt{1}+\sqrt{5}\right)^2} \cong 0,85$$

E como era de se esperar, $0,15 + 0,85 = 1$.

[2] Com Incidência Oblíqua

Nesta situação mais geral, a OEM incide obliquamente na interface, refletindo para o meio 1 e refratando para o meio 2, cuja polarização linear do campo elétrico pode ocorrer de duas maneiras distintas, respectivamente chamadas de polarização perpendicular (ou horizontal) e polarização paralela (ou vertical), que serão estudadas a seguir.

1º caso: o vetor campo elétrico **E** com polarização perpendicular, propaga-se perpendicularmente ao plano de incidência (ou paralelo à interface) onde estão assinalados os sentidos das ondas, incidente, refletida e refratada pelos versores

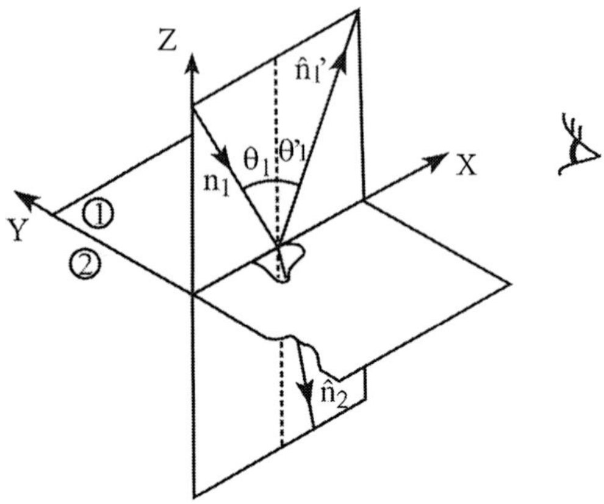

Fig.32.3 (a)

As equações respectivas das ondas são:

$$\mathbf{E}_1 = \mathbf{E}_{m1}\, e^{j\,\mathbf{k}_1 . \mathbf{r}}\ \hat{e}_y \qquad \mathbf{H}_1 = H_{m1}\,(\cos\theta_1\,\hat{e}_x - \text{sen}\,\theta_1\,\hat{e}_z)$$

$$\mathbf{E}'_1 = \mathbf{E}'_{m1}\, e^{j\,\mathbf{k}'_1 . \mathbf{r}}\ \hat{e}_y \quad (1) \qquad \mathbf{H}_1' = H'_{m1}\,(-\cos q'_1\,\hat{e}_x - \text{sen}\,q'_1\,\hat{e}_z) \quad (2)$$

$$\mathbf{E}_2 = \mathbf{E}_{m2}\, e^{j\,\mathbf{k}_2 . \mathbf{r}}\ \hat{e}_y \qquad \mathbf{H}_2 = H_{m2}\,(\cos\theta_2\,\hat{e}_x - \text{sen}\,\theta_2\,\hat{e}_z)$$

Neste caso $\mathbf{E}_j$ tem valor instantâneo na direção Y , enquanto que $\mathbf{H}_j$ tem suas componentes ortogonais nas direções X e Z , de acordo com a fig.32.3 (b) .

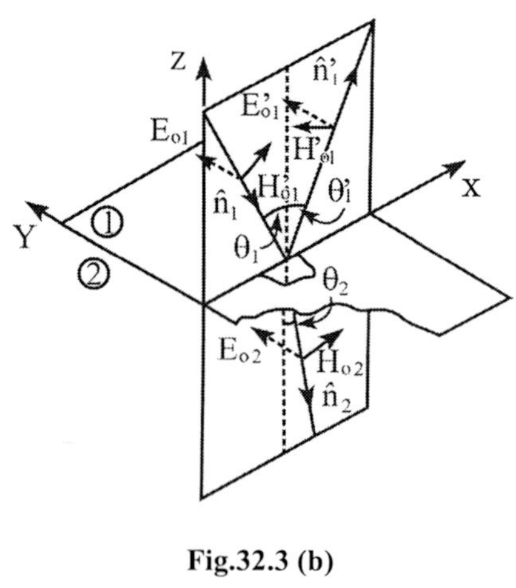

Fig.32.3 (b)

Com o vetor posição, $\mathbf{r} = x\,\hat{e}_x + y\,\hat{e}_y + z\,\hat{e}_z$, e os vetores de propagação, $\mathbf{k}_j$, teremos os produtos escalares pertinentes,

$$\mathbf{k}_1 \cdot \mathbf{r} = \beta_1 (x \operatorname{sen} \theta_1 + z \cos \theta_1)$$

$$\mathbf{k'}_1 \cdot \mathbf{r} = b'_1 (x \operatorname{sen} q'_1 - z \cos q'_1) \qquad (3)$$

$$\mathbf{k}_2 \cdot \mathbf{r} = \beta_2 (x \operatorname{sen} \theta_2 + z \cos \theta_2)$$

Levando (3) em (1), obtemos,

$$\mathbf{E}_1 = E_{m1}\, e^{j \beta_1 (x \operatorname{sen} \theta_1 - y \cos \theta_1)}\ \hat{e}_z$$

$$\mathbf{E'}_1 = E'_{m1}\, e^{j b'_1 (x \operatorname{sen} q'_1 + y \cos q'_1)}\ \hat{e}_z \qquad (4)$$

$$\mathbf{E}_2 = E_{m2}\, e^{j \beta_2 (x \operatorname{sen} \theta_2 - y \cos \theta_2)}\ \hat{e}_z$$

No ponto de incidência, $Z = 0$, as equações acima são funções idênticas de x e as condições de contorno asseguram a continuidade das componentes tangenciais, de ambos os lados, de modo que temos,

$$E_{m1}\, e^{j \beta_1 x \operatorname{sen} \theta_1} + E'_{m1}\, e^{j b'_1 x \operatorname{sen} q'_1} = E_{m2}\, e^{j \beta_2 x \operatorname{sen} \theta_2} \qquad (32.6a)$$

Esta equação se verifica como função idêntica de x somente se os seus expoentes forem idênticos, isto é,

$$\beta_1 x \operatorname{sen} \theta_1 = \beta'_1 x \operatorname{sen} q'_1 = \beta_2 x \operatorname{sen} \theta_2 \qquad (32.6b)$$

(1) Leis da Reflexão e da Refração

Considerando a 1ª igualdade, acima, resulta,

$$\operatorname{sen} \theta_1 = \operatorname{sen} \theta'_1 \qquad (32.7a)$$

que implica termos, $\theta_1 = \theta'_1$, que é o reencontro da lei da reflexão da ótica que afirma que o ângulo de reflexão é igual ao ângulo de incidência.

Esta conclusão é óbvia quando se considera que $\beta_1 \mathbf{n}_1 = \beta_1 \mathbf{n}'_1$, donde se segue que,

$$(\mathbf{n}_1 - \mathbf{n}`_1) \cdot r = 0$$

E indica que os vetores $(\mathbf{n}_1 - \mathbf{n}'_1)$ e $\mathbf{r}$ são perpendiculares a interface, e portanto, $\theta_1 = \theta'_1$, e os versores $\mathbf{n}_1$, $\mathbf{n}'_1$ e $\mathbf{n}_2$ pertencem ao plano de incidência

Da 2ª igualdade acima, virá,

$$\beta_1 \text{ sen } \theta_1 = \beta_2 \text{ sen } \theta_2$$

E sendo $\beta_1 = \omega/v_1$ e $\beta_2 = \omega/v_2$, podemos concluir que,

$$\frac{\text{sen}\theta_1}{\text{sen}\theta_2} = \frac{v_2}{v_1} \qquad (32.7b)$$

que é o reencontro da lei da refração, também chamada de lei de Snell-Descartes, em homenagem a Willebrord Von Roijen Snell (1591-1626), matemático holandês, que a descobriu em 1621e a René Descarte (1596-1650), filósofo, matemático e físico francês, que também a descobriu, publicando-a na sua Dioptrique, de 1637.

A lei da refração, (32.7b), está contido também em (1), visto que $(n_1 - n'_1)$ é perpendicular a linha de separação, as suas componentes tangenciais são iguais, e temos, β_1 sen $\theta_1 = \beta_2$ sen θ_2, donde segue-se que, v_2 sen$\theta_1 = v_1$ senθ_2

(2) Índice de Refração

Neste ponto, resulta oportuno introduzir-se o conceito de índice de refração absoluto, símbolo, n, definido como a relação entre a velocidade c da OEM no vácuo e a velocidade v que ela alcança num meio ótico e temos,

$$n = \frac{c}{v} \qquad (32.8a)$$

No presente caso, para a onda incidente no meio 1, $n_1 = c/v_1$, e para a onda refratada no meio 2, $n_2 = c/v_2$, donde a relação, $v_1/v_2 = n_2/n_1$, e a lei de Snell passa a ter a forma usual,

$$\frac{\text{sen}\theta_1}{\text{sen}\theta_2} = \frac{n_2}{n_1} \qquad (32.8b)$$

significando que a razão dos senos dos ângulos de incidência e de refração é constante. É usual pôr-se a relação constante, $n_1/n_2 = n_{12}$, que passa a ser chamada de índice de refração relativo.

Para um meio qualquer, j, é fácil ver que $n_j = \sqrt{\mu_{rj}\varepsilon_{rj}}$; e para meios não magnéticos, $\mu_{rj} \approx 1$, teremos, $n_j = \sqrt{\varepsilon_{rj}}$. Sob esta hipótese, a lei de Snell passa a ser expressa por,

$$\frac{\text{sen}\theta_1}{\text{sen}\theta_2} = \sqrt{\frac{\varepsilon_{r2}}{\varepsilon_{r1}}} \qquad (32.8c)$$

Por sua parte o índice de refração de um meio não condutor é proporcional à relação, $n_j = \eta_o/\eta_j$, de modo que, para dois meios 1 e 2 , tem-se a relação,

$$\frac{n_2}{n_1} = \frac{\eta_1}{\eta_2} \qquad (32.8d)$$

Esta relação possibilita reescrever todas as equações (32.2) a (32.5) em função dos índices de refração.

(3) 1º Par de Equações de Fresnel

Retomando o conjunto de equações (2), página 264, e aplicando as condições de contorno, em Z = 0 , que asseguram a continuidade das componentes tangenciais do campo magnético, podemos concluir que:

$$H_{m1} \cos\theta_1 - H'_{m1} \cos\theta_1 = H_{m2} \cos\theta_2 \qquad (32.9a)$$

Considerando as relações das amplitudes referidas à equação (30.6a) e substituindo, H_{mj} por $n_j/\eta_o\ E_{mj}$ em (30.9a), obtemos o sistema de equações simultâneas:

$$E_{m1} + E'_{m1} = E_{m2} \qquad (32.9b)$$

$$n_1\ (E_{m1} - E'_{m1}) \cos\theta_1 = n_2\ E_{m2} \cos\theta_2 \qquad (32.9c)$$

Resolvendo-o em relação a E_{m1} e E'_{m1}, encontramos,

$$E_{m1} = \frac{n_1 \cos\theta_1 + n_2 \cos\theta_2}{n_1 \cos\theta_1} \frac{E_{m2}}{2} \qquad (32.10a)$$

$$E'_{m1} = \frac{{}_1 \cos\theta_1 - n_2 \cos\theta_2}{n_1 \cos\theta_1} \frac{E_{m2}}{2} \qquad (32.10b)$$

Definindo com E'_{m1}/E_{m1} e E_{m2}/E_{m1}, respectivamente as razões de reflexão e refração de polarização normal, teremos:

$$\left.\frac{E'_{m1}}{E_{m1}}\right|_N = \frac{n_1 \cos\theta_1 - n_2 \cos\theta_2}{n_1 \cos\theta_1 + n_2 \cos\theta_2} \qquad (32.11a)$$

$$\left.\frac{E_{m2}}{E_{m1}}\right|_N = \frac{2\ n_1 \cos\theta_1}{n_1 \cos\theta_1 + n_2 \cos\theta_2} \qquad (32.11b)$$

Estes resultados constituem o 1º par de equações de Fresnel, em tributo a Augustin Jean Fresnel (1788-1827), engenheiro civil e físico francês, que consolidou, com base matemática o princípio de que a luz é uma onda transversal e plano polarizada.

Cabe observar que (32.11a) é positiva quando $n_1 > n_2$, indicando que as ondas incidente e refletida estão em fase, mas para $n_1 < n_2$, torna-se negativa, e as ondas estarão defasadas de π rad; já (32.11b) é sempre positiva porque as ondas incidente e transmitida estão em fase.

Exemplo 32.3

Expressar o 1º par de equações de Fresnel em função do ângulo de incidência e das permissividades relativas dos meios.

Temos, $\cos\theta_2 = (1 - \text{sen}^2\theta_2)^{1/2}$; e como $\text{sen}^2\,\theta_2 = (\varepsilon_{r1}/\varepsilon_{r2})\,\text{sen}^2\,\theta_1$, pela a lei de Snell, na forma da equação (32.8c), $\cos\theta_2 = [1 - (\varepsilon_{r1}/\varepsilon_{r2})\,\text{sen}^2\theta_1]^{1/2}$.

Evidenciando $n_2/n_1 = (\varepsilon_{r2}/\varepsilon_{r1})^{1/2}$nas expressões (30.11a) e (30.11b), e introduzindo o valor obtido, podemos concluir que,

$$\left.\frac{E'_{m1}}{E_{m1}}\right|_N = \frac{\cos\theta_1 - (\varepsilon_{r2}/\varepsilon_{r1} - \text{sen}^2\,\theta_1)^{1/2}}{\cos\theta_1 + (\varepsilon_{r2}/\,\varepsilon_{r1} - \text{sen}^2\,\theta_1)^{1/2}} \qquad (32.12a)$$

$$\left.\frac{E_{m2}}{E_{m1}}\right|_N = \frac{2\cos\theta_1}{\cos\theta_1 + (\varepsilon_{r2}/\,\varepsilon_{r1} - \text{sen}^2\,\theta_1)^{1/2}} \qquad (32.12b)$$

(4) Reflexão Total Interna

Analisando (32.12a) sob a hipótese de que $\varepsilon_{r2}/\,\varepsilon_{r1} < 1$, (ex. vidro-ar), o radicando se torna negativo, e numerador e denominador serão números complexos, de módulo unitário. Então, tomando, $E'_{m1}/E_{m1} = 1$, após transformações, obtemos,

$$4\,(\varepsilon_{r2}/\,\varepsilon_{r1} - \text{sen}^2\,\theta_1) = 0$$

Donde tiramos,

$$\text{sen}\theta_1 = \sqrt{\frac{\varepsilon_{r2}}{\varepsilon_{r1}}} \qquad (32.13a)$$

Este resultado comparado com (32.8c) implica em se ter senθ_2 = 1 ou $\theta_2 = \pi/2$, e tomando-se o ângulo limite, $\theta_1 = \theta_{1C}$, chamado de ângulo crítico de incidência, obtemos,

$$\theta_{1C} = \text{arc sen}\,(\frac{\varepsilon_{r2}}{\varepsilon_{r1}})^{1/2} \qquad (32.13b)$$

para $\theta_1 > \theta_{1C}$, a onda provinda do meio 1 , mais refrativo, será totalmente refletida para o mesmo meio, fig.32.4, e o fenômeno é dito reflexão total interna e não depende da orientação da onda incidente. O fato de se ter $\theta_2 = \pi/2$, implica na existência de uma onda refratada plana lenta propagando-se tangencialmente à interface, sendo por isso chamada de onda superficial. Por consequência, na reflexão total interna a onda refletida transporta a energia radiante com um mínimo de perda.

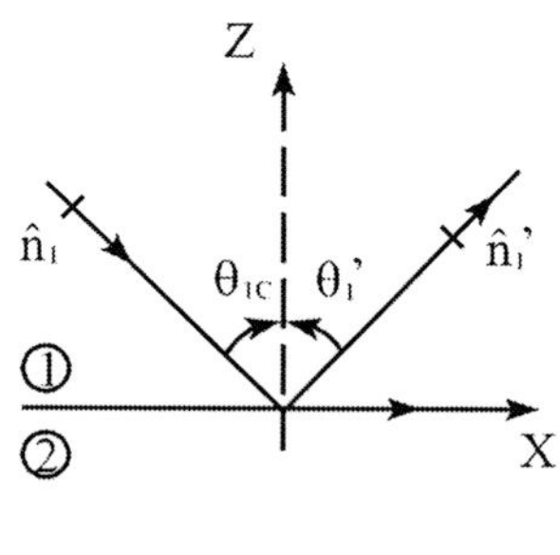

Fig.32.4

Exemplificando com um feixe de luz propagando-se num dioptro vidro-ar para o qual $\varepsilon_{r1} = 3{,}8$ e $\varepsilon_{r2} = 1{,}0$, tem-se um ângulo crítico de incidência de 30,86° .

A reflexão total interna tem inúmeras aplicações técnicas, particularmente com raios laser.

Exemplo 32.4

Usando a lei da conservação da energia, estabelecer os coeficientes de reflexão R_N e de refração T_N, representativos dos fluxos de energia por unidade de área.

Recorrendo a (32.4b), tendo em conta o significado de H_{mj} e fazendo a substituição de $^1/\eta_j$ por n_j, obtemos,

$$\frac{1}{2} n_1 E_{m1}^2 \cos\theta_1 = \frac{1}{2} n_1 E'^2_{m1} \cos\theta_1 + \frac{1}{2} n_2 E_{m2}^2 \cos\theta_2$$

Dividindo esta igualdade ordenadamente pelo 1º membro, obtemos,

$$1 = \frac{E'^2_{m1}}{E_{m1}^2} + \frac{n_2 \cos\theta_2 E_{m2}^2}{n_1 \cos\theta_1 E_{m1}^2}$$

onde o 1º termo do 2º membro é o coeficiente de reflexão, conforme (32.11a) e temos,

$$R_N = \left(\frac{n_1 \cos\theta_1 - n_2 \cos\theta_2}{n_1 \cos\theta_1 + n_2 \cos\theta_2}\right)^2 \qquad (32.14a)$$

enquanto o 2º termo oferece o coeficiente de refração, (32.11b)

$$T_N = \frac{4 n_1 n_2 \cos\theta_1 \cos\theta_2}{(n_1 \cos\theta_1 + n_2 \cos\theta_2)^2} \qquad (32.14b)$$

onde se cumpre , $R_N + T_N = 1$. Na reflexão total interna, $R_N = 1$ e $T_N = 0$.

2º Caso: o vetor campo elétrico **E,** com polarização paralela, propaga-se paralelamente ao plano de incidência, como na fig.32.5, tendo componentes nas direções X e Z.

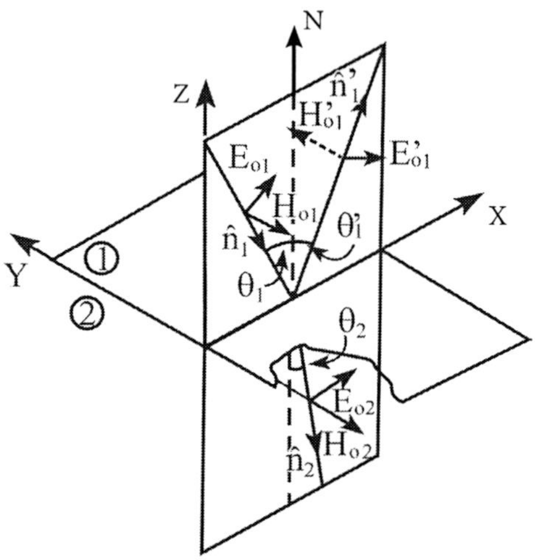

Fig.32.5

Usando o procedimento visto no 1º caso, com Z = 0, tem-se a relação das amplitudes das componentes tangenciais do vetor campo elétrico:

$$(E_{m1} + E'_{m1}) \cos\theta_1 = E_{m2} \cos\theta_2 \qquad (1)$$

E as componentes do vetor campo magnético,

Ou, em termos de campo elétrico,

(2)

Resolvendo este sistema (1)-(2) para E_{m1} e E'_{m1} , obtemos,

$$E_{m1} = \frac{n_2 \cos\theta_1 + n_1 \cos\theta_2}{2\, n_1 \cos\theta_1} E_{m2} \qquad (32.15a)$$

$$E'_{m1} = \frac{n_2 \cos\theta_1 - n_1 \cos\theta_2}{2\, n_1 \cos\theta_1} E_{m2} \qquad (32.15b)$$

(5) 2º par de Equações de Fresnel

Para o caso da polarização paralela, também podemos estabelecer as razões ou coeficientes de reflexão e de refração, com o concurso das expressões obtidas e teremos:

$$\left.\frac{E'_{m1}}{E_{m1}}\right|_P = \frac{n_2 \cos\theta_1 - n_1 \cos\theta_2}{n_2 \cos\theta_1 + n_1 \cos\theta_2} \qquad (32.16a)$$

$$\left.\frac{E_{m2}}{E_{m1}}\right|_P = \frac{2\, n_1 \cos\theta_1}{n_2 \cos\theta_1 + n_1 \cos\theta_2} \qquad (32.16b)$$

que forma o 2º par de equações de Fresnel. Alternativamente podemos colocá-las em função do ângulo de incidência, usando a lei de Snell , e teremos:

$$\left.\frac{E'_{m1}}{E_{m1}}\right|_P = \frac{-(n_2/n_1)^2 \cos\theta_1 + [\,(n_2/n_1)^2 - \mathrm{sen}^2\,\theta_1\,]^{1/2}}{(n_2/n_1)^2 \cos\theta_1 + [\,(n_2/n_1)^2 - \mathrm{sen}^2\,\theta_1\,]^{1/2}} \qquad (32.17a)$$

$$\left.\frac{E_{m2}}{E_{m1}}\right|_P = \frac{2\, n_2 \cos\theta_1}{(n_2/n_1)^2 \cos\theta_1 + [\,(n_2/n_1)^2 - \mathrm{sen}^2\,\theta_1\,]^{1/2}} \qquad (30.17b)$$

ou também podemos expressá-las em função das permissividades relativas, bastando fazermos a substituição de cada n_j^2 pelo ε_{rj} correspondente.

(6) Ângulo de Brewster

Para o caso de uma onda propagando-se com polarização paralela, verifica-se a seguinte peculiaridade: para um particular valor do ângulo de incidência θ_1 , ocorre apenas a refração, não havendo reflexão, e o ângulo em causa é chamado de ângulo de Brewster ou de polarização, em homenagem a Sir David Brewster (1781-1868), físico escocês, que em 1815 descobriu tal peculiaridade, quando estudava um fenômeno luminoso [Brewster foi o inventor do caleidoscópio].

O ângulo de Brewster pode ser obtido da nulidade da razão (32.17c), de que resulta:

$$- \left(\frac{n_2}{n_1}\right)^2 \cos\theta_1 + \left[(n_2/n_1)^2 - \text{sen}^2\,\theta_1 \right]^{1/2} = 0$$

Podemos explicitar esta equação em função de sen θ_1 e obtemos,

$$\text{sen}^2\,\theta_1 = \frac{n_2^2}{n_1^2 + n_2^2}$$

ou em função de cos θ_1 , que oferece,

$$\cos^2\theta_1 = \frac{n_1^2}{n_1^2 + n_2^2}$$

Dividindo ordenadamente as duas equações anteriores e tomando a raiz quadrada positiva, obtemos,

$$\text{tg}\,\theta_1 = \frac{n_2}{n_1} \qquad (32.18a)$$

que é chamada de equação de Brewster ; pondo $\theta_1 = \theta_{1B}$, ângulo de Brewsrter , podemos concluir,

$$\theta_{1B} = \text{arc tg}\left(\frac{n_2}{n_1}\right) \quad (32.18b)$$

Experimentalmente verifica-se que $\theta_{1B} + \theta_2 = \pi/2$, cuja situação é mostrada na fig.32.6 , onde nota-se que a direção da onda refratada é perpendicular a direção da onda "refletida", não existente

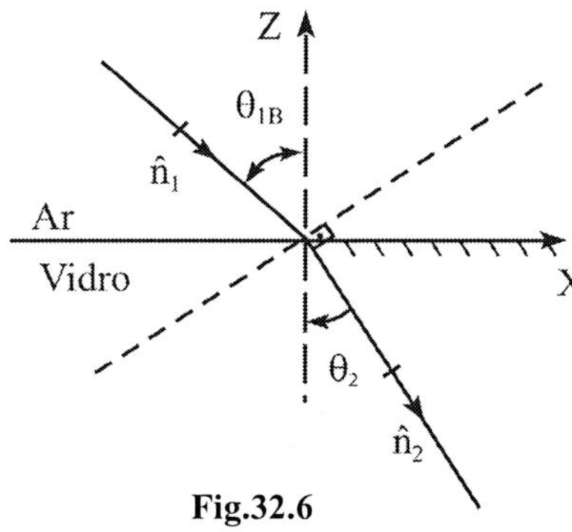

Fig.32.6

Exemplo 32.5

Deduzir a equação (32.18a) usando a lei de Snell e achar o ângulo de Brewster e o ângulo refratado, para a separação típica ar $n_1 = 1$ e vidro $n_2 = 1{,}5$.

Como, por hipótese, $\theta_{1B} + \theta_2 = \pi/2$, virá,

$$n_1 \text{ sen } \theta_{1B} = n_2 \text{ sen}(\pi/2 - \theta_{1B}) = n_2 \cos \theta_{1B}$$

donde se segue o reencontro da equação de Brewster,

$$\text{tg } \theta_{1B} = \frac{n_2}{n_1}$$

Substituindo os valores dados e operando, virá,

$$\theta_{1B} = \text{arc tg}\left(\frac{1{,}5}{1{,}0}\right) \cong 56{,}3°$$

e, portanto, $\theta_2 = 90° - 56{,}3° = 33{,}7°$.

Exemplo 32.6

Mostrar que a equação (32.15a) pode ser expressa pela relação das tangentes dos ângulos $(\theta_1 - \theta_2)$ e $(\theta_1 + \theta_2)$.

Usando a lei de Snell e substituindo n_2/n_1 na equação (32.15a), após as simplificações devidas, obtemos,

$$\frac{E'_{m1}}{E_{m1}} = \frac{\text{sen}\theta_1 \cos\theta_1 - \text{sen}\theta_2 \cos\theta_2}{\text{sen}\theta_1 \cos\theta_1 + \text{sen}\theta_2 \cos\theta_2} \qquad (32.19a)$$

Como no 2º membro, numerador e denominador decorrem de desenvolvimento das identidades trigonométricas sem $(\theta_1 \text{ m } \theta_2)\cos(\theta_1 \pm \theta_2)$, temos, reciprocamente,

$$\frac{E'_{m1}}{E_{m1}} = \frac{\text{sen}(\theta_1 - \theta_2)\cos(\theta_1 + \theta_2)}{\text{sen}(\theta_1 + \theta_2)\cos(\theta_1 - \theta_2)}$$

E portanto,

$$\frac{E'_{m1}}{E_{m1}} = \frac{\text{tg}(\theta_1 - \theta_2)}{\text{tg}(\theta_1 + \theta_2)} \qquad (32.19b)$$

32.3.Reflexão de OEM num Meio Condutor

Como vimos, quando uma OEM incide na superfície de um bom condutor, a onda transmitida é fortemente amortecida ou atenuada, devido o efeito de penetração pelicular, $\delta = 1/\alpha$, juntamente com os parâmetros de interesse: constante de propagação, $\gamma = (\omega\sigma\mu)^{1/2} \underline{|\pi/4}$ e impedância intrínseca, $\eta = (\omega\mu/\sigma)^{1/2}$. Na fig.32.7 tem-se a propagação de uma onda no meio condutor, com E polarizado paralelamente ao plano de incidência.

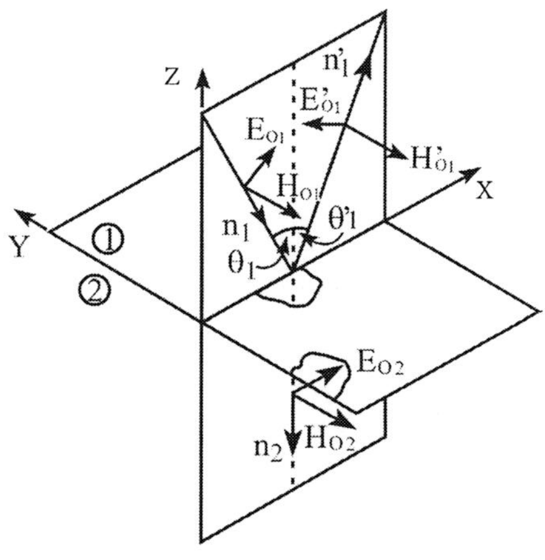

Fig.32.7

[1] Onda Transmitida num Meio Bom Condutor

Como neste caso verifica-se que R ≅ –1, ou que, $E'_{m1} = - E_{m1}$, então, resta analisarmos o comportamento da onda transmitida na direção Z, com base nas equações (28.20e,f), para as quais $\alpha = \beta = 1/\delta$, e temos

$$\mathbf{E} = e^{-z/\delta}\, E_{mx}\, e^{\,j(\omega t - z/\delta)}\, \hat{\mathbf{e}}_x \tag{32.20a}$$

$$\mathbf{H} = e^{-z/\delta} \left(\frac{\sigma}{\omega\mu}\right)^{1/2} E_{mx}\, e^{\,j(\omega t - z/\delta - \pi/4)}\, \hat{\mathbf{e}}_y \tag{32.20b}$$

onde $\pi/4$ é o ângulo de defasagem, e indica que E esta adiantada de $\pi/4$ rad com relação a H.

Tomando partes reais das expressões acima, temos:

$$\mathbf{E} = e^{-z/\delta} E_{mx} \cos(\omega t - z/\delta) \qquad (32.21a)$$

$$\mathbf{H} = e^{-z/\delta} \left(\frac{\sigma}{2\omega\mu}\right)^{1/2} E_{mx} \cos(\omega t - z/\delta) \qquad (32.20b)$$

Dividindo a 1ª pela 2ª, obtemos,

$$\frac{E}{H} = \left(\frac{2\omega\mu}{\sigma}\right)^{1/2} \qquad (32.21c)$$

E como $\sigma/\omega\varepsilon >> 1$, segue-se que o campo magnético prevalece sobre o campo elétrico.

Com o meio 2, um bom condutor, e um meio 1, um dielétrico, aplicando o critério $\eta_1 >> \eta_2$. aos coeficientes de onda transmitida, expressões (32.2b) e (32.2d), na fronteira, e desprezando-se η_2, achamos, respectivamente

$$E_2 = \left(\frac{2\eta_2}{\eta_1}\right) E_1 \qquad (32.22a)$$

$$H_2 = 2H_1 \qquad (32.22b)$$

onde a 2ª relação diz que o campo magnético dobra de intensidade na fronteira.

Analisando a condição em tela pela lei de Snell, com $n_2 >> n_1$, virá,

$$\text{sen}\theta_2 = \frac{n_1}{n_2}\,\text{sen}\theta_1$$

Elevando esta expressão ao quadrado e pondo senθ_2 em função do coseno, e considerando a raiz quadrada positiva, obtemos,

$$\cos\theta_2 = [\,1 - (\frac{n_1}{n_2})^2 \text{sen}^2\,\theta_1]$$

em face da hipótese, $\cos\theta_2 \approx 1$, implica ter-se, $\theta_2 = 0$; e o ângulo de refração nulo significa a peculiaridade da onda transmitida ter direção e sentido do semieixo $Z < 0$, qualquer que seja o ângulo da onda incidente

[2] Vetor de Poynting para a Onda Transmitida

Para o cálculo do valor médio do vetor de Poynting por (30.5a) tomar a equação (32.20e) e o conjugado H de (32.20f). Operando e simplificando, obtemos,

$$\mathbf{E} \times \mathbf{H}^* = e^{-2z/\delta}\,(\frac{\sigma}{\omega\mu})^{1/2}\,E_{mx}^{\ 2}\,e^{j\pi/4)}\ \hat{e}_z \qquad (32.23a)$$

ou melhor,

$$\mathbf{E} \times \mathbf{H}^* = e^{-2z\delta}\,\sqrt{e/\mu}\,(\frac{\sigma}{\omega\varepsilon})^{1/2}\,E_{mx}^{\ 2}\,2^{-1/2}(1 + j)\ \hat{e}_z$$

E considerando a parte real, virá finalmente,

$$\mathbf{S}_{med(t)} = 2^{-3/2}\,e^{-2z\delta}\,\sqrt{e/\mu}\,(\frac{\sigma}{\omega\varepsilon})^{1/2}\,E_{mx}^{\ 2}\ \hat{e}_z \qquad (32.23b)$$

[3] Onde Plana com Incidência Normal num Meio Condutor Perfeito

Para um condutor perfeito, $\eta_2 = 0$, $\sigma_2 = \infty$, não há penetração pelicular, $\delta = 0$, e o coeficiente de onda refletida é $E_{mr}/E_{mi} = -1$, donde, $E_{mr} = -E_{mi}$; enquanto que o coeficiente de onda transmitida é $E_{mt}/E_{mi} = 0$, portanto não há onda transmitida, significando que o condutor perfeito comporta-se como uma superfície refletora.

Exemplo 32.7

Seja uma OEM plana propagando-se dum meio 1 (dielétrico) para um meio 2 , condutor perfeito, com incidência normal, fig.32.8.

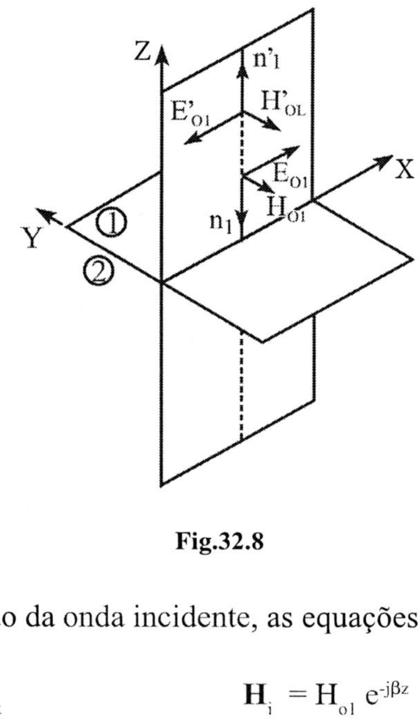

Fig.32.8

Como só reflexão da onda incidente, as equações são:

$$\mathbf{E}_i = E_{o1}\, e^{-j\beta z}\, \hat{e}_x \qquad \mathbf{E}_r = E_{o1}\, e^{j\beta z}\, \hat{e}_x \qquad (1)$$

$$\mathbf{H}_i = H_{o1}\, e^{-j\beta z}\, \hat{e}_y \qquad \mathbf{H}_r = H_{o1}\, e^{-j\beta z}\, \hat{e}_y \qquad (2)$$

Com a onda refletida E'_1 volta-se sobre a direção da onda incidente E_1, com sentido oposto, tem-se a ocorrência do fenômeno de interferência ou de superposição de ondas, as quais se combinam numa onda resultante, $E = \mathbf{E}_i + \mathbf{E}_r$, em termos de campo elétrico.

Na fronteira, $Z = 0$, temos $E = 0$, onde as componentes tangenciais das ondas incidente e refletida se compensam, havendo, então, inversão de fase de $\mathbf{E}_r$ em relação a $\mathbf{E}_i$, com $E_{mr} = - E_{mi}$, com previsto. Num ponto qualquer, $Z < 0$, teremos,

$$E(z) = -E_{mi}\,(e^{j\beta z} - e^{-j\beta z}) \tag{32.24a}$$

Tendo em conta o significado matemático do termo entre parênteses, podemos escrever,

$$E(z) =- 2\,j\,E_{mi}\,\text{sen}\beta z \tag{32.24b}$$

que é a equação de uma onda estacionária. Convido definir como amplitude variável, $E_o = 2\,E_{mi}\,\text{sen}\beta z$, podemos notar que ela será nula no tempo, sempre que $\beta z = n\pi$, donde, $z = n\pi/\beta = n\lambda/2$ (n inteiro), e assim teremos no eixo Z os pontos nodos, de abscissas l/2, a partir do ponto de incidência, fig.32.9(a); contudo ela será máxima, $E_{om} = 2E_{mi}$, para l/4 e seus múltiplos ímpares as abcissas dos ventres ou antinodos, fig.32.9(b), quando ela será máxima, $E_o = 2E_{o1}$

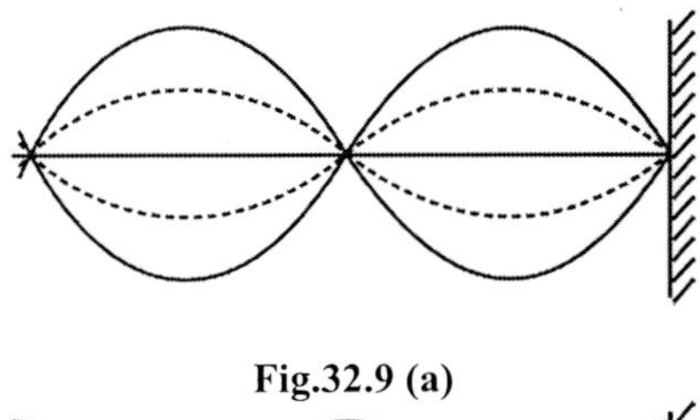

Fig.32.9 (a)

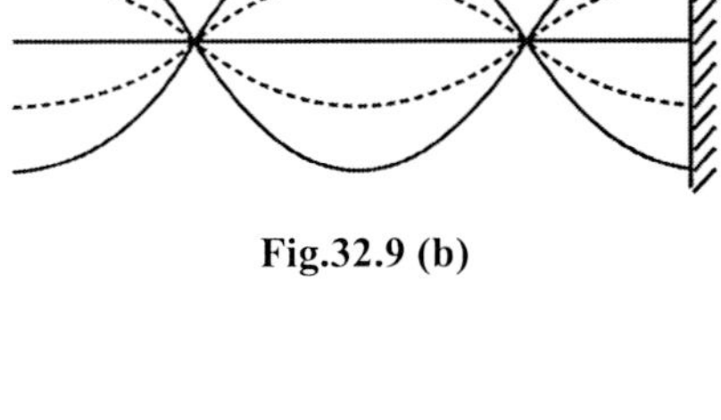

Fig.32.9 (b)

Sendo $-j = e^{-j\pi/2}$, podemos anotar **E como fasor, ou** seja,

$$\mathbf{E}(z, t) = E_o e^{j(\omega t - \pi/2)} \qquad (32.24c)$$

significando que o campo elétrico está adiantado de $\pi/2$, em relação ao campo magnético.

Para o campo magnético, fig.32.8, temos as ondas incidente e refletido

$$H(z) = H_0 (e^{j\beta z} + e^{-j\beta z}) \qquad (32.25a)$$

Donde,

$$H(z) = 2 H_0 \cos \beta z \qquad (32.25b)$$

Este resultado diz que o campo magnético também comporta-se como uma onda estacionária. De forma análoga, temos a amplitude variável, $H_o = 2H_{oi} \cos \beta z$, com valor máximo, para $z = 0$, $H_o = 2H_{oi}$, enquanto se tem $E_o = 0$; e os nodos, com abscissas de $\lambda/4$ e seus múltiplos ímpares, enquanto os ventres ou antinodos, $\lambda/2$ e seus múltiplos. O campo magnético resultante é o fasor,

$$\mathbf{H}(t) = \mathbf{H}_o e^{j\omega t} \qquad (32.25c)$$

Exemplo 32.8

Uma OEM plana uniforme propagando-se do ar ($\mu_{r1} = 1$, $\varepsilon_{r1} = 1$, $\sigma_1 = 0$), encontra uma lâmina de cobre ($\mu_{r2} = 1$, $\varepsilon_{r2} = 1$, $\sigma_1 = 5{,}8\text{x}10^7\ \Omega^{-1}/\text{m}$, com $\omega = 2\pi\text{x}10^6$ MHz), que é um bom condutor. Calcular as razões E_r/E_i e H_r/H_i .

Temos para a impedância intrínseca do ar , $\eta_1 = \sqrt{\mu_o/\varepsilon_o} \cong 377\underline{|0^\circ}\ \Omega$; e para o cobre, conforme (29.1g), virá,

$$\eta_2 = \sqrt{\frac{(2\pi \times 10^6\,\text{MHz})(4\pi \times 10^{-7}\,\text{H/m})}{5{,}8 \times 10^7\,\text{W}^{-1}/\text{m}}} \cong 0{,}000369\ \underline{|45^\circ}$$

Usando (32.2a), temos,

$$\frac{E_r}{E_i} = \frac{0{,}000369\,|\underline{45°} - 337\,|\underline{0°}}{0{,}000369\,|\underline{45°} + 337\,|\underline{0°}} = -\,0{,}9999986\,|\underline{-0{,}00081°}$$

Neste caso, $H_r/E_r = -\,H_i/E_i \cong 1\,|\underline{-0{,}00081°}$, resultado que mostra que o cobre é praticamente um refletor perfeito.

[4] Onda Plana com Incidência Oblíqua num Meio Condutor Perfeito

Uma OEM plana que provém de um meio dielétrico e incide obliquamente na superfície de um condutor perfeito, comporta dois casos, a seguir analisados:

1° caso: **E** perpendicular ao plano de incidência, fig.32.10, onde temos, $\theta_1 = \theta'_1$ e $\beta_1 = \beta'_1 = \beta$.

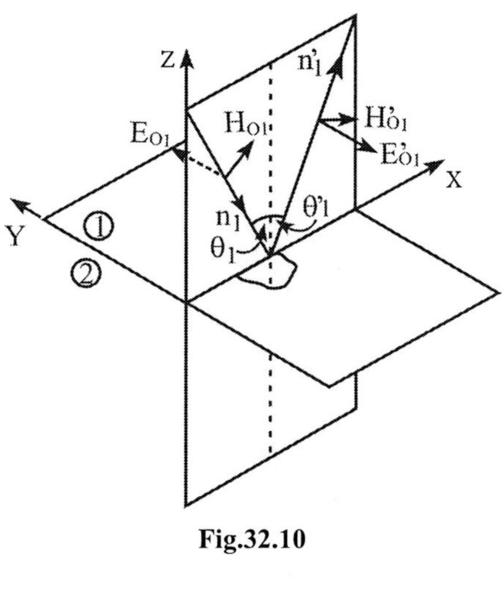

Fig.32.10

As equações das ondas incidente e refletida são,

$$\mathbf{E}_i = E_{mi}\, e^{-j\beta n \cdot r}\, \hat{e}_y \qquad \mathbf{E}_r = -E_{mr}\, e^{-j\beta n' \cdot r}\, \hat{e}_y \qquad (1)$$

$$\mathbf{H}_i = H_{mi}\,(-\cos\theta\, \hat{e}_x + \text{sen}\theta\, \hat{e}_z) \qquad \mathbf{H}_r = H_{mr}\,(-\cos\theta\, \hat{e}_x - \text{sen}\theta\, \hat{e}_z) \qquad (2)$$

Efetuando cada produto escalar indicado em (1), podemos reescrevemos como,

$$\mathbf{E}_i = E_{mi}\, e^{-j\beta(x\,\text{sen}\theta + z\,\cos\theta)}\,\hat{e}_y$$

$$\mathbf{E}_r = -E_{mr}\, e^{-j\beta(x\,\text{sen}\theta - z\,\cos\theta)}\,\hat{e}_y \qquad (3)$$

Na fronteira, $z = 0$, a continuidade das componentes tangenciais, oferece, $E_{mr} = -E_{mi}$ e $H_{mr} = H_{mi}$, a interferência da ondas incidente e refletida. Em (3), para $z < 0$, teremos a posição instantânea do vetor campo elétrico,

$$\mathbf{E} = E_{mi}\,(e^{j\beta z\cos\theta} - e^{-j\beta z\cos\theta})\,e^{-j\beta x\,\text{sen}\theta}\,\hat{e}_y \qquad (32.26a)$$

Tomando o significado matemático do termo entre parênteses, obtemos,

$$E = 2jE_{mi}\,\text{sen}\,(\beta z\cos\theta)\,e^{-j\beta x\,\text{sen}\theta} \qquad (32.26b)$$

pondo, $\beta z\cos\theta = \beta_z$ e $\beta x\,\text{sen}\theta = \beta_x$, estaremos definindo as constantes de fase, nas direções Z e X, e o resultado acima assume a forma mais compacta,

$$E = 2jE_{mi}\,\text{sen}\,\beta_z\,e^{-j\beta_x} \qquad (32.26c)$$

Sob esta forma, o campo elétrico representa uma onda estacionária distribuída ao longo das direções Z e X, para as quais podemos definir, $\lambda_z = 2\pi/\beta_z = \lambda/\cos\theta$ e $\lambda_x = 2\pi/\beta_x = \lambda/\text{sen}\theta$; e a partir da superfície refletora, para $\lambda_z/2$ e seus múltiplos, temos os nodos , e $\lambda_z/4$ e seus múltiplos ímpares, os antinodos . As velocidades nessas direções serão dadas respectivamente por, $v_z = v/\cos\theta$ e $v_x = v/\text{sen}\theta$.

2º caso: **E** paralelo ao plano de incidência, fig.32.11, e, por conseguinte, **E** tem componentes nas direções X e Z, enquanto que **H**, na direção Y ; $\theta_1 = \theta'_1$ e $\beta_1 = \beta'_1 = \beta$.

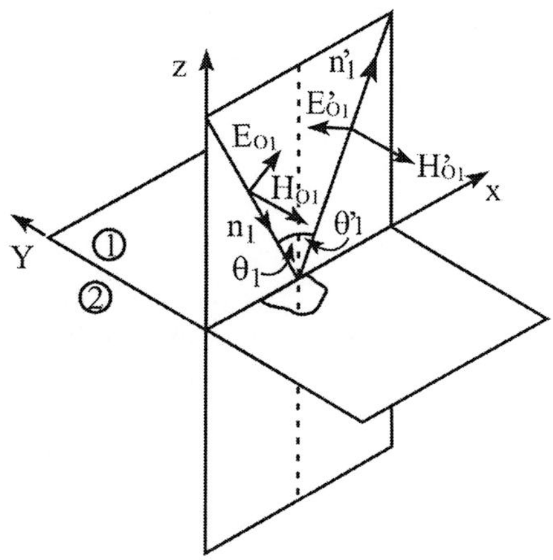

Fig.32.11

As equações das ondas incidente e refletida são,

$$\mathbf{E}_i = E_{o1} (\cos\theta\ \hat{e}_x - \text{sen}\theta\ \hat{e}_z) \qquad \mathbf{H}_i = H_{mi}\ e^{-j\beta \mathbf{n}\cdot\mathbf{r}}\ \hat{e}_y$$

$$(1) \qquad\qquad (2)$$

$$\mathbf{E'}_i = E'_{o1} (-\cos\theta\ \hat{e}_x - \text{sen}\theta\ \hat{e}_z) \qquad \mathbf{H'}_1 = H_{mr}\ e^{-j\beta \mathbf{n'}\cdot\mathbf{r}}\ \hat{e}_y$$

Na fronteira, z = 0, a continuidade das componentes tangenciais oferece, $H'_{o1} = H_{o1}$ e $E'_{o1} = - E_{o1}$. De (2) virá,

$$\mathbf{H} = H_{o1}\ e^{-j\beta(x\cos\theta\ +\ z\cos\theta)}\ \hat{e}_y$$
$$\mathbf{H'}_1 = H'_{o1}\ e^{-j\beta(x\,\text{sen}\theta\ -\ z\cos\theta)}\ \hat{e}_y \qquad (3)$$

Após a interferência, para z < 0, a equação da onda estacionária, do campo magnético, será,

$$\mathbf{H} = H_{o1}\ (e^{j\beta z\cos\theta} + e^{-j\beta z\cos\theta})\ e^{-j\beta x\ \text{sen}\theta}\ \hat{e}_y \qquad (32.27a)$$

Pondo, $\beta z \cos\theta = \beta_z$ e $\beta x\ \text{sen}\theta = \beta_x$, virá,

$$\mathbf{H} = H_{o1} (e^{j\beta_x} + e^{-j\beta_z}) e^{-j\beta_x} \hat{e}_y$$

$$H = 2H_{o1} \cos \beta_z e^{-j\beta x} \quad (32.27b)$$

que representa a onda estacionária distribuída ao longo das direções Z e X , para as quais podemos definir, $\lambda_z = 2\pi/\beta_z = \lambda/\cos\theta$ e $\lambda_x = 2\pi/\beta_x = \lambda/\text{sen}\theta$; e a partir da superfície refletora, para $\lambda_z/2$ e seus múltiplos, temos os nodos, e $\lambda_z/4$ e seus múltiplos ímpares, os antinodos.

Exercícios

1) Mostrar que para a OEM plana a senoidal, o valor médio do vetor de Poynting é dado por $S_{med} = 1{,}33\text{x}10^{-3} E_m^{\ 2}$.

2) Calcular os campos E e B de um feixe laser de potência de 18 GW e 1mm de raio.
R. E = 2,18 GV/m e B = 7,27 Wb/m^2

3) Determinar o valor médio do vetor de Poynting de uma OEM, cujo E_m = 2,2 GV/m.
R. 6,4 V/m^2.

4) Uma OEM plana atravessa a placa de um condutor de espessura exígua, Δz e área A, com E_m, na incidência e $E_m e^{-\Delta z/\delta}$, transmitida, o que leva a termos os vetores de Poynting respectivos: $\frac{1}{2} (\sigma/\omega\mu)^{1/2} E_m^{\ 2}$ e $\frac{1}{2} (\sigma/\omega\mu)^{\frac{1}{2}} E_m^{\ 2} e^{-2\Delta z/\delta}$. Mostrar que a potência perdida pela onda é dada por P = A/2($\sigma\Delta z\, E_m$2). Sugestão: usar a aproximação $e^{-2\Delta z/\delta} \simeq 1 - 2\Delta z/\delta$.

5) Achar o ângulo de Brewster para um feixe laser que incide num cristal de n = 1,5.
R. 56,3°

Capítulo 33
Ondas Eletromagnéticas Guiadas

O estudo de linhas de transmissão visto no item 20.3 será agora estendido com especificidade de transmissão de OEM através de superfícies condutoras ou dielétricos que lhe servem de guias, por isso chamadas de guias de onda, nas quais uma OEM, obrigada a se propagar, é chamada de onda guiada. A transmissão de uma OEM a alta frequência é usualmente feitas através de condutores vazados ou ocos, preferencialmente de seção retangular e circular, por serem de menor custo.

Quando um guia de onda é fechado numa das extremidades recebe o nome de cavidade ressoante. Guias de ondas de material dielétricos não serão estudadas nesta breve abordagem. Apenas como curiosidade vale lembrar que a Terra, tomada como uma superfície condutora e a ionosfera como outra, elas formam um sistema de duas esferas concêntricas que funciona como uma cavidade ressoante na transmissão de OEM de comprimento de onda da ordem do raio da Terra.

33.1. Onda Eletromagnética entre dois Planos Paralelos

Consideremos uma OEM harmônica, propagando-se na direção Z entre dois planos paralelos ilimitados, separados pela distância a, fig.33.1, com a direção do eixo Y livre. Os vetores campos **E** e **H** têm as componentes transversais, E_x, E_y e H_x, H_y, e longitudinais, E_z e H_z, respectivamente. Ademais, qualquer componente tem derivada nula em relação a y.

Para a aplicação das equações de Maxwell à nova situação, convém fazermos a distinção dos parâmetros de propagação num meio ilimitado ($\gamma = \alpha + j\beta$, v,

λ) dos parâmetros de propagação da onda guiada numa guia de onda, ora serão designadas por ($\overline{\gamma} = \overline{\alpha} + j\overline{\beta}$,v_f e λ_g), de modo que os campos elétrico e magnético passam a depender de z através do fator $e^{-\gamma z}$ (por comodidade omitiremos a dependência temporal, dada pelo fator $e^{j\omega t}$).

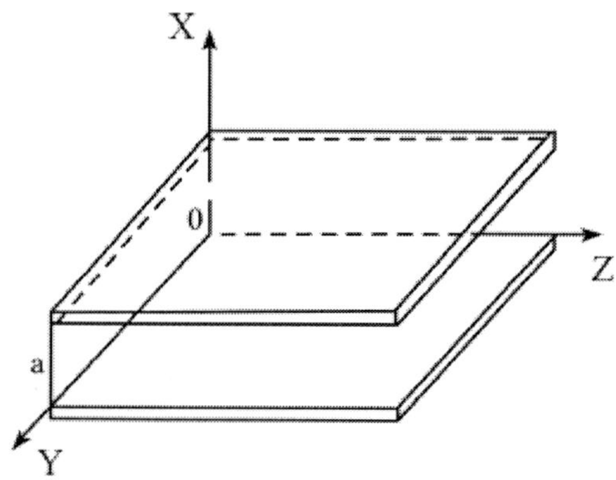

Fig.33.1

Com efeito, consideremos uma onda guiada harmônica propagando-se num guia de onda, como o da fig.33.1. As 3ª e 4ª equações de Maxwell dadas por (28.17c) e (28.17d), aplicadas ao caso, serão a seguir, desenvolvidas:

$\nabla \times \mathbf{E} = -j\omega\mu\,\mathbf{H}$:

$$\underbrace{\frac{\partial E_z}{\partial y}}_{=0} - \underbrace{\frac{\partial E_y}{\partial z}}_{=-\gamma E_y} = -j\,\omega\mu\,H_x \Rightarrow \gamma E_y = -j\omega\mu\,H_x \qquad (33.1a)$$

$$\underbrace{\frac{\partial E_x}{\partial z}}_{=-\gamma E_x} - \frac{\partial E_z}{\partial x} = -j\omega\mu\,H_y \Rightarrow \gamma E_x + \frac{\partial E_z}{\partial x} = j\omega\mu\,H_y \qquad (33.1b)$$

$$\frac{\partial E_y}{\partial x} - \underbrace{\frac{\partial E_x}{\partial y}}_{=0} = -j\omega\mu H_z \Rightarrow \frac{\partial E_y}{\partial x} = -j\omega\mu H_z \qquad (33.1c)$$

$\nabla \times \mathbf{H} = j\omega\varepsilon\,\mathbf{E}$:

$$\underbrace{\frac{\partial H_z}{\partial y}}_{=0} - \underbrace{\frac{\partial H_y}{\partial z}}_{=-\bar{\gamma} H_y} = j\,\omega\varepsilon\, E_x \Rightarrow \bar{\gamma} H_y = j\omega\varepsilon\, E_x \qquad (33.2a)$$

$$\underbrace{\frac{\partial H_x}{\partial z}}_{=-\bar{\gamma} H_x} - \frac{\partial H_z}{\partial x} = j\,\omega\varepsilon\, E_y \Rightarrow \bar{\gamma} H_x + \frac{\partial H_z}{\partial x} = -j\omega\varepsilon\, E_y \qquad (33.2b)$$

$$\frac{\partial H_y}{\partial x} - \underbrace{\frac{\partial H_x}{\partial y}}_{=0} = j\,\omega\varepsilon\, E_z \Rightarrow \frac{\partial H_y}{\partial x} = j\omega\varepsilon\, E_z \qquad (33.2c)$$

Resolvendo o sistema composto das equações (33.1a), (33.2b), (33.1b) e (33.2a) em função H_z e E_z, obtemos,

$$H_x = -\frac{\bar{\gamma}}{h^2}\frac{\partial H_z}{\partial x} \quad (33.3a) \qquad E_x = -\frac{\bar{\gamma}}{h^2}\frac{\partial E_z}{\partial x} \quad (33.3c)$$

$$H_y = -\frac{j\omega\varepsilon}{h^2}\frac{\partial E_z}{\partial x} \quad (33.3b) \qquad E_y = +\frac{j\omega\mu}{h^2}\frac{\partial H_z}{\partial x} \quad (33.3d)$$

onde colocamos,

$$h^2 = \bar{\gamma}^2 + \omega^2\mu\varepsilon \qquad (33.4a)$$

Observando o conjunto das equações acima podemos notar que as componentes transversais (E_x, E_y e H_x, H_y) ficam determinadas uma vez conhecidas as componentes longitudinais (E_z e H_z). Não obstante a onda guiada simultaneamente ter as duas componentes longitudinais, é conveniente considerar em separado cada uma delas, resultando em dois tipos de onda guiada:

(1º) a onda guiada em que **E** não tem componente longitudinal na direção de propagação, por isso chamada de onda elétrica transversal, abrevia-se por TE (do inglês, transverse elétric); e

(2º) a onda guiada em que **H** não tem componente longitudinal na direção de propagação, denominada de magnética transversal, TM (de transverse magnetic).

Como caso em destaque tem-se um tipo (3º) em que a onda guiada que não tem nenhuma componentes longitudinais na direção de propagação, sendo chamada de onda eletromagnética transversal, TEM (de transverse eletromagnetic). Por simplicidade, vamos considerar que os planos paralelos são constituídos de condutores perfeitos, para os quais a atenuação, $\alpha = 0$, é desprezível.

[1] Onda guiada TE: o vetor campo elétrico é perpendicular a direção de propagação z, para a qual, $E_z = 0$; impondo esta condição em (33.3b) e (33.3c), resulta $E_x = 0$ e $H_y = 0$, contudo temos a condição, E_y, H_x e H_z não nulos e $\bar{\gamma} = j\,\bar{\beta}$.

Derivando, em relação a x, a equação (33.1c) e combinando-a com as equações (33.2b) e (33.1a), obtemos a equação da onda harmônica de E_y:

$$\frac{\partial^2 E_y}{\partial x^2} + \bar{\gamma}^2 E_y = -j\omega\mu\,\varepsilon\,E_y \qquad (33.5a)$$

ou melhor,

$$\frac{\partial^2 E_y}{\partial x^2} = -h^2 E_y \qquad (33.5a')$$

onde, $h^2 = \bar{\beta}^2 + \omega^2\mu\varepsilon$. De modo análogo, equação da onda harmônica de H_x:

$$\frac{\partial^2 H_x}{\partial x^2} = -h^2 H_x \tag{33.5b}$$

A equação (33.5a'), admite a solução geral,

$$E_y = [K_1 \, \text{sen}(hx) + K_2 \cos(hx)] \, e^{-j\bar{\beta}z} \tag{33.6a}$$

Para a determinação das constantes arbitrárias K_1 e K_2, recorre-se a condição de contorno $E_{tang} = 0$, nas superfícies internas da guia de onda. Então, para $x = 0$, temos $E_y = 0$, o que implica que $K_2 = 0$, e resulta,

$$E_y = K_1 \, \text{sen}(hx) \, e^{-j\bar{\beta}z} \tag{33.6b}$$

Para $x = a$, temos, $E_y = 0$, na superfícies interna superior, para todo z e t; e sen(ha) = 0, para ha = mπ, donde, h = mπ/a (m = 1, 2, 3, ...); por conseguinte,

$$E_y = K_1 \, \text{sen}\left(\frac{m\pi}{a} x\right) e^{-j\bar{\beta}z} \tag{33.6c}$$

As componentes H_x e H_z são obtidas com a introdução do resultado acima em (33.1a) e (33.1c), esta com $\partial E_y/\partial_x$, após temos, respectivamente,

$$H_x = -\frac{\bar{\beta}}{\omega\mu} K_1 \, \text{sen}\left(\frac{m\pi}{a} x\right) e^{-j\bar{\beta}z} \tag{33.6d}$$

$$H_z = -\frac{j\,m\pi}{\omega\mu a} K_1 \cos\left(\frac{m\pi}{a} x\right) e^{-j\beta z} \tag{33.6e}$$

Para cada valor próprio de m a onda TE tem um modo de propagação característico, sendo a de menor frequência para m = 1, anotamos TE_{10} (o 2º índice será esclarecido mais adiante) e ela é chamada de onda dominante ou fundamental, fig.33.2(a) e fig.33.2(b); qualquer outro modo de propagação é dito modo superior.

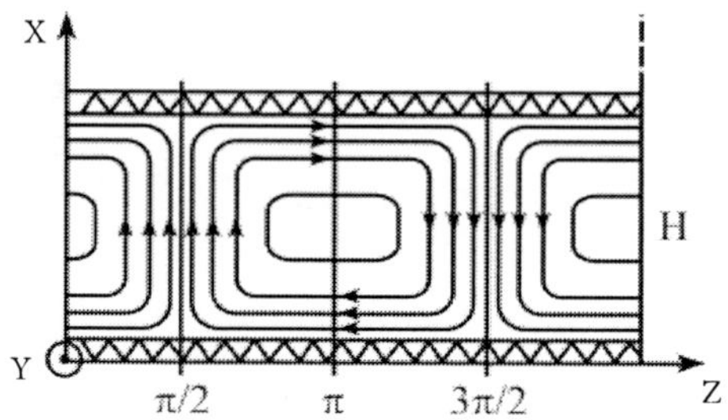

Fig.33.2 (a)

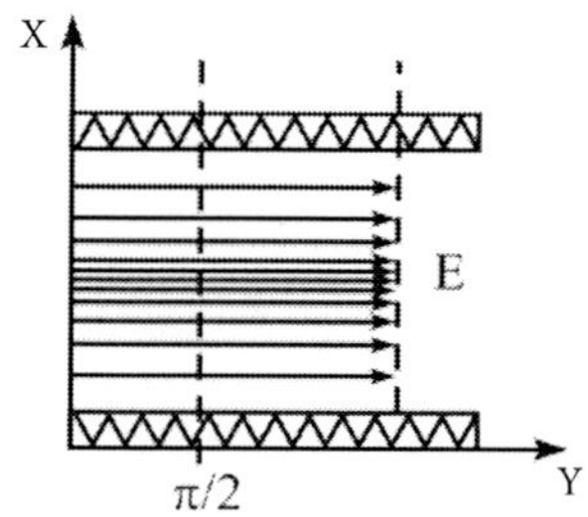

Fig.33.2 (b)

A transmissão de onda TE é feita mediante sucessiva reflexões entre os planos condutores e a guia de onda funciona como um seletor de comprimentos e/ou frequências de ondas, conforme será visto adiante.

Dividindo ordenadamente (33.6c) por (33.6d) podemos concluir que,

$$E_y/H_x = \bar{\beta}/\beta\sqrt{\frac{\mu}{\varepsilon}} \quad (33.7a)$$

onde $\sqrt{\mu/\varepsilon}$ é a impedância intrínseca de onda TE. Também podemos expressá-la em função de comprimentos de ondas,

$$\eta_{TE} = \bar{\lambda}/\lambda \quad (33.7b)$$

onde $\bar{\lambda}$ é o comprimento de onda na guia, e λ é o da onda do espaço livre .

[2] Onda guiada TM: o vetor campo magnético é perpendicular a direção de propagação Z, com $H_z = 0$. Este requisito levado a (33.3a) e (33.3d) implica em termos $H_x = 0$ e $E_y = 0$ mas não de H_y, E_x e E_z. Com procedimento análogo, elegemos para H_y a solução geral,

$$H_y = [C_1 \operatorname{sen}(hx) + C_2 \cos(hx)]\, e^{-j\bar{\beta} z} \tag{33.8a}$$

Intervindo com esta solução em (33.2c), obtemos,

$$E_z = \frac{h}{j\omega\varepsilon}[C_1 \cos(hx) - C_2 \operatorname{sen}(hx)]\, e^{-j\bar{\beta} z} \tag{33.8b}$$

Aplicando as condições de contorno, $E_z = 0$ para $x = 0$, implica que $C_1 = 0$; e para $x = a$, C_2 não será nulo se $h = m\pi/a$, deste modo a equação acima torna-se,

$$E_z = \frac{jm\pi}{\omega\varepsilon a} C_2 \operatorname{sen}(\frac{m\pi}{a} x)\, e^{-j\bar{\beta} z} \tag{33.8c}$$

A condição imposta reduz (33.8a) para,

$$H_y = C_2 \cos(\frac{m\pi}{a} x)\, e^{-j\bar{\beta} z} \tag{33.8d}$$

Introduzindo (33.8d) em (33.2a) obtemos,

$$E_x = -\frac{\beta}{\omega\varepsilon} C_2 \cos(\frac{m\pi}{a} x)\, e^{-j\bar{\beta} z} \tag{33.8e}$$

O comportamento da onda guiada TM é semelhante ao da TE, de modo que, para cada valor próprio de m tem-se um modo de propagação; aqui também a guia de onda opera como um seletor de frequência; por exemplo, para m = 1, temos o modo TM_{10}, com configuração dada na fig.33.3(a) e fig.33.3(b).

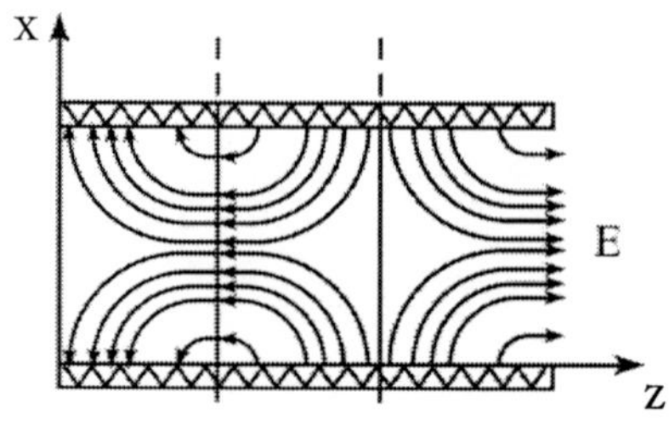

Fig.33.3 (a)

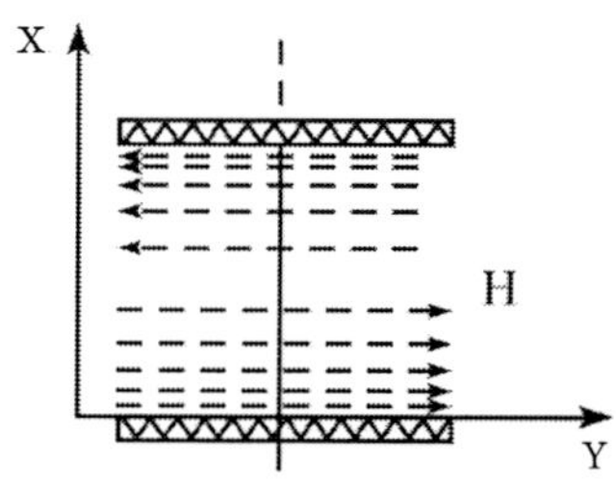

Fig.33.3 (b)

Como no caso precedente, a divisão ordenada ente (33.8e) e (33.8d) oferece,

$$E_x/H_y = -\,\bar{\beta}/\beta\,\sqrt{\frac{\mu}{\varepsilon}} \tag{33.9a}$$

sendo$\sqrt{\mu/\varepsilon}$ a impedância intrínseca de onda TM. Também podemos expressá-la em função de comprimentos de ondas,

$$\eta_{TM} = \lambda/\bar{\lambda}\,\sqrt{\frac{\mu}{\varepsilon}} \tag{33.9b}$$

Para ambos os caso, da equação (33.4b), com $h^2 = (m\pi/a)^2$, podemos concluir,

$$\beta = \sqrt{\omega^2\mu\varepsilon - (m\pi/a)^2} \tag{33.9c}$$

E daí podemos definir o comprimento de onda guiada, $\bar{\lambda} = 2\pi/\bar{\beta}$, ou explicitando $\bar{\beta}$,

$$\bar{\lambda} = \frac{2\pi}{\sqrt{\omega^2\mu\varepsilon - (m\pi/a)^2}} \tag{33.10a}$$

Assim como a velocidade de fase na guia de onda, $\bar{v} = \omega/\bar{\beta}$, ou seja,

$$\bar{v} = \frac{\omega}{\sqrt{\omega^2\mu\varepsilon - (m\pi/a)^2}} \tag{33.10b}$$

onda de corte permitido para que haja propagação.

Frequência de Corte

A análise do radicando da equação (33.9c) mostra que β depende da frequência para valores permitidos, e significa que haverá propagação sempre que $\bar{\beta} \geq 0$, ou seja, $\omega^2 \mu\varepsilon \geq (m\pi/a)^2$; na igualdade, tem-se, de frequência angular mais baixa possível, chamada de frequência crítica ou de corte, ω_c, dada por,

$$\omega_c = \bar{v}\,\frac{m\pi}{a} \tag{33.11a}$$

onde $\bar{v} = 1/\sqrt{\mu\varepsilon}$ é a velocidade de fase da onda guiada. De (33.11a) decorre a frequência de corte, f_c,

$$f_c = \bar{v}\,\frac{m}{2a} \tag{33.11b}$$

E o comprimento de onda de corte, $\lambda_c = v_f / f_c$,

$$\lambda_c = \frac{2a}{m} \qquad (33.11c)$$

Em particular, para m = 1 temos $\lambda_c = 2a$, sendo este o maior comprimento de onda de corte permitido para que haja propagação.

Note-se que para $\overline{\beta} = 0$, $\overline{v}$ e $\overline{\lambda}$ tornam-se infinitos. E a medida que a frequência de corte se eleva, a velocidade de fase diminui até o limite inferior, $\overline{v} = 1/\sqrt{\mu\varepsilon}$; e se o meio é o vazio, tem-se $\overline{v} = c$. Mas dizer que a velocidade de fase varia de c a um valor infinito, quando a frequência se eleva além da frequência de corte, é uma decorrência matemática e não um fato físico, já que a velocidade com que a energia eletromagnética se propaga é finita e tem por limte c. Para contornar essa dificuldade matemática, define-se a velocidade de grupo, v_g, cuja relação $\overline{v}/v_g$, vamos estabelecer.

Exemplo 33.1

> Seja uma onda TE propagando-se entre os dois planos paralelos constituídos por condutores perfeito. Estabelecer a relação entre a velocidade de grupo e a velocidade de fase, bem como o comprimento de onda guiada, $\overline{\lambda}$, em função do comprimento de onda livre, λ_o, e dos demais parâmetros envolvidos.

Como já aludimos a onda guiada TE ou TM propaga-se por reflexões múltiplas no interior da guia. No presente caso, a onda TE tem o campo elétrico com apenas a componente E_y, e o campo magnético com duas componentes, H_y e H_z, paralelos ao plano XZ, fig.33.4(a).

Na fig.33.4(a) estão delineados algumas frentes de ondas AA', BB', CC', etc., que são planos perpendiculares ao vetor de propagação. Na superfície interna da guiaonda ocorre interferência nos ponto de incidência, A, A', B, B', C, etc., onde o campo elétrico anula-se para todo valor de t, e muda do angulo de θ para $\theta + \pi$, na reflexão; e sobre a qual a onda propaga-se com a velocidade v_g. E daqui em diante achamos mais sugestivo usar $\overline{v} = v_f$.

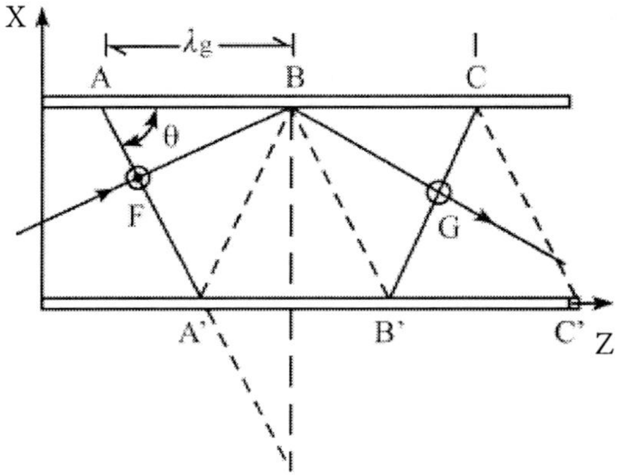

Fig.33.4 (a)

Tomando o triângulo AFB da fig.33.4(a), destacado como diagrama das velocidades na fig.33.4(b), podemos concluir as relações,

$$v_g = v \cos\theta \tag{33.12a}$$

$$v_f = \frac{v}{\cos\theta} \tag{33.12b}$$

Multiplicando-as ordenadamente, resulta,

$$v_g v_f = v^2 \tag{33.12c}$$

Para v = c, velocidade do espaço livre, e temos, $v_g v_f = c^2$.

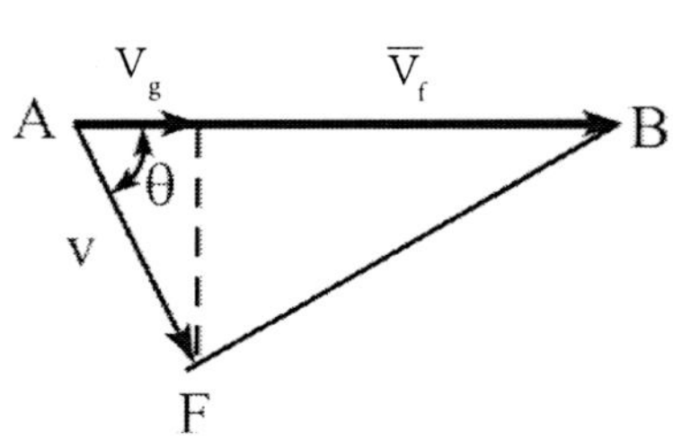

Fig.33.4 (b)

Notemos que duas frentes de ondas, tais como AA' e BB' estão separadas de n comprimentos de ondas do espaço livre, $n\lambda_o$, de cujo triângulo AHB tiramos a relação,

$$\cos\theta = \frac{n\lambda_o}{2a} \tag{31.13a}$$

onde $\theta \leq \pi/2$ para que haja múltiplas reflexões. Em particular, com n = 1 e $\theta = \pi/2$, a onda guiada tem comprimento crítico, $\lambda_c = 2a$, quando converte-se numa onda paralela à parede interna da guiaonda. Por outro lado, as distâncias AB = BC = CD, etc. são iguais ao comprimento de ondas guiada, λ_g, de cujo triângulo AFB, tiramos a relação,

$$\lambda_g = \frac{n\lambda_o}{\text{sen}\theta} \tag{33.13b}$$

Pondo senθ em função do cosθ, obtemos,

$$\lambda_g = \frac{\lambda_o}{\sqrt{1-(n\lambda_o/2a)^2}} \tag{33.13c}$$

Alternativamente, podemos combinar os dois resultados acima e concluir que,

$$\lambda_g = \frac{2a}{\text{tg}\theta} \tag{33.13d}$$

Exemplo 33.2

Seja uma onda TE_{10} que se propaga à frequência de 3GHz, entre dois planos paralelos, constituídos de condutores perfeitos, separados de 10 cm, tendo o ar como dielétrico. Viável a propagação da onda, calcular f_c, λ_c, λ, λ_g, v_f e v_g.

Temos, m = 1 , $\mu_o \varepsilon_o = 1/c^2$ e $\omega = 2\pi f$; de (33.4c) podemos concluir que,

$$\bar{\beta} = \pi \sqrt{\left(\frac{2f}{c}\right)^2 - \left(\frac{1}{a}\right)^2}$$

Substituindo os valores dados, virá,

$$\bar{\beta} = \pi \sqrt{\left(\frac{2x3x10^9 \text{ Hz}}{3x10^8 \text{ m/s}}\right)^2 - \left(\frac{1}{0{,}10\text{m}}\right)^2} \cong 54{,}41 \text{ rad/m}$$

O radicando positivo, β resultou real e, portanto, a propagação é viável.

Usando (33.11b) e (33.11b), respectivamente, teremos,

$$f_c = \frac{c}{2a} = \frac{3x10^8\text{m/s}}{2x0{,}10\text{m}} = 1{,}5x10^9 \text{ Hz}$$

$$\lambda_c = 2a = 2x\ 0{,}10 \text{ m} = 0{,}20 \text{ m}$$

O comprimento de onda livre,

$$\lambda_o = \frac{c}{f} = \frac{3x10^8\text{m/s}}{3x10^9 \text{ Hz}} = 0{,}10 \text{ m}$$

Com (33.10a), virá,

$$\lambda_g = \frac{2\pi}{54{,}41 \text{ rad/m}} \cong 0{,}115 \text{ m ou } 11{,}5 \text{ cm}$$

Usando (33.11a), temos,

$$v_f = \frac{2\pi \text{ x } 3\text{x}10^9 \text{ Hz}}{54{,}41 \text{ rad/m}} \cong 3{,}46\text{x}10^8 \text{ m/s}$$

De (33.12c), podemos concluir, $v_g = c^2/v_f$,

$$v_g = \frac{(3\text{x}10^8 \text{ m/s})^2}{3{,}46\text{x}10^8 \text{ m/s}} \cong 2{,}60\text{x}10^8 \text{ m/s}$$

Exemplo 33.3

Seja uma onda TE propagando-se em dois planos paralelos, formados por condutores perfeitos, separados pela distância a. Calcular a potência transmitida por unidade de área e a potência média transmitida.

Introduzindo as equações (33.6c) e (33.6d) no vetor de Poynting de (30.5a), obtemos,

$$\mathbf{S}_{med} = 1/2\ [K_1 \text{ sen } (\frac{m\pi}{a} x)e^{-j\bar{\beta}z}\ \hat{\mathbf{e}}_y \mathbf{\ x\ } \hat{\mathbf{e}}_x (-\frac{\bar{\beta} K_1}{\omega\mu}) \text{ sen}(\frac{m\pi}{a} x)e^{j\bar{\beta}z}]$$

$$\mathbf{S}_{med} = \frac{\bar{\beta} K_1^2}{2\ \omega\mu} \text{sen}^2(\frac{m\pi}{a} x)\ \hat{\mathbf{e}}_z \qquad (\text{W/m}^2)$$

Potência média transmitida na direção z numa superfície de 1 m de largura e a de altura, ds = 1·dx; e temos,

$$P_{med} = \int_o \frac{a\bar{\beta} K_1^2}{2\omega\mu} \text{ sen}^2(\frac{m\pi}{a} x)dx = \frac{\bar{\beta} K_1^2 a}{4\omega\mu} \qquad (\text{W})$$

[3] Onda guiada TEM: os vetores campo elétrico e magnético são perpendiculares à direção de propagação Z, onde $E_z = 0$ e $H_z = 0$. A TEM pode se propagar em todas as frequências, exceto para m = 0, o que leva a nulidade da frequência de corte. Esta restrição conduz as aproximações: $\beta \rightarrow \overline{\beta}$, $v_f \rightarrow v$ e $\lambda_g \rightarrow \lambda$.

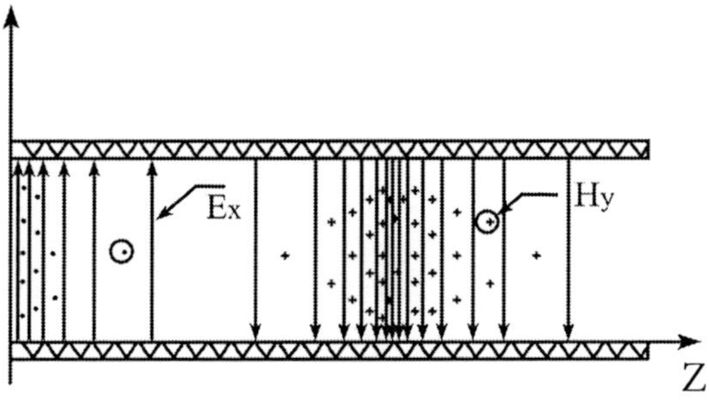

Fig.33.5

A distribuição da onda TEM na guiaonda, fig.33.5, é dada pelas componentes respectivas:

$$E_x = \frac{\beta}{\omega\varepsilon} C\, e^{-j\beta z} \qquad (33.14a)$$

$$H_y = C\, e^{-j\beta z} \qquad (33.14a)$$

A divisão ordenada da 1ª equação pela 2ª oferece,

$$\frac{E_x}{H_y} = \left(\frac{\mu}{\varepsilon}\right)^{1/2} \qquad (33.14c)$$

onde o 2º membro é a impedância da onda TEM, que é igual a impedância intrínseca da onda plana propagando-se num meio infinito.

A onda TEM propaga-se sem reflexões e, por consequência, ela só pode ser transmitida através de condutores bifilares ou cabos coaxiais, conforme veremos adiante, e nunca através de condutores vazados ou ocos.

Exemplo 33.4

Dado um condutor perfeito, cilíndrico circular vazado, mostrar que não possível transmitir ondas TEM.

Expressando o campo elétrico em função de seus potenciais, teremos,

$$\mathbf{E} = -\frac{\partial V}{\partial x}\hat{e}_x - \frac{\partial V}{\partial y}\hat{e}_y - \left(\frac{\partial V}{\partial z} + \frac{\partial A_z}{\partial t}\right)\hat{e}_z$$

e como a componente na direção z é nula, temos para o 2º termo do 2º membro,

$$\frac{\partial V}{\partial z} = -\frac{\partial A_z}{\partial t}$$

Para um campo elétrico é harmônico, $\mathbf{E} = \mathbf{E}_m\, e^{-j(\omega t - \beta z)}$, o potencial elétrico também será harmônico, de modo que teremos, após as simplificações devidas,

$$\mathbf{E}_m = -\frac{\partial V_m}{\partial x}\hat{e}_x - \frac{\partial V_m}{\partial y}\hat{e}_y = 0$$

Sendo $\mathbf{E}_{tang} = \mathbf{E}_m = 0$, resulta ser V constante em todo o espaço interior do condutor cilíndrico oco, onde por extensão $\mathbf{E} = 0$, que levado à 3ª equação de Maxuell, virá,

$$\nabla x\mathbf{E} = -\mu\frac{\partial \mathbf{H}}{\partial t} = 0$$

o que implica que **H** é constante no tempo, não tendo componentes nas direções Y ou X, e por conseguinte, a onda TEM não é transmissível numa guia vazado única.

Exemplo 33.5

Seja uma onda TEM propagando-se entre dois condutores perfeitos, compondo dois planos paralelos separados pela distância a. Calcular a potência transmitida por unidade de área .

A potência transmitida por unidade de área é o valor médio do vetor de Poynting dado por (30.5a), no qual, introduzindo (33.14a) e (33.14b), obtemos,

$$S_{med} = 1/2\left(\frac{\bar{\beta} C_2}{\omega\varepsilon} e^{-j\beta z}\ \hat{e}_x \times \hat{e}_y\ C_1 e^{j\beta z}\right) = \frac{\bar{\beta} C_2}{2\omega\varepsilon}\hat{e}_z$$

$$S_{med} = 1/2\ \eta\ C_2\ \hat{e}_z\ (\mathrm{W/m^2})$$

33.2. OEM Propagando-se em Guia Retangular

Nesta nova situação a guia de ondas é um tubo condutor, vazado, de seção retangular a x b, como na fig.33.6, onde a OEM é transmitida sem atenuação. A configuração da onda ao longo da guia é dada pela pelas equações de Maxwell, sob a condição de se ter $E_{tang} = 0$ e $H_{norm} = 0$ nas paredes da guia. As equações das componentes dos campos elétrico e magnético, são obtidas de forma análoga a já vista: desenvolvem-se as 3° e 4° equações de Maxwell, considerando agora que as derivadas em relação a y são não nulas. O novo sistema de equações, convenientemente resolvido oferece as equações:

$$H_x = -\frac{j\bar{\beta}}{h^2}\frac{\partial H_z}{\partial x} + \frac{j\omega\varepsilon}{h}\frac{\partial E_z}{\partial y} \quad (33.15a) \qquad E_x = -\frac{j\bar{\beta}}{h^2}\frac{\partial E_z}{\partial x} - \frac{j\omega\mu}{h^2}\frac{\partial H_z}{\partial y} \quad (33.15c)$$

$$H_y = -\frac{j\bar{\beta}}{h^2}\frac{\partial H_z}{\partial y} - \frac{j\omega\varepsilon}{h^2}\frac{\partial E_z}{\partial x} \quad (33.15b) \qquad E_y = -\frac{j\bar{\beta}}{h^2}\frac{\partial E_z}{\partial y} + \frac{j\omega\mu}{h^2}\frac{\partial H_z}{\partial x} \quad (33.15d)$$

com, $\bar{\gamma} = j\bar{\beta}$. Igualmente a onda guiada propaga-se no modo TM e TE a seguir analisados:

[1] Onda TM ($H_z = 0$): Neste caso as equações acima ficam particularizadas para:

$$H_x = + \frac{j\omega\varepsilon}{h^2} \frac{\partial E_z}{\partial y} \quad (33.16a) \qquad E_x = - \frac{j\bar{\beta}}{h^2} \frac{\partial E_z}{\partial x} \quad (33.16c)$$

$$H_y = - \frac{j\omega\varepsilon}{h^2} \frac{\partial E_z}{\partial x} \quad (33.16b) \qquad E_y = + \frac{j\bar{\beta}}{h^2} \frac{\partial E_z}{\partial y} \quad (33.16d)$$

E as equações para as componentes E_z e H_z, são:

$$\frac{\partial^2 E_z}{\partial x^2} + \frac{\partial E_z}{\partial y^2} = - h^2 \qquad (33.17a)$$

$$\frac{\partial^2 H_z}{\partial x^2} + \frac{\partial H_z}{\partial y^2} = - h^2 \qquad (33.17b)$$

onde $h^2 = \bar{\beta}^2 + \omega^2\mu\varepsilon$; e as condições de contorno na guia onda retangular são: $E_x = E_z = 0$ para $y = 0$ e $y = b$, e $E_y = E_z = 0$ para $x = 0$ e $x = a$.

Admitindo para (33.1a), a solução geral,

$$E_z(x,y,0) = E_{oz}(x,y)\, e^{-j\bar{\beta}z} \qquad (33.17c)$$

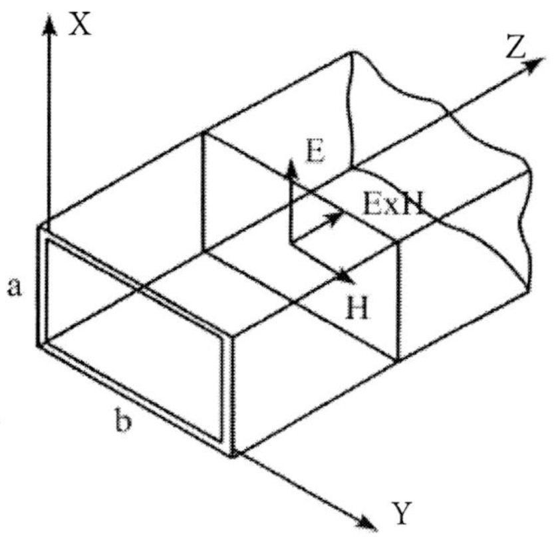

Fig.33.6

Podemos confirmá-la, apicando o método de separação de variáveis, pondo $E_{oz} = E_2(x)\, E_1(y)$ e introduzindo na equação (33.1a), de modo a termos,

$$\underbrace{\frac{1}{E_1}\frac{d^2E_1}{dx^2} + h^2}_{= A^2} + \underbrace{\frac{1}{E_2}\frac{d^2E_2}{dy^2}}_{= -A^2} = 0 \qquad (33.18a)$$

Com vista a simplificação, façamos $B^2 = h^2 - A^2$, de modo que temos separadamente:

$$\frac{d^2E_1}{dx^2} + B^2 E_1 = 0 \quad e \quad \frac{d^2E_2}{dy^2} + A^2 E_2 = 0 \qquad (33.18b)$$

Para as quais temos as soluções respectivas,

$$E_1 = C_1 \cos(Bx) + C_2 \text{sen}(Bx) \qquad (33.18c)$$

$$E_2 = D_1 \cos(Ay) + D_2 \text{ sen}(Ay) \qquad (33.18d)$$

E a solução geral,

$$E_{0z} = C_1 D_1 \cos(Bx)\cos(Ay) + C_1 D_2 \cos(Bx)\,\text{sen}(Ay)$$
$$+ C_2 D_1\, \text{sen}(Bx)\cos(Ay) + C_2 D_2\, \text{sen}(Bx)\,\text{sen}(Ay) \qquad (33.18e)$$

Para determinar as constantes C_j usam-se as condições de contorno: $E_{0z} = 0$ para x = 0, tem-se para (33.18e),

$$E_{oz} = C_1 D_1 \cos(Ay) + C_1 D_2\, \text{sen}(Ay) \qquad (1)$$

Com A ≠ 0, a expressão (1) anula-se para $C_1 = 0$ ou $D_1 = 0$; tomando $C_1 = 0$, para todo y, (33.18e), torna-se,

$$E_{oz} = C_2 D_1\, \text{sen}(Bx)\cos(Ay) + C_2 D_2\, \text{sen}(Bx)\,\text{sen}(Ay) \qquad (2)$$

e para $y = 0$, $B \neq 0$, (2) reduz-se para,

$$E_{oz} = C_2 D_2\, \text{sen}(Ay) \qquad (3)$$

Por sua vez, (3) será nula para $C_2 = 0$; e temos para (2),

$$E_{oz} = C_2 D_2\, \text{sen}(Bx)\,\text{sen}(Ay) \qquad (4)$$

pondo $C_2 D_2 = K$, x = a e y = b, na expressão acima, obtemos,

$$E_{oz} = K\, \text{sen}\,(Ba)\,\text{sen}(Ab) \qquad (5)$$

Para se ter a condição de $E_{oz} = 0$ em (5), cumpre-se para sen (Ba) = 0 ⟹ Ba = mπ e B = mπ/a, m = 1, 2, 3, ...; assim como, para sen(Ab) = 0 ⟹ Ab = nπ e A = nπ/b, n = 1, 2, 3,..., Levando os valores de A e B em (5), pondo $K = K_o e^{-j\beta z}$ em $E_z = E_{oz} e^{-j\beta z}$, virá finalmente:

$$E_z = K\, \text{sen}\left(\frac{m\pi}{a} x\right)\text{sen}\left(\frac{n\pi}{b} y\right) \qquad (33.18f)$$

Introduzindo este resultado nas equações (33.16a,b) e (33.16c,d), teremos, respectivamente:

$$H_x = -\frac{j\omega\mu}{h^2} K \left(\frac{n\pi}{b}\right) \cos\left(\frac{m\pi}{a}x\right) \operatorname{sen}\left(\frac{n\pi}{b}y\right) \qquad (33.19a)$$

$$H_y = -\frac{j\omega\mu}{h^2} K \left(\frac{m\pi}{a}\right) \operatorname{sen}\left(\frac{m\pi}{a}x\right) \cos\left(\frac{n\pi}{b}y\right) \qquad (33.19b)$$

$$E_x = -\frac{j\beta}{h^2} K \left(\frac{m\pi}{a}\right) \operatorname{sen}\left(\frac{m\pi}{a}x\right) \cos\left(\frac{n\pi}{b}y\right) \qquad (33.19c)$$

$$E_y = -\frac{j\beta}{h^2} K \left(\frac{n\pi}{b}\right) \cos\left(\frac{m\pi}{a}x\right) \operatorname{sen}\left(\frac{n\pi}{b}y\right) \qquad (33.19d)$$

Para m = 1 e n = 0 temos a onda dominante TE_{10}, de menor frequência de corte, cuja configuração dos campos estão esboçadas nas fig.33.7(a) e fig.33.7(b).

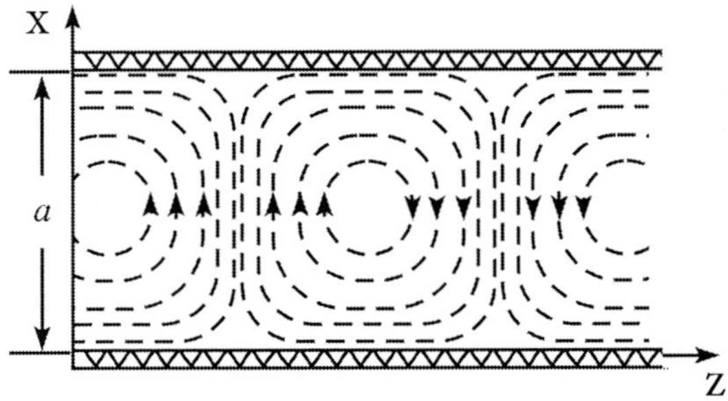

Fig.33.7 (a)

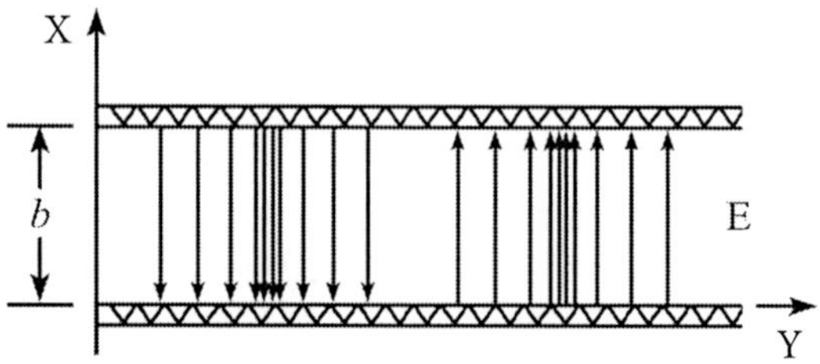

Fig.33.7 (b)

Sendo $h^2 = A^2 + B^2 = (m\pi/a)^2 + (n\pi/b)^2$, podemos definir os parâmetros:

(1) Constante de propagação, com $\omega > \omega_c$:

$$\bar{\beta} = \sqrt{\omega^2\mu\varepsilon - \left[\left(\frac{m\pi}{a}\right)^2 + \left(\frac{n\pi}{b}\right)^2\right]} \qquad (33.20a)$$

(2) Frequência de Corte:

Para $\omega = \omega_c$ temos, $\beta = 0$, e por conseguinte, virá,

$$\omega_c = \frac{1}{\sqrt{\mu\varepsilon}} \left(\frac{m\pi}{a}\right)^2 + \left(\frac{n\pi}{b}\right)^2 \qquad (33.20b)$$

(3) Comprimento de Onda na Guia:

$$\lambda_g = \frac{2\pi}{\sqrt{\omega^2\mu\varepsilon - [(m\pi/a)^2 + (n\pi/b)^2]}} \qquad (33.20c)$$

e comprimento de onda de corte,

$$\lambda_c = \frac{2\pi}{\sqrt{(m\pi/a)^2 + (n\pi/b)^2}} \qquad (33.20d)$$

(4) Velocidade de Propagação na Guia:

$$v_g = \frac{2\pi}{\sqrt{\omega^2\mu\varepsilon - [(m\pi/a)^2 + (n\pi/b)^2]}} \quad (33.20e)$$

[2] Onda TE ($E_z = 0$): neste caso, as equações das componentes dos campos serão:

$$H_x = -\frac{j\bar{\beta}}{h^2}\frac{\partial H_z}{\partial x} \quad (33.21a) \qquad E_x = -\frac{j\omega\mu}{h^2}\frac{\partial H_z}{\partial y} \quad (33.21c)$$

$$H_y = -\frac{j\beta}{h^2}\frac{\partial H_z}{\partial y} \quad (33.21b) \qquad E_y = +\frac{j\omega\mu}{h^2}\frac{\partial H_z}{\partial x} \quad (33.21d)$$

Analogamente, com $H_{0z}(x,y,0) = H_1(x)\, H_2(y)$, obtemos,

$$\frac{d^2H_1}{dx^2} + B^2H_1 = 0 \quad e \quad \frac{d^2H_2}{dy^2} + A^2 H_2 = 0 \quad (33.22a)$$

com soluções respectivas,

$$H_1 = C_1 \cos(Bx) + C_2 \operatorname{sen}(Bx) \quad (1)$$

$$H_2 = D_1 \cos(Ay) + D_2 \operatorname{sen}(Ay) \quad (2)$$

Donde, a solução geral,

$$\begin{aligned} H_{oz} &= C_1D_1\cos(Bx)\cos(Ay) + C_1D_2\cos(Bx)\operatorname{sen}(Ay) \\ &+ C_2D_1\operatorname{sen}(Bx)\cos(Ay) + C_2D_2\operatorname{sen}(Bx)\operatorname{sen}(Ay) \end{aligned} \quad (33.22b)$$

As constantes C_j são determinadas pelas condições de contorno; e seguindo o procedimento visto, e chega-se a solução,

$$H_{oz} = C\cos(Bx)\cos(Ay) \qquad (1)$$

para x = a e y = b, virá para a expressão acima,

$$H_{oz} = C\cos(Ba)\cos(Ab) \qquad (2)$$

com B = mπ/a e A = nπ/b; e m e n os números de variações do campo ao longo das coordenadas x e y; e temos finalmente:

$$H_{oz} = C\cos\left(\frac{m\pi}{a}x\right)\cos\left(\frac{n\pi}{b}y\right) \qquad (33.23f)$$

Introduzindo este resultado nas equações (33.21a,b,c, d), obtemos as equações das componentes, buscadas:

$$E_x = \frac{j\omega\varepsilon}{h^2}C\left(\frac{n\pi}{b}\right)\cos\left(\frac{m\pi}{a}x\right)\operatorname{sen}\left(\frac{n\pi}{b}y\right) \qquad (33.24a)$$

$$E_y = -\frac{j\omega\varepsilon}{h^2}C\left(\frac{m\pi}{a}\right)\operatorname{sen}\left(\frac{m\pi}{a}x\right)\cos\left(\frac{n\pi}{b}y\right) \qquad (33.24b)$$

$$H_x = \frac{j\beta}{h^2}C\left(\frac{m\pi}{a}\right)\operatorname{sen}\left(\frac{m\pi}{a}x\right)\cos\left(\frac{n\pi}{b}y\right) \qquad (33.24c)$$

$$H_y = -\frac{j\beta}{h^2}C\left(\frac{n\pi}{b}\right)\operatorname{sen}\left(\frac{m\pi}{a}x\right)\cos\left(\frac{n\pi}{b}y\right) \qquad (33.24d)$$

sendo, $h^2 = A^2 + B^2$, válido para ambos os casos. Os parâmetros de propagação de onda TE são os mesmos instituídos para as expressões (33.20a, b, c, d,e).

Exemplo 33.6

Uma onda TE_{10} propaga-se com a frequência de 3GHz numa guia de onda de seção retangular 6 cmx3 cm, tendo ar com dielétrico. Calcular: β, f_c, λ_c, λ_g, bem como v_f e v_g.

Temos, a = 6 cm e b = 3 cm; m = 1, n = 0, que implica que a propagação não dependerá de b; sendo $\mu_r \cong 1$ e $\varepsilon_r \cong 1$, teremos:

$$\bar{\beta} = j\sqrt{(3\text{x}10^9\text{ Hz})^2(4\pi\text{x}10^{-7}\text{H/m})(\frac{10^{-9}}{36\pi}\text{F/m}) - (\frac{\pi}{6\text{x}10^{-2}\text{m}})^2} \cong 51{,}39\text{ rad/m}$$

$$f_c = \frac{c}{2a} = \frac{3\text{x}10^8\text{m/s}}{2(0{,}06\text{m})} = 2{,}5\text{x}10^9\text{ Hz}$$

$$\lambda_c = \frac{2\pi}{|\bar{\beta}|} = 2a = 2\text{x}(0{,}06\text{ m}) \cong 0{,}12\text{ m}$$

$$\lambda_o = \frac{c}{f} = \frac{3\text{x}10^8\text{m/s}}{3\text{x}10^9\text{ Hz}} = 0{,}10\text{ m}$$

$$\lambda_g = \frac{0{,}10\text{ m}}{\sqrt{1 - (0{,}10\text{m}/0{,}12\text{m})^2}} \cong 0{,}18\text{ m}$$

Usando (33.13d), podemos concluir que,

$\theta = \text{arc tg } (0{,}18/2\text{x}0{,}06) \cong 56{,}3°$

A velocidade de fase para o ar é v = c; então, introduzindo o ângulo achado em (33.12a) e (33.12b), respectivamente, obtemos,

$$v_g = (3x10^8 \text{ m/s}) \cos(56{,}3°) \cong 1{,}66x10^8 \text{ m/s}$$

$$v_f = \frac{3x10^8 \text{m/s}}{\cos(56{,}3°)} = 5{,}41x10^8 \text{m/s}$$

Exemplo 33.7

Estabelecer a expressão do comprimento de onda guiada em função dos comprimentos de ondas livre e de corte.

Combinando (33.20c) e (33.20d), e sendo $\omega^2 = (2\pi c/\lambda_o)$ e $\mu_o\varepsilon_o = 1/c^2$, virá,

$$\lambda_g = \frac{2\pi}{\sqrt{(2\pi c/\lambda_o)^2/c^2 - (2\pi/\lambda_c)^2}}$$

Após as simplificações devidas, encontramos,

$$\lambda_g = \frac{\lambda_o}{\sqrt{1 - (\lambda_o/\lambda_c)^2}} \quad (33.25a)$$

Exercício 33.8

Mostrar que a velocidade de fase na guia de onda pode ser expressa por,

$$v_f = \frac{c}{\sqrt{1 - (\omega_c/\omega)^2}} \quad (33.25b)$$

e a velocidade de grupo, $v_g = d\omega/d\beta$, por,

$$v_g = c\sqrt{1 - (\omega_c/\omega)^2} \quad (33.25c)$$

33.3. OEM tem uma Guia de Onda Coaxial

Pela sua importância técnica, vamos dar destaque o caso da propagação da onda TEM ($E_z = 0$ e $H_z = 0$) numa guia de onda formado por dois cilindros concêntricos, compondo um sistema coaxial, usualmente chamado de linha ou cabo coaxial.

Seja um cabo coaxial cujos condutores concêntricos têm seções retas circulares uniformes, de raios respectivos a e b. Uma onda TEM propaga-se ao longo da direção axial, Z, com a velocidade c, internamente o campo elétrico se distribui radialmente juntamente com o campo magnético, de forma azimutal, cujas linhas de força são círculos concêntricos em torno da direção de propagação. Essa distribuição simultânea é mostrada nas fig.33.8(a) e fig.33.8(b). Externamente o campo eletromagnético é nulo.

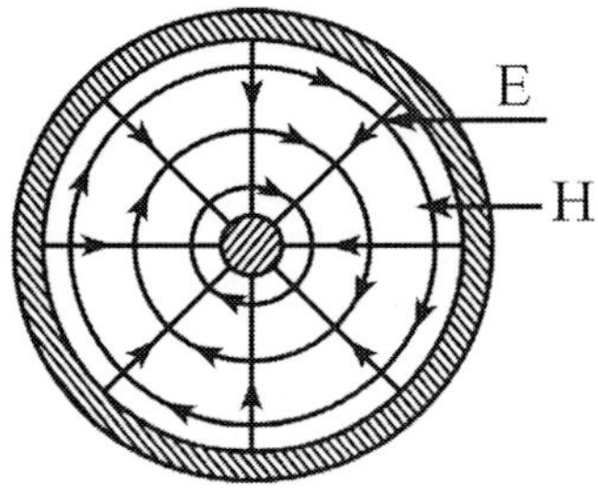

Fig.33.8 (a)

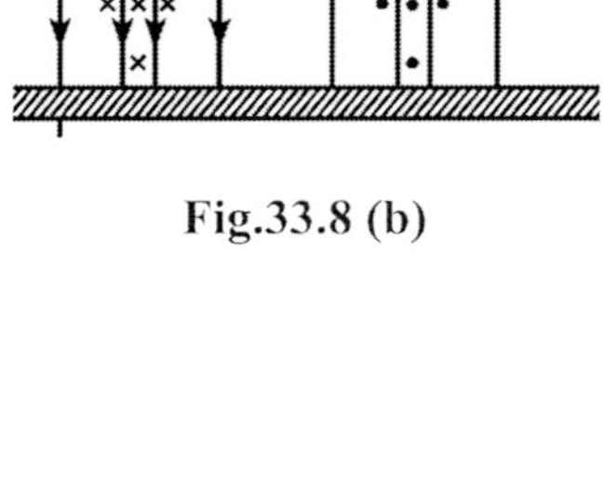

Fig.33.8 (b)

Para um cabo coaxial, temos, o campo elétrico,

$$\mathbf{E} = \frac{C}{r} e^{j(\omega t - \beta z)} \,\hat{\mathbf{e}}_r \tag{33.26a}$$

onde C é uma constante a determinar; e o campo magnético,

$$\mathbf{H} = \frac{1}{\eta_o} (\hat{\mathbf{e}}_z \times \hat{\mathbf{e}}_r) E = \frac{C}{\eta_o r} e^{j(\omega t - \beta z)} \,\hat{\mathbf{e}}_\varphi \tag{33.26b}$$

os quais transmitem a potência média por unidade de área anelar:

$$\mathbf{S}_{med} = \frac{1}{2} \left[\frac{C}{r} e^{j(\omega t - \beta z)} (\hat{\mathbf{e}}_r \times \hat{\mathbf{e}}_\varphi) \frac{C}{\eta_o r} e^{-j(\omega t - \beta z)}\right]$$

$$\mathbf{S}_{med} = \frac{1}{2} \frac{C^2}{\eta_o r^2} \hat{\mathbf{e}}_z \qquad (\mathrm{W/m^2}) \tag{33.26c}$$

bem como a potência média na área anelar:

$$P_{med} = \int_s \frac{1}{2} \frac{C^2}{\eta_o r^2} \hat{\mathbf{e}}_z \cdot \hat{\mathbf{e}}_z ds$$

Sendo $ds = r\, dr d\varphi$ e $\eta_o = 120\pi$ (Ω), virá,

$$P_{med} = \frac{C^2}{120\pi} \int_0^{2\pi} d\varphi \int_a^b \frac{dr}{r} = \frac{C^2}{120} \ln(b/a)$$

Donde,

$$P_{med} = \frac{C^2}{120} \ln(\frac{b}{a}) \qquad (33.26d)$$

É de interesse conhecer-se a impedância característica de uma linha coaxial que é definida por, $Z_c = V/I$. Com efeito, a tensão elétrica é dada por,

$$V = \int_a^b \mathbf{E} \cdot d\mathbf{r} = Ce^{-\beta z} \int_a^b \frac{dr}{r} = Ce^{j\beta z} \ln(\frac{b}{a}) \qquad (33.27a)$$

E a corrente elétrica, pela lei de Ampère,

$$I = 2\pi r\, H = 2\pi\, (\frac{C}{\eta_o}) e^{j\beta z} \qquad (33.27b)$$

Dividindo ordenadamente os resultados, podemos concluir que,

$$Z_c = \frac{\eta_o}{2\pi} = 60 \ln(b/a) \quad (\Omega) \qquad (36.27c)$$

Capítulo 34
Radiação Eletromagnética

Como vimos no item 28.1, Hertz produziu pela 1ª vez ondas eletromagnéticas com o concurso de um circuito elétrico oscilante, terminado por um pequeno capacitor de armaduras em aberto, a guisa de pequena antena emissora, onde a carga elétrica variável, momentaneamente acumulada num extremo, descarrega-se no outro, num processo oscilatório que gera a emissão de radiações ou ondas eletromagnéticas. Na realidade, a oscilação de cargas elétricas, acontece à nível microscópico onde os elétrons dos átomos emitem as radiações eletromagnéticas. Contudo, podemos pensar a corrente eletrônica oscilante constituindo um dipolo elétrico oscilante, que é a fonte geradora de radiações ou das ondas eletromagnéticas.

34.1. Potenciais Elétricos Retardados

Seja uma região condutora de volume V limitada pela superfície S, onde temos uma distribuição de densidade de carga elétrica variando no tempo, que equivale a uma densidade de corrente variável no tempo. Delineando nela um volume elementar, dV', onde são locados as densidades de carga e corrente, $\rho(\mathbf{r}',t)$ e $\mathbf{J}(\mathbf{r}',t)$, fig.34.1; num ponto arbitrário P, distante $R = |\mathbf{r} - \mathbf{r}'|$ dessa fonte localizada, os potenciais escalar e vetor são dados, respectivamente, como generalizações das definições (5.4b) e (23.11d),

$$V(\mathbf{r},t) = \frac{1}{4\pi\varepsilon}\int_V \frac{\rho(\mathbf{r}',t)}{R}\,dV' \tag{34.1a}$$

$$\mathbf{A}(\mathbf{r},t) = \frac{\mu}{4\pi}\int_V \frac{\mathbf{J}(\mathbf{r}',t)}{R}\,dV' \tag{34.1b}$$

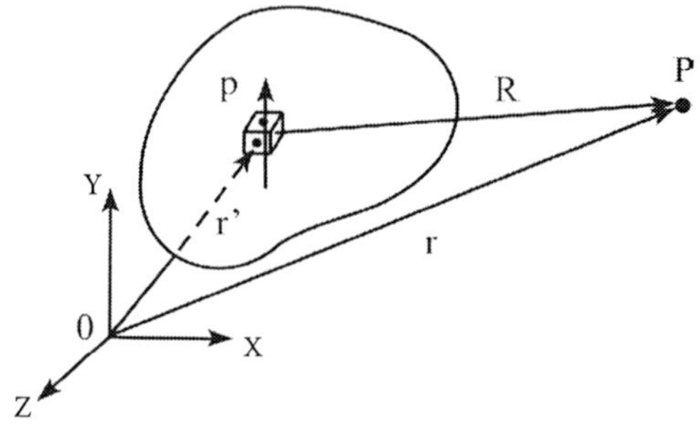

Fig.34.1

Estas expressões representam potenciais instantâneos para pontos próximos da fonte localizada. Para pontos afastados da fonte, como P, a propagação de um sinal eletromagnético, com velocidade finita v, no meio, necessita de um lapso de tempo, R/v, dito tempo de retardo, para percorrer a distância R; em termos de propagação de uma OEM, significa que ela chaga em P com atraso de fase em relação a fase do elemento dinâmico que a gerou. Introduzindo esse tempo de retardamento nas expressões (34.1a) e (34.1b), teremos definidos os potenciais retardados:

$$V(\mathbf{r},t) = \frac{1}{4\pi\varepsilon}\int_V \frac{\rho(\mathbf{r}',t - R/v)}{R}\,dV' \qquad (34.1c)$$

$$\mathbf{A}(\mathbf{r},t) = \frac{\mu}{4\pi}\int_V \frac{\mathbf{J}(\mathbf{r}',t - R/v)}{R}\,dV' \qquad (34.1d)$$

Obviamente, se conhecemos os potenciais retardados podemos calcular os campos elétrico e magnético no ponto P referendado. Costuma-se anotar os potenciais retardados bem como as quantidades retardadas a eles associados, por meio de chaves. Por exemplo, se uma densidade de corrente instantânea é dada por, $\mathbf{J} = J_m$ sen ωt, a densidade de corrente retardada será denotada por $[\mathbf{J}] = J$ sen$\omega[t]$, sendo $[t] = t - R/v$. Adotando essa convenção. os potenciais retardados serão anotados, respectivamente, por $[\mathbf{A}]$ e $[V]$.

Exemplo 34.1.

Achar os potenciais retardados [V] e [**A**], via equações de Maxwell.

Tendo em conta que **E** = – ∇[V] – ∂[**A**]/∂t e μ**H** = ∇ **x** [**A**], levando-os à 4ª equação de Maxwell , temos,

$$\nabla \times \nabla \times [\mathbf{A}] = \mu \mathbf{J} - \mu\varepsilon\nabla \frac{\partial [V]}{\partial t} - \mu\varepsilon \frac{\partial^2 [\mathbf{A}]}{\partial t^2}$$

Desenvolvendo o 1º membro e efetuando as mudanças que convém, obtemos,

$$\nabla^2 [\mathbf{A}] - \mu\varepsilon \frac{\partial^2 [\mathbf{A}]}{\partial t^2} = -\mu \mathbf{J} + \mu\varepsilon\nabla \frac{\partial [V]}{\partial t} + \nabla\, \nabla \cdot [\mathbf{A}] \qquad (34.2a)$$

Introduzindo **E** = – ∇[V] – ∂[**A**]/∂t na 1ª equação de Maxwell, virá,

$$\nabla^2 [V] + \nabla \cdot \frac{\partial [\mathbf{A}]}{\partial t} = -\frac{\rho}{\varepsilon} \qquad (34.2b)$$

E as equações obtidas estão expressas nos potenciais retardados respectivos.

Esse ponto de vista foi originalmente proposto por Hendrik Antoon Lorentez (1853-1928), físico holandês, que também estabeleceu que ∇·[**A**] = –με ∂[V]/∂t, chamada condição calibradora, que levada às equações (34.2a) e (34.2b), converte-as às formas de Helmholtz:

$$\nabla^2 [\mathbf{A}] - \mu\varepsilon \frac{\partial^2 [\mathbf{A}]}{\partial t^2} = -\mu \mathbf{J} \qquad (34.2c)$$

$$\nabla^2[V] - \mu\varepsilon \frac{\partial^2[V]}{\partial t^2} = -\frac{\rho}{\varepsilon} \qquad (34.2d)$$

Para o espaço livre, as equações acima se tornam homogêneas. E se, ademais, os potenciais retardados forem harmônicos teremos, respectivamente,

$$\nabla^2[\mathbf{A}] + \omega^2 \mu_o \varepsilon_o \frac{\partial^2[\mathbf{A}]}{\partial t^2} = 0 \qquad (34.2c)$$

$$\nabla^2[V] + \omega^2 \mu_o \varepsilon_o \frac{\partial^2[V]}{\partial t^2} = 0 \qquad (34.2d)$$

34.2. Dipolo Elétrico Oscilante

A situação precedente será agora particularizada para um sistema oscilante dotado de uma antena de curto comprimento, usualmente chamada de antena linear ou herteziana, fig.34.2(a), que é perfeitamente equivalente a um dipolo elétrico oscilante, fig.32.2(b). Num sistema de transmissão a antena é o elemento gerador e emissor de radiação eletromagnética, que se propaga de forma direcionada , a qual, uma vez emitida, pode ser igualmente captada por outra antena, que funciona como elemento receptor. Uma antena linear real pode ser considerada como formada por uma cadeia ou série de pequenos dipolos elétricos oscilantes.

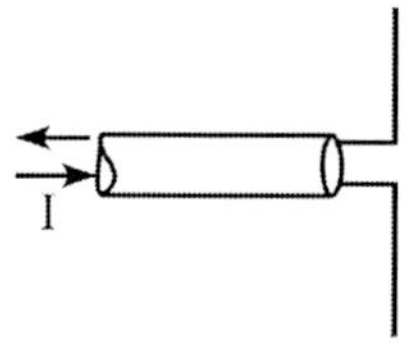

Fig.34.2 (a)

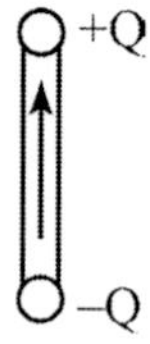

Fig.34.2 (b)

34.3. Radiação de Dipolo Elétrico Oscilante

O método a seguir aplicado consiste no cálculo dos potenciais vetor e escalar, retardados, para pontos em torno do dipolo elétrico oscilante, e com os quais determinarmos os campos elétrico e magnético, deles decorrentes, através das equações de Maxwell.

[1] Cálculo do Potencial Vetor

Seja o dipolo elétrico oscilante de seção reta desprezível e comprimento ℓ, com centro na origem do referencial, fig.34.3, excitado por um circuito oscilante, através uma LT, não mostrada. Supondo que a corrente elétrica retardada seja $[I] = I_m e^{j\omega[t]}$ e tenha sentido instantâneo dado no eixo polar, +Z. Supondo a seção transversal do dipolo de área desprezível, a densidade de corrente retardada, [**J**], será numericamente igual a corrente elétrica, de modo que o potencial vetor retardado, A_z, num ponto qualquer P(r,θ, φ), paralelo ao eixo polar, será dado por,

$$\mathbf{A} = \frac{\mu_o}{4\pi} \frac{\ell I_m e^{j\omega[t]}}{r} \hat{\mathbf{e}}_z \tag{34.3a}$$

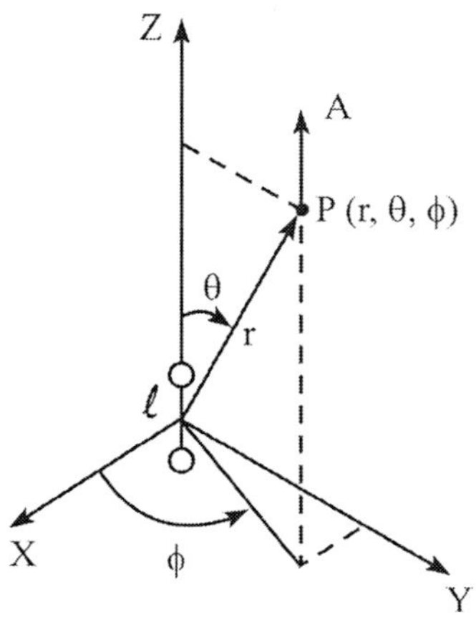

Fig.34.3

Sendo $\omega(t - r/v) = \omega t - \beta r$ e $r > \ell$, teremos, $[I] = I_m e^{j(\omega t - \beta r)}$, que substituindo na expressão acima, temos em módulo,

$$A_z = \frac{\mu_o}{4\pi} \frac{\ell I_m e^{j(\omega t - \beta r)}}{r} \qquad (34.3b)$$

Da fig.34.3, podemos concluir as componentes segundo $\hat{\mathbf{e}}_r$, $\hat{\mathbf{e}}_\theta$ e $\hat{\mathbf{e}}_\varphi$,

$$A_r = A_z \cos\theta \qquad (34.3c)$$

$$A_\theta = - A_z \operatorname{sen}\theta \qquad (34.3d)$$

$$A_\varphi = 0 \qquad (34.3e)$$

[2] Cálculo do Campo Magnético

O campo magnético é obtido de $\mu_o \mathbf{H} = \nabla \times \mathbf{A}$; e no presente caso, como $\mathbf{A}$ não depende de φ, com $H_r = 0$ e $H_\theta = 0$, o rotacional em causa se reduz ao cálculo da componente azimutal, $\mathbf{H}_\varphi$, que é dada por,

$$\mathbf{H}_\varphi = \frac{1}{r} \left[\frac{\partial}{\partial r}(rA_\theta) - \frac{\partial A_r}{\partial \theta} \right] \hat{\mathbf{e}}_\varphi \qquad (34.4a)$$

Intervindo com (34.3c) e (34.3d) na expressão acima, encontramos:

$$\mathbf{H}_\varphi = \frac{\ell I_m e^{j(\omega t - \beta r)}}{4\pi} \operatorname{sen}\theta \left(\frac{j\beta}{r} + \frac{1}{r^2} \right) \hat{\mathbf{e}}_\varphi \qquad (34.4b)$$

Ou melhor,

$$\mathbf{H}_\varphi = \frac{\ell I_m e^{j\omega[t]}}{4\pi} \operatorname{sen}\theta \left(\frac{j\omega}{v\, r} + \frac{1}{r^2} \right) \hat{\mathbf{e}}_\varphi \qquad (34.4c)$$

Analisando a propagação da OEM, a partir da fonte, vemos que o campo magnético, $\mathbf{H}_\varphi$, dela decorrente apresenta comportamento que é caracterizado por duas zonas distintas, típicas: uma zona distante do dipolo elétrico, em que $r \gg \lambda$, onde ele varia segundo $1/r$, recebendo a denominação de campo de radiação, e uma zona próxima do dipolo, para a qual, $r \ll \lambda$, em que ele varia segundo $1/r^2$, chamado de campo de indução, cujo comportamentos é quase-estacionários, porque uma parcela de energia dele, dito reativa, vota à fonte, que a devolve ao espaço, e tem-se um processo de fluxo e refluxo dessa energia. Iguais considerações serão aplicadas ao campo elétrico, mais adiante.

Na fig.34.4 estão indicados os vetores campos **H** , **E** e **S**.

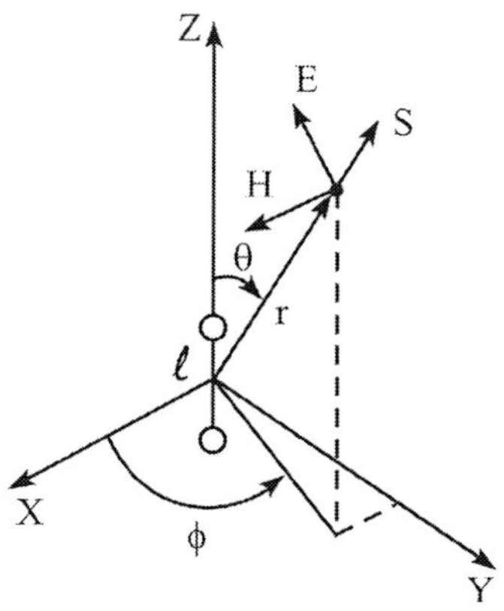

Fig.34.4

Exemplo 34.1.

Achar o campo magnético para pontos distantes e próximos do dipolo elétrico oscilante. E para este último, particularizar o resultado para correntes elétricas alternada e constante.

Para a zona distante, $r \gg \lambda$, o termo $1/r^2$ será desprezado na equação (34.4c); com $v = c$, temos para o campo de radiação:

$$\mathbf{H}_\varphi = \frac{\ell\, I_m e^{j\omega[t]}}{4\pi} \operatorname{sen}\theta \left(\frac{j\omega}{c\, r}\right)\hat{e}_\varphi \qquad (34.4d)$$

A dependência de $\mathbf{H}_\varphi$ com senθ indica que ele se anula para $\theta = 0$ e trona-se máximo com $\theta = \pi/2$, que corresponde a região equatorial do dipolo, fig.34.5(a), adiante. O resultado acima ser posto em função de comprimento de onda, $\lambda = 2\pi/\beta$,

$$\mathbf{H}_\varphi = \frac{j\, I_m e^{j\omega[t]} \operatorname{sen}\theta}{2\, r} \left(\frac{\ell}{\lambda}\right)\hat{\mathbf{e}}_\varphi \tag{34.4e}$$

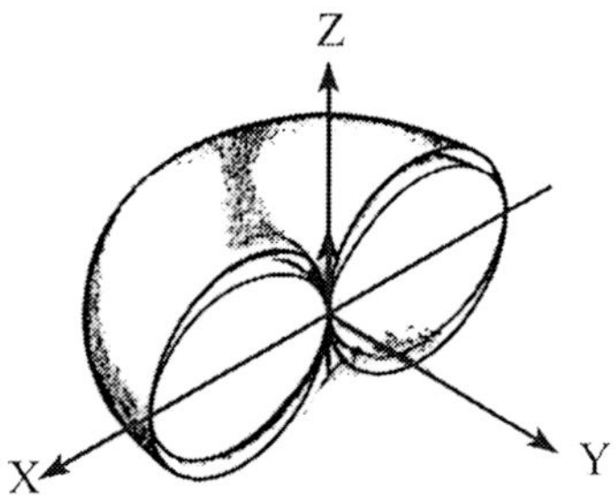

Fig.34.5 (a)

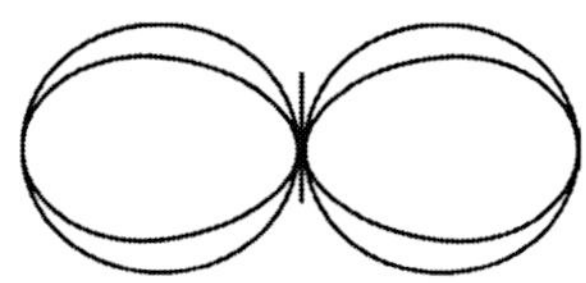

Fig.34.5 (b)

Para a zona próxima, $r << \lambda$, despreza-se o termo $1/r$, e o retardamento, r/c, pode ser negligenciado, de modo que o campo de indução será dado por,

$$\mathbf{H}_\varphi = \frac{\ell\, I_m e^{j\omega t}}{4\pi\, r^2} \operatorname{sen}\theta\, \hat{\mathbf{e}}_\varphi \tag{34.4f}$$

Para $I = I_m \cos\omega t$, o resultado acima se torna,

$$\mathbf{H}_\varphi = \frac{\ell\, I_m \cos\omega t \operatorname{sen}\theta}{4\pi\, r^2} \hat{\mathbf{e}}_\varphi \tag{34.4g}$$

e para I = cte, que implica em $\omega = 0$ e $e^{j\omega t} = 1$, passamos a ter,

$$\mathbf{H}_{\varphi} = \frac{\ell \, I \, \text{sen}\theta}{4\pi \, r^2} \, \hat{e}_{\varphi} \qquad (34.4h)$$

Note-se que, em ambos os resultados, temos o reencontro da lei de Biot-Savart estabelecido para um elemento de corrente.

[3] Cálculo do Campo Elétrico (I)

O campo elétrico, **E**, será calculado recorrendo-se a 4ª equação de Maxwell, particularizada em (28.14d), ou seja,

$$j\omega\varepsilon \, \mathbf{E} = \nabla \times \mathbf{H}$$

O rotacional de **H** convém ser calculado com o concurso de coordenadas esféricas, que oferece:

$$j\omega\varepsilon \, \mathbf{E} = \frac{1}{r \, \text{sen}\theta} \left[\frac{\partial}{\partial\theta} (\text{sen}\theta \, H_{\varphi}) \right] \hat{e}_r + \frac{1}{r} \left[- \frac{\partial}{\partial r} (r \, H_{\varphi}) \right] \hat{e}_{\theta}$$

Substituindo H_{φ} de (34.4c) e efetuando as transformações que cabem, obtemos as componentes respectivas:

$$E_r = \frac{2\ell \, I_m e^{j\omega[t]}}{4\pi\varepsilon_o} \cos\theta \left(\frac{1}{v \, r^2} + \frac{1}{j\omega r^3} \right) \qquad (34.5a)$$

$$E_{\theta} = \frac{\ell \, I_m e^{j\omega[t]}}{4\pi\varepsilon_o} \text{sen}\theta \left(\frac{j\omega}{v^2 r} + \frac{1}{v \, r^2} + \frac{1}{j\omega r^3} \right) \qquad (34.5b)$$

De modo análogo, cabe fazer uma breve análise das equações acima, para zonas distante e próxima do dipolo elétrico oscilante.

Para a zona distante, $r >> \lambda$, a contribuição da componente E_r é desprezível, por variar com $1/r^2$ e $1/r^3$; por sua parte, E_θ, dado em (34.5b) contribui com apenas o termo em $1/r$, donde o campo de radiação:

$$E_\theta = \frac{\ell\, I_m e^{j\omega[t]}}{4\pi\varepsilon_o} \operatorname{sen}\theta \left(\frac{j\omega}{v^2 r}\right) \tag{34.5c}$$

ou em função de λ; para $v = c$, e sendo, $1/\varepsilon_o c = \eta_o = 120\pi$, virá,

$$E_\theta = \frac{j\, 60\pi\, I_m e^{j\omega[t]} \operatorname{sen}\theta}{r} \left(\frac{\ell}{\lambda}\right) \tag{34.5d}$$

Para a zona próxima, $r << \lambda$, prevalece a contribuição do termo em $1/r^3$, e parte da energia eletromagnética retorna à fonte, num processo reativo, já mencionado; o retardamento é negligenciado, e o campo é dito de indução.

Para baixas frequências, o campo elétrico apresenta um comportamento quase-estacionário, caso que podemos substituir I pela carga elétrica, Q. Para $\omega = 0$, as equações (34.5a) e (34.5b), reduzem-se às formas, respectivamente,

$$E_r = \frac{2\ell\, Q_m}{4\pi\varepsilon\, r^3} \cos\theta \tag{34.5e}$$

$$E_\theta = \frac{\ell\, Q_m}{4\pi\varepsilon\, r^3} \operatorname{sen}\theta \tag{34.5f}$$

que são as equações (9.2a) e (9.2b) para o dipolo eletrostático; as dependências de $\cos\theta$ e $\operatorname{sen}\theta$ indicam que as componentes estão em quadratura de fase.

A divisão de (34.5c) por (34.4c), por exemplo, oferece a impedância intrínseca do espaço livre,

$$\frac{E_\theta}{H_\varphi} = \sqrt{\mu_o/\varepsilon_o} \cong 120\,\pi \cong 377\Omega$$

Este fato significa que a onda esférica, uma vez distante da fonte, comporta-se como uma onda plana progressiva, e que os dois campos em referência estão em fase de tempo.

[4] Vetor de Poynting

Na zona distante, o dipolo elétrico oscilante radia energia eletromagnética em todo o espaço, exceto na direção do seu eixo polar, onde tem-se o vetor de Poynting, $\mathbf{S}_r$, dado por $\mathbf{S}_r = \mathbf{E}_\theta \times \mathbf{H}_\varphi$, que se acentua na zona equatorial; por sua parte, na zona próxima à fonte, como parte da energia fica ligada ao dipolo, fluindo e refluindo a cada quarto de período, num processo reativo, como já dissemos, cujo vetor de Poynting angular, S_θ, é zero, $\mathbf{S}_\theta = \mathbf{E}_r \times \mathbf{H}_\varphi = 0$.

Exemplo 34.2.

Achar o fluxo de potência média por unidade de área e a potência total irradiada, no espaço livre, pelo dipolo elétrico oscilante.

Tomando o valor médio do vetor de Poynting com (34.5c) e o conjugado de (34.4d), obtemos o módulo,

$$S_{r(med)} = \frac{\ell^2 I_m^{\,2}\, \omega^2\, \text{sen}^2\,\theta}{32\pi^2 \varepsilon_o\, r^2\, c^3} \qquad (\text{W/m}^2) \qquad (34.6a)$$

Tendo em conta que $1/\varepsilon_o c = \eta_o \cong 120\pi$ e $1/\lambda = \omega/2\pi c$, a expressão acima se torna,

$$S_{r(med)} = 15\pi\, \frac{I_m^{\,2}\, \text{sen}^2\,\theta}{r^2} \left(\frac{\ell}{\lambda}\right)^2 \qquad (\text{W/m}^2) \qquad (34.6b)$$

A dependência com $sen^2\,\theta$ indica que, para $\theta = 0$, tem-se $S_{r(med)} = 0$, ou que não há fluxo de energia na direção polar; enquanto que, para $\theta = \pi/2$, $S_{r(med)}$ tem máximo fluxo de energia na região do equador, cuja distribuição da energia radiada é ilustrado na fig.34.5(a), chamado de diagrama polar tridimensional, e na fig.34.5(b), temos a representação bidimensional da mesma, chamado de diagrama polar vertical.

[5] Potência Irradiada pelo Dipolo Elétrico

Envolvendo o dipolo elétrico por uma área diferencial, $dS = r^2\, sen\theta\, d\theta\, d\varphi$, sendo $r >> \ell$, o raio da superfície S, a potência total irradiada, será dada por,

$$P_{de} = \oint_S S_{r(med)}\, dS \tag{34.7a}$$

Introduzindo (34.6b) na expressão acima, obtemos,

$$P_{de} = 15\pi \frac{\ell^2 I_m^{\;2}}{\lambda^2} \int_o^{2\pi}\int_o^{\pi} sen^3\theta\, d\theta\, d\varphi \tag{34.7b}$$

A integração indicada, oferece $2\pi(4/3)$, de modo que,

$$P_{de} = 40\pi^2 \frac{\ell^2 I_m^{\;2}}{\lambda^2} \tag{34.7c}$$

e introduzindo o valor eficaz, $I = I_m/\sqrt{2}$, virá,

$$P_{de} = 80\pi^2 \left(\frac{\ell}{\lambda}\right)^2 I^2 \tag{34.7d}$$

Se não há perdas, a potência entregue pela LT é igual a radiada pelo dipolo elétrico oscilante, que é dada por, $R_{rad}\, I^2$, sendo R_{rad} a resistência de radiação do dipolo, que é exatamente o fator de I^2, ou seja,

$$R_{rad} = 80\pi^2 \left(\frac{\ell}{\lambda}\right)^2 \tag{34.8a}$$

Exemplo 34.3

Uma antena linear de uma emissora de rádio com 20 m de altura, irradia OEM na frequência de 300 KHz, suprida por uma LT com 20 A. Calcular a frequência angular, o comprimento de onda, a potência eletromagnética irradiada e a resistência de radiação da antena.

Temos, $\omega = 2\pi(3\text{x}10^5\text{Hz}) = 6\pi \text{ x } 10^5 \text{ (rad/s)}$

$$\lambda = \frac{2\pi(3\text{x}10^8\text{m/s})}{6\pi \text{ x } 10^5 \text{rad/s}} = 10^3 \text{ m}$$

$$P = 80\pi^2 \left(\frac{20\text{m}}{10^3\text{m}}\right)^2 (20\text{A})^2 \cong 126{,}33 \quad \text{(W)}$$

$$R_{rad} = \frac{126{,}33 \text{ (W)}}{(20 \text{ A})^2} \cong 0{,}32 \quad (\Omega)$$

Exemplo 34.4

Estimar a potência irradiada por um átomo de Hidrogênio excitado à frequência de 10^{14} Hz.

Introduzindo, $I_m = Q_m\, \omega$ e $1/\lambda = \omega/2\pi c$, na expressão (34.7c), obtemos,

$$P_r = 10 \frac{\ell^2 Q_m{}^2 \omega^4}{c^2} \qquad (34.8b)$$

Substituindo $Q_m = 1{,}6021\text{x}10^{-19}\text{C}$, $\ell = 10^{-10}$ m e $\omega = 2\pi$ (10^{14} Hz), virá,

$$P_r = 10 \frac{(10^{-10}\text{m})^2(1{,}6021\text{x}10^{-19}\text{C})^2(2\pi\text{x}10^{14})^4}{(3\text{x}10^8 \text{ m/s})^2} \cong 4{,}44 \text{ x}10^{-15} \quad \text{(W)}$$

[6] Cálculo do Campo Elétrico (II)

Conforme é sabido, campo elétrico via potenciais retardados, escalar e vetor, virá dado por, $\mathbf{E} = -\nabla[V] - \partial[\mathbf{A}]/\partial t$. E como já vimos que $E_\varphi = 0$, as demais componentes serão:

$$E_r = -\frac{\partial[V]}{\partial r} - j\omega\,[A_r] \tag{34.9a}$$

$$E_\theta = -\frac{1}{r}\frac{\partial[V]}{\partial\theta} - j\omega\,[A_\theta] \tag{34.9b}$$

E tendo em conta (34.3c) e (34.3d) virão:

$$E_r = -\frac{\partial[V]}{\partial r} - j\omega\,A_z\cos\theta \tag{34.9c}$$

$$E_\theta = -\frac{1}{r}\frac{\partial[V]}{\partial\theta} + j\omega\,A_z\,\text{sen}\theta \tag{34.9d}$$

Num dipolo elétrico oscilante, as cargas elétricas +Q e –Q, ficam momentaneamente acumuladas nos seus extremos, e se elas oscilam harmonicamente, $[Q] = Q_m e^{j\omega[t]}$, gerando a corrente elétrica retardada, $[I] = I_m e^{j\omega[t]}$, donde a relação entre elas, $[Q] = [I]/j\omega$. Introduzindo [Q] em (34.1c), o potencial escalar retardado, [V], assume à forma,

$$[V] = \frac{I_m\,e^{j\omega[t]}}{4\pi\varepsilon_o\,(j\omega)} \tag{34.10a}$$

Para um ponto P afastado do dipolo elétrico, fig.34.6, o potencial escalar, retardado, [V], será dado por,

$$[V] = \frac{I_m e^{j\omega t}}{4\pi\varepsilon(j\omega)} \left(\frac{e^{-j\beta r_1}}{r_1} - \frac{e^{-j\beta r_2}}{r_2} \right) \qquad (34.10b)$$

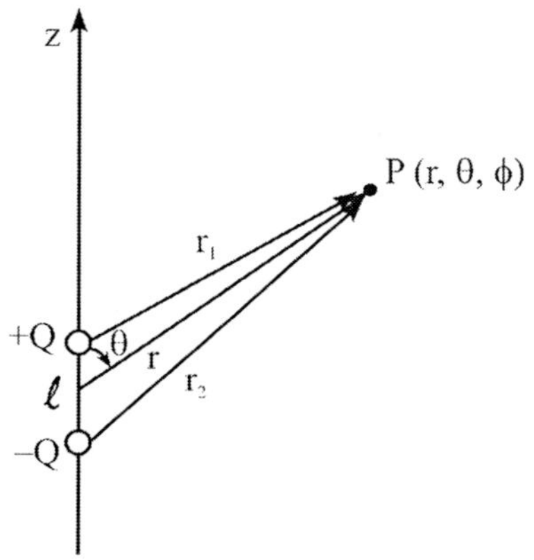

Fig.34.6

Como $\ell << r$, são válidas as aproximações, $r_1 = r - \ell/2 \cos\theta$ e $r_1 = r + \ell/2 \cos\theta$, e a expressão acima passa a ser:

$$[V] = \frac{I_m e^{j(\omega t - \beta r)}}{4\pi\varepsilon\ (j\omega)} \left(\frac{\exp[-j\beta(r + (\ell/2)\cos\theta)]}{r - \ell/2 \cos\theta} - \frac{\exp[-j\beta(r + (\ell/2)\ s\theta)]}{r + \ell/2 \cos\theta} \right)$$

ou ainda,

$$[V] = \frac{I_m e^{j\omega[t]}}{4\pi\varepsilon(j\omega)} \left[\frac{(r + (\ell/2)\cos\theta)\ e^{j\beta(\ell/2)\cos\theta} - (r - (\ell/2)\cos\theta)\ e^{-j\beta(\ell/2)\cos\theta}}{r^2 - \ell^2/4 \cos\theta} \right]$$

Podemos ainda desprezar $\ell^2/4\cos\theta$ diante de r^2 e passamos a ter,

$$[V] = \frac{I_m e^{j\omega[t]}}{4\pi\varepsilon\,(j\omega)} \frac{[r(e^{j\beta(\ell/2)\cos\theta} - e^{-j\beta\,\ell/2\cos\theta}) + (\ell/2)\cos\theta(e^{j\beta\ell/2\cos\theta} - e^{-j\beta\,\ell/2\cos\theta})]}{r^2}$$

Donde,

$$[V] = \frac{I_m e^{j\omega[t]}}{4\pi\varepsilon\,(j\omega)r^2}\,[\,r\,(j2\,\mathrm{sen}(\beta\ell/2\cos\theta) + \ell/2\cos\theta\,2\cos(\beta\ell/2\cos\theta)\,]$$

Por ser $\ell << \lambda$, são lícitas as aproximações:

$\mathrm{sen}(\beta\ell/2\cos\theta) \cong \beta\ell/2\cos\theta$ e $\cos(\beta\ell/2\cos\theta) \cong 1$

as quais, substituídas na expressão acima, após simplificação, obtemos,

$$[V] = \frac{\ell\, I_m e^{j(\omega t - \beta r)}}{4\pi\varepsilon_o\,(j\omega)}\cos\theta\left(\frac{j\beta}{r} + \frac{1}{r^2}\right) \tag{34.10c}$$

Usando o artifício de multiplicar (34.3b) por $(j\omega)/(j\omega)$ e sendo $\varepsilon_o = \mu_o c^2$, temos,

$$-j\omega A_z\cos\theta = \frac{\ell\, I_m e^{j(\omega t - \beta r)}}{4\pi\varepsilon_o\,(j\omega)}\cos\theta\left(\frac{\beta^2}{r}\right) \tag{34.11a}$$

As distribuições dos potenciais escalar e vetor do dipolo elétrico oscilante estão esboçadas na fig.34.7.

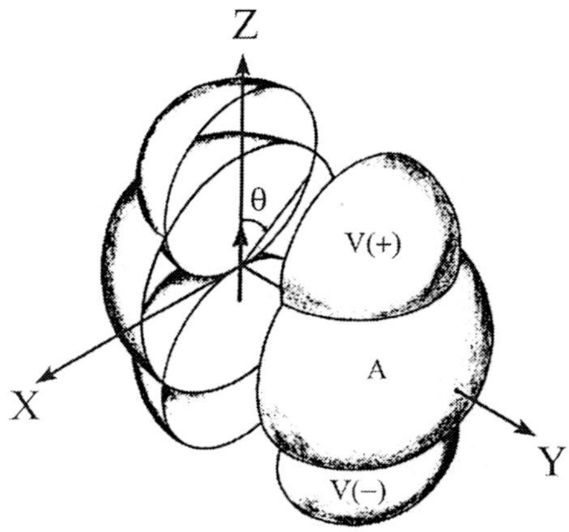

Fig.34.7

Calculando a derivada ∂V/∂r de (34.10b) e levando-a em (34.9a) juntamente com (34.11a), obtemos a componente radial do campo elétrico,

$$E_r = \frac{2\ell\, I_m e^{j\omega t}}{4\pi\varepsilon\,(j\omega)} \cos\theta \left(\frac{j\beta}{r^2} + \frac{1}{r^3}\right) \qquad (34.12a)$$

que é o reencontro da expressão (34.5a), como era de se esperar.

De forma análoga, para o cálculo da componente meridional do campo elétrico, tomamos a derivada (1/r)∂V/∂θ de (34.10c) e levando-a em (34.9b), juntamente com,

$$+ j\omega\, A_z = \frac{\ell\, I_m e^{j\omega t}}{4\pi\varepsilon(j\omega)} \operatorname{sen}\theta \left(\frac{\beta^2}{r}\right) \qquad (34.11b)$$

obtemos,

$$E_\theta = \frac{\ell\, I_m e^{j\omega t}}{4\pi\varepsilon\,(j\omega)} \operatorname{sen}\theta \left(\frac{\beta^2}{r} + \frac{j\beta}{r^2} + \frac{1}{r^3}\right) \qquad (34.12b)$$

resultado igual ao estabelecido em (34.5b), como era esperado. Na figura fig.34.8 indicamos as componentes dos vetores campos, num ponto distante do dipolo elétrico radiante.

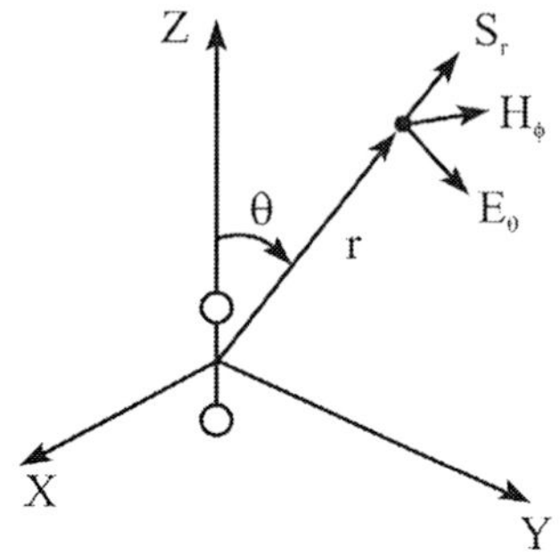

Fig.34.8

Um exemplo típico de dipolo elétrico radiante é o de uma antena linear, de comprimento curto, ℓ, em relação ao comprimento da onda radiada, λ, alimentada pelo seu centro, e excitada pela corrente $I = I_m\ e^{j\omega[t]}$, orientada segundo o eixo Z, com representação simbolica na fig.34.9(a); em particular, quando $\lambda = \ell$, dizemos que a antena é de meia onda.

A propagação da radiação eletromagnética, de uma antena linear, através dos campos elétrico e magnético, é ilustrada na fig.34.9(b).

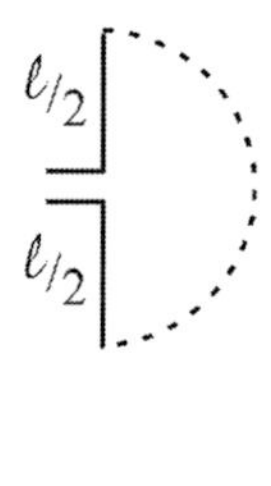

Fig.34.9 (a)

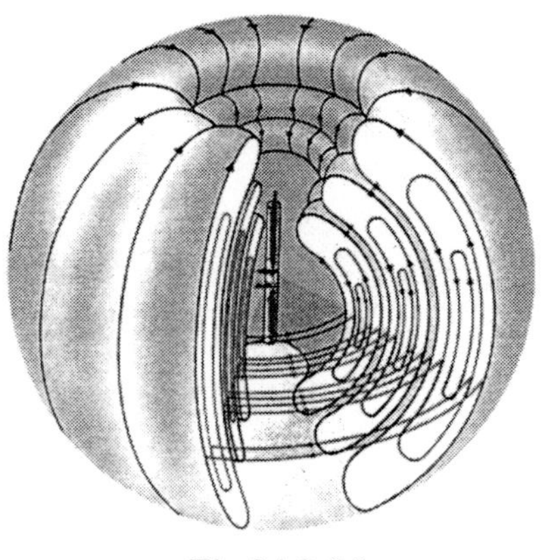

Fig.34.9 (b)

34.4. Radiciação de Dipolo Magnético Oscilante

Uma pequena espira de área S, parte de um circuito oscilante, constitui-se um dipolo magnético oscilante, e portanto, numa antena da espécie. Seja presente nela a corrente elétrica, $I = I_o e^{j\omega t}$, que produz o momento de dipolo magnético, $\mathbf{m} = \mathbf{IS} = m_o e^{j\omega t}$. Para um ponto distante, os campos elétrico e magnético juntamente com o vetor de Poynting estão assinalados na fig.34.10, os quais, comparados com os da fig.34.4, têm as suas orientações invertidas, ou seja, $\mathbf{H} \rightarrow \mathbf{E}$ e $\mathbf{E} \rightarrow -\mathbf{H}$.

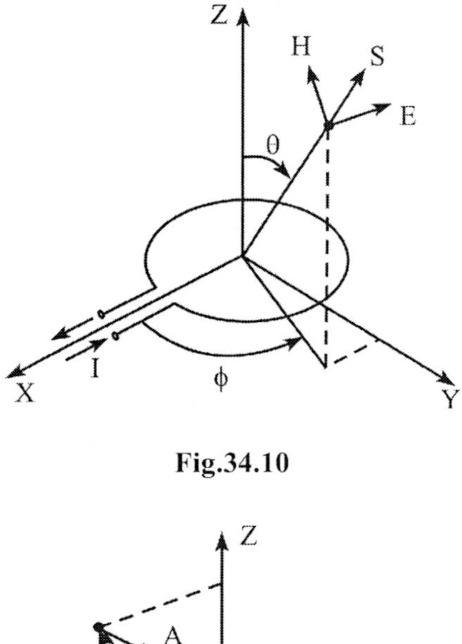

Fig.34.10

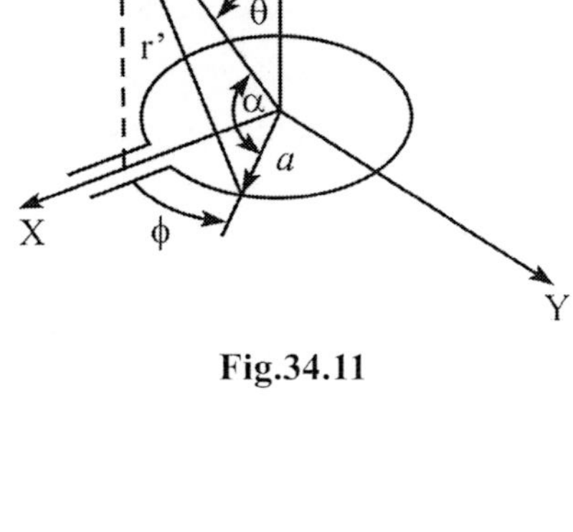

Fig.34.11

Considerando desprezível a impedência da espira, o potencial escalar torna-se nulo e os campos elétrico e magnético serão obtidos por meio do potencial vetor retardado, fig.34.11, que é calculado pelo método usando no exe.23.5, e no caso, reduz-se a componente A_φ, dada pela expressão,

$$A_\varphi = \frac{\mu_o m_o e^{j(\omega t - \beta r)}}{4\pi} \operatorname{sen}\theta\left(\frac{j\beta}{r} + \frac{1}{r^2}\right) \qquad (34.13a)$$

[1] Campo Magnético

O campo magnético é calculado por $\mu_o \mathbf{H} = \nabla \times \mathbf{A}$; como $\mathbf{H}_\varphi = 0$, ele fica reduzido aos dois termos:

$$\mathbf{H} = \frac{1}{r\operatorname{sen}\theta}\left[\frac{\partial}{\partial\theta}(A_\varphi \operatorname{sen}\theta)\right]\hat{\mathbf{e}}_r + \frac{1}{r}\left[-\frac{\partial}{\partial r}(r A_\varphi)\right]\hat{\mathbf{e}}_\theta$$

O 1º termo do 2º membro, fornece a componente radial do campo magnético:

$$H_r = \frac{2m_o e^{j\omega[t]}}{4\pi}\cos\theta\left(\frac{j\beta}{r^2} + \frac{1}{r^3}\right) \qquad (4.14a)$$

enquanto que o 2º termo do 2º membro, a componente meridional,

$$H_\theta = \frac{m_o e^{j\omega[t]}}{4\pi}\operatorname{sen}\theta\left(-\frac{\beta^2}{r} + \frac{j\beta}{r^2} + \frac{1}{r^3}\right) \qquad (34.14b)$$

É interessante observar-se a semelhança destes dois resultados com os estabelecidos em (34.5a) e (34.5b).

Obviamente cabe aqui igual análise para o comportamento de **H**, com relação as zonas típicas.

Para pontos distantes, $r >> \lambda$, prevalece apenas o termo em $1/r$, de modo que temos apenas uma componente de campo radiante, já que, $H_r = 0$, ou seja,

$$H_\theta = -\frac{m_o e^{j\omega[t]}\, \beta^2}{4\pi\, r} \operatorname{sen}\theta \qquad (34.14c)$$

Para pontos próximos, $r << \lambda$, domina o termo em $1/r^3$, despreza-se o retardamento, não havendo radiação, e o campo de indução, tem as componentes, respectivas,

$$H_r = \frac{2\, m_o e^{i\omega[t]}}{4\pi\, r^3} \cos\theta \qquad (34.14d)$$

$$H_\theta = \frac{m_o e^{i\omega t}}{4\pi\, r^3} \operatorname{sen}\theta \qquad (34.14e)$$

[2] Campo Elétrico

O campo elétrico fica reduzido a componente, $E_\varphi = -\partial A_\varphi / \partial\, t$, que é dada por,

$$E_\varphi = \frac{m_o e^{i\omega[t]}}{4\pi\varepsilon_o\, c} \operatorname{sen}\theta\left(-\frac{\beta^2}{r} + \frac{j\beta}{r^2}\right) \qquad (34.15a)$$

onde, para $r >> \lambda$, o campo de radiação, tem componente azimutal,

$$E_\varphi = -\frac{m_m e^{j\omega t}\, \beta^2}{4\pi\varepsilon_o\, c\, r} \operatorname{sen}\theta \qquad (34.15b)$$

Contudo, para $r << \lambda$, tem-se o campo elétrico reativo,

$$E_\varphi = \frac{m_o e^{i\omega t}\, j\beta}{4\pi\varepsilon_o\, c\, r^2} \operatorname{sen}\theta \qquad (34.15c)$$

Analisando os resultados obtidos para a condição de baixa frequência, temos $\omega = 0 \Rightarrow \beta = 0$, e teremos, $E_\varphi = 0$, e as demais componentes,

$$H_r = \frac{2\, m_o}{4\pi\, r^3} \cos\theta \qquad (34.14e)$$

$$H_\theta = \frac{m_o}{4\pi\, r^3} \operatorname{sen}\theta \qquad (34.14f)$$

que são conforme as expressões (23.16b) e (23.16c), estabelecidas para I = cte.

[3] Vetor de Poynting

O cálculo do valor médio do vetor de Poynting, por (30.5a), requer o concurso de (34.15b) com o conjugado de (34.14c), resultando,

$$S_{med} = \frac{m_o^{\,2}\, \beta^4}{32\pi^2 \varepsilon_o c\, r^2} \operatorname{sen}^2\theta \qquad (34.16a)$$

mas, sendo $\eta_o = 1/\varepsilon_o c = 120\pi$, virá,

$$S_{med} = \frac{15\, m_o^{\,2}\, \beta^4}{4\pi\, r^2} \operatorname{sen}^2\theta \qquad (34.16b)$$

A potência média total radiada pelo dipolo magnético será,

$$P_{dm} = 10\, (m_m^{\,2}\, \beta^4) \qquad (32.16c)$$

Tendo em conta que $m_o = S\, I_m$ e $\beta = \omega/c$, obtemos,

$$P_{dm} = 10\, S^2 \left(\frac{\omega}{c}\right)^4 I_m^{\,2} \qquad (34.16d)$$

ou ainda, introduzindo, $I = I_m/\sqrt{2}$ e $\omega/c = 2\pi/\lambda$, teremos,

$$P_{dm} = 20\ S^2 \left(\frac{2\pi}{\lambda}\right)^4 I^2 \qquad (34.16e)$$

Aqui, novamente o coeficiente de I^2 é a resistência de radiação, que vale,

$$R_{dm} = 20\ S^2 \left(\frac{2\pi}{\lambda}\right)^4 \qquad (32.16f)$$

É interessante compararmos as duas potências encontradas, (34.16e) e (34.16d) e tendo em conta que $\omega/c = 2\pi/\lambda$, virá,

$$\frac{P_{dm}}{P_{de}} = \left(\frac{S}{\ell}\right)^2 \left(\frac{2\pi}{\lambda}\right)^2$$

Se considerarmos que S é da ordem de ℓ^2, a relação acima se torna,

$$\frac{P_{dm}}{P_{de}} = \left(\frac{2\pi\ell}{\lambda}\right)^2 \qquad (34.16g)$$

E como $\ell << \lambda$, segue-se que $P_{dm} < P_{de}$, ou seja, a radiação por dipolo magnético é menor que a radiação do dipolo elétrico.

Exemplo 34.5

Uma antena de dipolo magnético tem perímetro de 20 m, corrente de 10 A e oscila na frequência de 300 KHz. Determinar a resistência de radiação e a potência irradiada pela mesma.

Temos, $r = 20m/2\pi = (10/\pi)m$, $S = \pi(10/\pi\ m)^2 = (100\pi)\ m^2$, $\omega = 6\pi \times 10^5$ Hz, e $\lambda = 2\pi(3\times10^8 m/s)/6\pi \times 10^5\ Hz = 10^3$ m; então, por (32.17f), virá,

$$R_{dm} = 20\ (10^2/\pi)^2\ \left(\frac{2\pi}{10^3}\right)^4 \cong 3{,}16 \times 10^{-5}\ (\Omega)$$

$$P_{dm} = (3{,}16 \times 10^{-5}\ \Omega)\ (10\ A)^2 = 3{,}16 \times 10^{-3}\ (W)$$

Exemplo 34.6

Achar a radiação do átomo de Hidrogênio ao ser excitado por uma frequência de 10^{14} Hz.

Temos, adequando (34.16c),

$$P_{(dm)a} = 10\ (m_L)^2 \left(\frac{\omega}{c}\right)^4$$

onde o momento orbital do elétron (26.4b), vale, $m_L = -0{,}927\times10^{-23}\ (Am^2)$; então,

$$P_{(dm)a} = 10\ (-0{,}927\times10^{-23}\ Am^2)^2 \left(\frac{10^{14}Hz}{3\times10^8 m/s}\right)^4 \cong 1{,}061\times10^{-23} \quad (W)$$

Este resultado comparado com o do ex.34.3 , mostra que $P_{(de)a} = 10^8\ P_{(dm)a}$, portanto, a potência magnética irradiada pelo átomo Hidrogênio pode ser negligenciada diante da potência elétrica irradiada pelo mesmo.

Apêndice Geral

A) Constantes Físicas e Fundamentais (SI)

CONSTANTE	SÍMBOLO	VALOR
Carga do Próton/Elétron	$\pm e$	$\pm$ 1,602 177x10^{-19} C
Massa de repouso do Elétron	m_e	9,109 39x10^{-31} Kg
Massa de repouso do Próton	m_p	1,672 623x10^{-27} Kg
Massa de repouso do Neutron	m_n	1,674 929x10^{-27} Kg
Carga mássica do Elétron	$-e/m_e$	-1,758 82x10^{11} C/Kg
Massa Próton/massa Elétron	m_p/m_e	1,836 153 x 10^3
Raio Atômico de Bohr	a_o	5,291 772x10^{-11} m
Raio Clássico do Elétron	r_e	2,817 941x10^{-15} m
Onda de Compton p/elétron	λ_C	2,426 311x10^{-12} m
Permissividade do Vazio	ε_o	8,854 188x10^{-12} F/m
Permeabilidade do Vazio	μ_o	4πx10^{-7}(exato)H/m
Velocidade da Luz no Vazio	c	2,997 924 58x10^{8} m/s
Constante Eletrostática no Vazio	K_o	8,987 552x10^{9} Nm²/C²
Constante Magnética no vácuo	K_m	1,000 0x10^{-7} m.Kg/C²
Constante de Faraday	F	9,648 531x10^{4} C/mol
Constante de Planck	h	6,626 076x10^{-34} J.s
Constante de Planck/2π	$\hbar$	1,054 572x10^{-34} J.s
Magneton de Bohr	μ_B	9,274 015x10^{-24} J/T
Constante de Avogadro	N_A	6,022 136x10^{23} /mol
Constante de Boltzmann	k	1,380 658x10^{-23} J / K
Constante da Gravitação	G	6,672 59x10^{-11} Nm²/Kg
Constante de Gases Ideais	R	8,314 51 J/K.mol
Volume Molar de Gás Ideal (CNTP)*	V_o	2,241 41x10^{-2} m³/mol

**CNTP = Condições Normais de Temperatura (0°C = 273,15 K) e Pressão (1 atm = 101.325 Pa)*

B) Unidades Eletromagnéticas (SI)

Grandeza Física	Símbolo	Unidade (SI) (Símbolo)	Relação	Dimensão
Corrente Elétrica	I, i	Ampère (A)	C/s	I
Carga Elétrica	Q, q	Coulomb (C)	A . s	IT
Densidade de Carga	ρ, ρ_S, ρ_L	Coulomb/metro^{3,2,1}(C/m^{3,2,1})	C/m^{3,2,1}	ITL$^{-3,2,1}$
Densidade de Corrente	J	Ampère/metro^2 (A/m^2)	A/m^2	IT^{-2}
Campo Elétrico	E	Newton/Coulomb(N/C)	N/C= V/m	MLIT^{-3}
Trabalho, Energia	W	Joule (J)	Nm = VC	ML^2 T^{-2}
Potência Elétrica	P	Watt (W)	J/s = Nm/s	ML^2 T^{-3}
Resistência Elétrica	R	Ohm (Ω)	V/A =J.s/C^2	ML^{2}I^{-2}T^{-3}
Resistividade	ρ	Ohm xmetro(Ωm)	(V/A)m	ML^{3}I^{-2}T^{-3}
Condutividade	σ	mho/metro (Ω^{-1}/m)	(A/V)/m	M^{-1}L^{-3}I^{2}T^3
Capacitância	C	Farad (F)	C/V = As/V	M^{-1}L^{-2}I^{2}T^4
Indutância	L	Henry (H)	V/(A/s)	ML^{2}I^{-2}T^{-2}

C) Espectros Eletromagnéticos: (em ordem de grandeza)

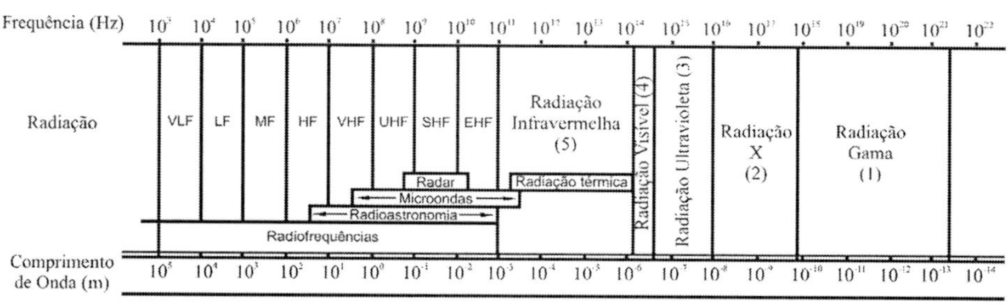

Origens das Radiações:

(1) transição de estados de núcleos atômicos; (2) transição de elétrons de níveis internos e aceleração de cargas elétricas; (3) transições atômicas e moleculares de descargas elétricas; (4) transições de elétrons exteriores de

átomos e moléculas; (5) elevada temperatura ou transições entre estados de energia de moléculas.

A Energia (em J) é E = h f, e para cálculo mais preciso, usar, f = 3 x 10^n (Hz).

As abreviaturas significam:

VLF = Very Low Frequency;
LF = Low Frequency;
MF = Medium Frequency;
HF = Hight Frequancy;
VHF = Very Hight Frequency;
UHF = Ultra Hight Frequency;
SHF = Super Hight Frequency; e
EHF = Extremely Hight Frequency.

D) Espectro Visível

A sensibilidade relativa máxima do olho humano, tem comprimento de onda de 555 nm, que é tomada como unidade. Na curva em diagrama temos a sensibilidade espectral relativa, esboçada para a visão sob estímulo intenso (visão fotópica).

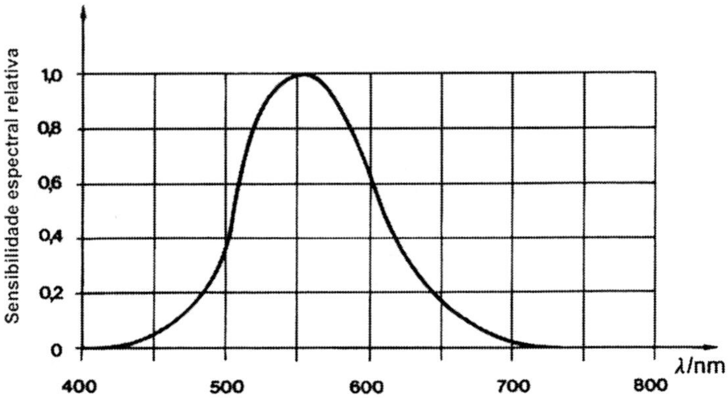

E) Utilitário Matemático

1) Aproximações úteis:

Para $x << 1$:

$(1+x)^n \cong 1 + nx$ e $(1+x)^{1/2} \cong (1 + \frac{1}{2}x)$; $(a+b)^n \cong a^n\left(1 + n\frac{b}{a}\right)$, com $b << a$; $\pi^2 \cong 10$

Para $\theta << 1$ rad:

$\text{sen}\theta \cong \theta$, $\cos\theta \cong 1$ e $\text{tg}\theta \cong \theta$

(2) Relações Trigonométricas:

$$\text{sen}^2\theta + \cos^2\theta = 1$$

$$\text{sen}(a \pm b) = \text{sen}a \cos b \pm \text{sen}b \cos a$$

$$\cos(a \pm b) = \cos a \cos b \mp \text{sen}a\, \text{sen}b$$

$$\text{tg}(a \pm b) = \frac{\text{tg}a \pm \text{tg}b}{1 \mp \text{tg}a\, \text{tg}b}$$

$$\text{sen}\, 2a = 2\, \text{sen}a \cos a$$

$$\cos 2a = \cos^2 a - \text{sen}^2 a$$

$$\text{tg}\, 2a = \frac{2\, \text{tg}\, a}{1 + \text{tg}^2 a}$$

$$\text{sen}^2\, 1/2\, a = 1/2\, (1 - \cos a)$$

$$\cos^2\, 1/2\, a = 1/2\, (1 + \cos a)$$

$$\text{sen a} + \text{sen b} = 2\ \text{sen}1/2\ (a + b)\ \cos 1/2\ (a - b)$$

$$\text{sen a} - \text{sen b} = 2\ \text{sen}1/2\ (a - b)\ \cos 1/2\ (a + b)$$

$$\cos a + \cos b = 2\ \cos 1/2\ (a + b)\ \cos 1/2\ (a - b)$$

$$\cos a - \cos b = -2\ \text{sen}1/2\ (a + b)\ \text{sen}1/2\ (a - b)$$

(3) Relações Complexas:

$$e^{\pm jj\theta} = \cos\theta \pm j\ \text{sen}\theta \text{ , sendo } j = \sqrt{-1}$$

$$\cos\theta = \frac{e^{j\theta} + e^{-j\theta}}{2}$$

$$\text{sen}\theta = \frac{e^{j\theta} - e^{-j\theta}}{2j}$$

(4) Funções Hiperbólicas:

$$\cosh\theta = \frac{e^{\theta} + e^{-\theta}}{2}$$

$$\text{senh}\theta = \frac{e^{j\theta} - e^{-\theta}}{2}$$

$\cosh^2 - \text{senh}^2 = 1$

(5) Desenvolvimento em Séries:

[1] Binomial

$$(x + y)^n = x^n + n\,x^{n-1}y + \frac{n(n-1)}{2!}x^{n-2}y^2 + \frac{n(n-1)(n-2)}{3\,!}x^{n-3}\,y^3 + \ldots$$

[2] Taylor:

$$f(x) = f(a) + (x - a)\,f'(a) + \frac{(x-a)^2}{2\,!}f''(a) + \ldots$$

e quando $x - a << 1$, vale a aproximação,

$$f(x) \cong f(a) + (x - a)\,f'(a)$$

(6) Trigonométricas:

$$\text{sen}\,x = x - \frac{1}{3!}x^3 + \frac{1}{5!}x^5 - \ \ldots$$

$$\cos x = 1 - \frac{1}{2!}x^2 + \frac{1}{4!}x^4 - \ \ldots$$

$$\text{tg}\,x = x + \frac{1}{3}x^3 + \frac{1}{15}x^5 + \ldots$$

(7) Hiperbólicas

$$\text{senh}\,x = x + \frac{1}{3!}x^3 + \frac{1}{5!}x^5 + \ldots$$

$$\cosh\ x = 1 + \frac{1}{2!}x^2 + \frac{1}{4!}x^4 + \ldots$$

$$\text{tgh}\ x = x - \frac{1}{3}x^3 + \frac{2}{15}x^5 + \ldots$$

(8) Exponenciais

$$e = 1 + \frac{1}{1!} + \frac{1}{2!} + \frac{1}{3!} + \ldots$$

$$e^x = 1 + x + \frac{x^2}{2!} + \frac{x^3}{3!} + \frac{x^4}{4!} + \ldots$$

$$a^x = 1 + x \ln a + \frac{(x \ln a)^2}{2\,!} + \frac{(x \ln a)^3}{3\,!} + \ldots$$

(9) Derivadas (usando d/dx = D)

$$D(ax) = a$$

$$D(uv) = u\,D(v) + v\,D(u)$$

$$D\left(\frac{u}{v}\right) = \frac{v\,D(u) - u\,D(v)}{v^2}$$

$$D(x^n) = n\,x^{n-1}$$

$$D(e^{ax}) = a\,e^x$$

$$D(e^v) = e^v\,D(v)$$

$D(a^x) = a^x \ln a$

$D(v^n) = n\, v^{n-1} D(v)$

$D(\ln x) = 1/x$

$D(\text{sen}\ \theta) = \cos\theta$

$D(\cos\theta) = -\text{sen}\ \theta$

$D(\text{tg}\ \theta) = \sec^2\theta$

$D(\text{senh}\ \theta) = \cosh\theta$

$D(\cosh\theta) = \text{senh}\ \theta$

$D(\text{tgh}\ \theta) = \text{sech}^2\theta$

(10) Integrais:

$$\int \frac{dx}{x} = \ln x$$

$$\int e^{ax}\, dx = \frac{e^{ax}}{a}$$

$$\int \ln x\, dx = x(\ln x - 1)$$

$$\int \frac{dx}{\sqrt{x^2 \pm a^2}} = \ln\left(x + \sqrt{x^2 \pm a^2}\right)$$

$$\int \frac{x\ dx}{\sqrt{x^2 \pm a^2}} = \left(\sqrt{x^2 \pm a^2}\right)$$

$$\int \frac{dx}{\left(\sqrt{x^2 \pm a^2}\right)^3} = \frac{\pm\ x}{a^2\sqrt{x^2 \pm a^2}}$$

$$\int \frac{x\ dx}{\left(\sqrt{x^2 \pm a^2}\right)^3} = \frac{-1}{\sqrt{x^2 \pm a^2}}$$

$$\int \frac{x^2\ dx}{\left(\sqrt{x^2 \pm a^2}\right)^3} = \frac{-x}{\sqrt{x^2 \pm a^2}} + 1n\left(x + \sqrt{x^2 + a^2}\right)$$

$$\int u\ dv = uv - \int v\ du$$

$$\int sen\theta\ d\theta = -\cos\theta$$

$$\int \cos\theta\ d\theta = sen\theta$$

$$\int sen^2\ \theta\ d\theta = 1/2\ \theta - 1/4\ sen\ 2\theta$$

$$\int \cos^2\ \theta\ d\theta = 1/2\ \theta + 1/4\ sen\ 2\theta$$

$$\int sen^m\ \theta \cos\theta\ d\theta = \frac{sen^{m+1}\ \theta}{m+1}$$

$$\int sen\ \theta \cos^m\theta\ d\theta = -\frac{\cos^{m+1}\theta}{m+1}$$

(11) Identidades de Operadores Diferenciais

$$\text{div}(\mathbf{rot}\ \mathbf{A}) = 0$$

$$\mathbf{rot}(\mathbf{grad}\ V) = 0$$

$$\text{div}(\mathbf{grad}\ V) = \nabla^2 V$$

$$\mathbf{rot}(\mathbf{rot}\ \mathbf{A}) = \mathbf{grad}(\text{div}\ \mathbf{A}) \cdot \nabla^2 \mathbf{A}$$

$$\text{div}(V\ \mathbf{A}) = V\ \text{div}\ \mathbf{A} + \mathbf{A} \cdot \mathbf{grad}\ V$$

$$\mathbf{rot}(V\ \mathbf{A}) = V\ \mathbf{rot}\ \mathbf{A} + \mathbf{grad}\ V\ \mathbf{x}\ \mathbf{A}$$

$$\text{div}(\mathbf{A}\ \mathbf{x}\ \mathbf{B}) = \mathbf{B}\ \mathbf{rot}\ \mathbf{A} - \mathbf{A}\ \ \mathbf{rot}\ \mathbf{B}$$

(12) Teoremas:

$$\int_{v} \text{div}\ \mathbf{B}\ dv = \oint_{s} \mathbf{B} \cdot \mathbf{dS} \qquad \text{(da Divergência)}$$

$$\oint_{c} \mathbf{E} \cdot \mathbf{dL} = \int_{S} \mathbf{rot}\ \mathbf{E} \cdot \mathbf{dS} \qquad \text{(de Stokes)}$$

F) Alfabeto Grego

Alfa: Α , α
Beta: Β , β
Gama: Γ , γ
Delta: Δ , δ
Épsilon: Ε , ε
Zeta: Ζ , ζ
Eta: Η , η
Teta: Θ , θ

Iota: Ι , ι
Capa: Κ , κ
Lâmbda: Λ , λ
Mu (mi): Μ, μ
Nu (ni): Ν , ν
Csi (ksi): Ξ , ξ
Ômicrom: Ο, ο
Pi: Π , π

Rô : Ρ , ρ
Sigma: Σ , σ
Tau: Τ , τ
Upsilon: ϒ , υ
Phi (fi) : Φ , ϕ , φ
Qui (ki): Χ , χ
Psi: Ψ , ψ
Ômega: Ω , ω

G) Do Sistema Métrico

PREFIXOS ÀS POTÊNCIAS DE 10

Prefixos	Símbolo	Potência
exa	E	10^{18}
peta	P	10^{15}
tera	T	10^{12}
giga	G	10^{9}
mega	M	10^{6}
quilo	k	10^{3}
hecto	h	10^{2}
deca	da	10
unidade de base	-	10^{0}
deci	d	10^{-1}
centi	c	10^{-2}
mili	m	10^{-3}
micro	μ	10^{-6}
(nano)	n	10^{-9}
(pico)	p	10^{-12}
(fento)	f	10^{-15}
(atto)	a	10^{-18}

H) Tabela de Magnetização

	H (Ampèrevoltas/metro)			
B(Wb/m^2)	Silício	Ferro	Aço	Ar
0,1	80	70	80	80 000
0,2	100	90	110	160 000
0,3	125	100	130	240 000
0,4	145	120	170	320 000
0,5	160	140	220	400 000
0,6	180	170	300	480 000
0,7	200	220	390	560 000
0,8	250	270	500	640 000
0,9	310	320	620	720 000
1,0	400	400	780	800 000
1,1	500	500	1 000	880 000
1,2	700	620	1 280	960 000
1,3	1 200	850	1 720	1 040 000
1,4	2 300	1 200	2 400	1 120 000
1,5	4 000	2 000	2 500	1 200 000
1,6	7 500	3 500	4 900	1 280 000
0,7	14 000	6 000	7 600	1 360 000
0,8	24 000	10 000	11 500	1 440 000
0,9	16 000	17 000	1 600 000	
2,0	25 000	23 000	1 600 000	

I) Tabela de Permeabilidade Relativa

$\mu_o = 4\pi x 10^{-7}$ H/m				
B(Wb/m²)	Al- Silício	Ferro	Aço	Fe-Fundido
0,1	1.000	1.140	1.000	400
0,2	1.600	1.780	1.447	355
0,3	1.920	2.400	1.840	300
0,4	2.200	2.660	1.875	246
0,5	2.500	2.860	1.605	220
0,6	2.630	2.820	1.600	171
0,7	2.800	2.500	1.440	140
0,8	2.560	2.370	1.280	117
0,9	2.320	2.250	1.160	90
1,0	2.000	2.000	1.010	73
1,1	1.760	1.750	880	58
1,2	1.370	1.550	750	48
1,3	867	1.230	605	–
1,4	487	930	463	–
1,5	300	600	340	–
1,6	171	365	260	–
1,7	97	226	180	–
1,8	60	144	125	–
1,9	–	95	90	–
2,0	–	64	70	–

Impressão e acabamento
Gráfica da Editora Ciência Moderna Ltda.
Tel: (21) 2201-6662